光调制与再生技术

Optical modulation and regeneration technology

武保剑 文 峰 著

科学出版社

北京

内 容 简 介

　　新型光调制与全光再生将成为未来光纤通信网络的两大核心支撑技术，主要涉及通信原理、物理光学、光学非线性等专业知识。全书共分 7 章，第 1 章简述光纤通信的发展历程和未来趋势；第 2～4 章为光调制部分，以光信号收发技术为基础，从数字调制和模拟调制两个角度梳理信息传输所采用的光调制格式和复用方式，阐述光调制与解调的基本规律、具体实现方法和相关器件结构原理；第 5～7 章为全光再生部分，从方案优化、器件创新等角度探讨单波长、多波长以及高阶调制信号的再生技术。

　　本书内容较为前沿，在光纤信道容量逼近香农极限的技术背景下，对信息的光调制/解调以及光信号的全光再生处理技术进行了总结，可作为光纤通信研究方向的硕士和博士研究生教材和参考书，也可供从事相关技术领域的科研人员、工程技术人员阅读。

图书在版编目（CIP）数据

　光调制与再生技术 / 武保剑，文峰著. —北京：科学出版社，2018.5
（2018.11 重印）
　ISBN 978-7-03-057015-4

　Ⅰ. ①光…　Ⅱ. ①武…　②文…　Ⅲ. ①光纤通信–光调制器　Ⅳ. ①TN929.11

　中国版本图书馆 CIP 数据核字（2018）第 054618 号

責任編輯：李小锐 / 責任校对：韩雨舟
責任印制：罗　科 / 封面设计：墨创文化

科 学 出 版 社 出版
北京东黄城根北街 16 号
邮政编码：100717
http://www.sciencep.com
成都锦瑞印刷有限责任公司印刷
科学出版社发行　各地新华书店经销
*
2018 年 5 月第　一　版　开本：787×1092　1/16
2018 年 11 月第二次印刷　印张：12
字数：277 000
定价：68.00 元
（如有印装质量问题，我社负责调换）

前　言

目前，骨干网络中单波长信息传递速率正向太比特量级迈进，这也推动着光纤通信系统中新型光调制与全光再生等光信息处理技术的快速发展。传统的二进制开关键控（OOK）信号具有简单的调制/解调过程，一直沿用到 10 G/40 G 的光传送骨干网络中。随着移动互联网、大数据、云计算等新兴产业对信息传输容量需求的不断增加，新一代的骨干网络开始采用高频谱效率的多进制光调制信号，以便实现单波长 100 G 以上的光信号传输。然而，高速光信号更易受到光纤非线性、放大器噪声等劣化因素的影响，从而限制着系统的中继距离。采用全光再生技术不但可以解决当前电域中继方案的"电子瓶颈"问题，还可以研制多波长、高阶调制信号全光再生器，满足光纤通信发展需求。因此，面向高阶调制信号的光调制与再生技术已成为目前光通信领域的研究热点。

本书从光调制/解调和全光再生两个技术方面，探讨未来光纤通信网络中高速光信号产生与处理的实现过程，涉及通信原理、物理光学和光纤非线性等相关专业知识。本书共分为 7 章，第 1 章简述光纤通信的发展历程和未来趋势，引出未来光纤通信网络的两大核心技术——光调制与全光再生；第 2～4 章为光调制部分，从数字调制和模拟调制两个角度梳理信息传输所采用的光调制格式和复用方式，重点阐述光调制与解调的基本规律、具体实现方法和相关器件结构原理，评价相应通信系统的性能；第 5～7 章为全光再生部分，从方案优化、器件创新等角度探讨全光再生技术的研究进展，主要包括单波长、多波长以及高阶调制信号的再生技术。

本书是电子科技大学光纤通信研究团队全体人员多年研究成果的体现和总结，也凝聚了国内外各位同事和研究生的心血，在此特别感谢团队负责人邱昆教授、Sergei K. Turitsyn 教授、Stylianos Sygletos 研究员、张静副教授、周恒讲师、周星宇博士、廖明乐博士、耿勇博士、Christos P. Tsekrekos 博士等的大力支持与帮助。研究工作先后得到国家 973 计划（2011CB301703）、国家 863 计划（2013AA014402、2009AA01Z216）、欧盟玛丽居里学者基金（701770）、国家自然科学基金（61671108、61505021、61271166）、教育部创新团队项目（IRT1218）以及"111"学科创新引智基地计划（B14039）的支持。

本书第 1 章和第 5～7 章由文峰完成，第 2～4 章由武保剑完成，全书由武保剑统稿。由于作者知识所限，书中内容不妥之处在所难免，恳请读者批评指正。

作　者

2018 年 5 月于清水河

目　　录

第 1 章　绪论·· 1
　1.1　光纤通信的发展 ·· 1
　　1.1.1　四个发展阶段 ··· 1
　　1.1.2　未来发展趋势 ··· 3
　1.2　光调制与接收 ·· 5
　1.3　信号再生技术 ·· 6
　　1.3.1　光纤非线性效应 ·· 7
　　1.3.2　全光再生实现 ··· 8
　1.4　本书内容安排 ·· 8
　　参考文献 ··· 9
第 2 章　光信号收发技术 ··· 11
　2.1　光纤通信系统 ··· 11
　2.2　光发送机 ·· 13
　　2.2.1　半导体光源 ··· 13
　　2.2.2　光发送机组成 ·· 16
　　2.2.3　直接调制特性 ·· 17
　　2.2.4　自动控制电路 ·· 19
　2.3　间接光调制器 ··· 21
　　2.3.1　电光调制器 ··· 21
　　2.3.2　电吸收调制器 ·· 27
　　2.3.3　声光调制器 ··· 28
　　2.3.4　磁光调制器 ··· 29
　2.4　光接收机 ·· 30
　　2.4.1　光电检测器 ··· 30
　　2.4.2　光接收机组成 ·· 33
　　2.4.3　信噪比特性 ··· 35
　　2.4.4　相干光接收机 ·· 36
　2.5　光通信系统性能参数 ··· 38
　　2.5.1　信号的光谱特性 ·· 38
　　2.5.2　传输信号的眼图 ·· 41
　　2.5.3　数字传输性能参数 ··· 43
　　2.5.4　性能参数的关系 ·· 45
　　参考文献 ··· 48

第 3 章 光场的数字调制 ·· 49

3.1 信号分析基础 ·· 49

    3.1.1 确定信号的功率谱密度 ··· 49

    3.1.2 常用的傅里叶变换关系 ··· 50

    3.1.3 随机信号的数值特征 ·· 52

3.2 数字基带信号的特性 ·· 54

    3.2.1 二进制线路码型 ··· 54

    3.2.2 数字基带信号的功率谱 ··· 55

    3.2.3 奈奎斯特滤波器和匹配滤波器 ·· 58

    3.2.4 数字基带信号的误码率 ··· 61

3.3 光场信号的带通特性 ·· 62

    3.3.1 带通信号系统的频谱 ·· 62

    3.3.2 光场调制的复包络表示 ··· 64

    3.3.3 光场的外差解调过程 ·· 65

3.4 二进制光场调制与解调 ··· 69

    3.4.1 NRZ-OOK 信号 ··· 69

    3.4.2 BPSK/DPSK 信号 ·· 72

    3.4.3 FSK/MSK 信号 ··· 75

    3.4.4 SC-RZ 信号 ··· 78

3.5 多进制光场调制与解调 ··· 80

    3.5.1 QAM 信号 ··· 80

    3.5.2 QPSK/DQPSK 信号 ·· 81

    3.5.3 多进制带通信号的传输带宽 ·· 84

    3.5.4 多进制频带传输系统的误码性能 ·· 85

参考文献 ·· 87

第 4 章 光场的模拟调制 ·· 88

4.1 模拟光调制的分类 ··· 88

4.2 模拟基带直接光强调制 ··· 89

4.3 光场的射频调制 ·· 90

4.4 光载无线（ROF）技术 ··· 93

    4.4.1 ROF 的兴起 ··· 93

    4.4.2 ROF 系统与关键技术 ··· 94

    4.4.3 ROF 系统性能参数 ·· 96

4.5 光正交频分复用 ·· 100

    4.5.1 正交频分复用原理 ··· 100

    4.5.2 相干检测光 OFDM 系统 ·· 103

    4.5.3 直接检测光 OFDM 系统 ·· 106

参考文献 ·· 107

第5章　单波长信号的全光再生 109
5.1　全光再生系统结构 109
5.2　基于FOPO的全光时钟提取 110
5.2.1　FOPO结构及原理 111
5.2.2　稳定性因素分析 112
5.2.3　闲频反馈控制技术 115
5.3　基于FWM的非线性光判决门 119
5.3.1　光纤FWM效应 119
5.3.2　FWM再生方案对比 121
5.3.3　再生性能分析 122
5.4　磁控全光再生技术 127
5.4.1　磁光非线性理论模型 127
5.4.2　全光纤磁光萨格纳克干涉仪 131
5.4.3　磁控3R再生器结构 133
5.4.4　磁场对再生性能的影响 136
参考文献 137
第6章　多波长全光再生技术 139
6.1　多波长再生系统结构 139
6.2　串扰分类及其抑制技术 140
6.2.1　串扰分类 140
6.2.2　串扰抑制方案 141
6.3　基于时钟泵浦FWM效应的多波长再生 144
6.3.1　再生系统结构 144
6.3.2　再定时性能分析 145
6.4　基于数据泵浦FWM效应的多波长再生 149
6.4.1　实验结构与原理 150
6.4.2　再生性能与讨论 151
6.5　再生波长数量的提升 155
6.5.1　占空比优化 155
6.5.2　色散管理 157
参考文献 159
第7章　高阶调制信号的全光再生 160
7.1　基于NOLM的多电平幅度再生 160
7.1.1　NOLM再生原理 160
7.1.2　工作点的确定 162
7.1.3　幅度再生性能分析 164
7.2　基于PSA的多电平相位再生 168
7.2.1　PSA再生原理 168

7.2.2　相位再生性能分析 ··· 169

7.3　幅度和相位信息的同时再生 ··· 171

7.3.1　具有相位保持功能的多电平幅度再生 ·························· 171

7.3.2　相位和幅度的同时再生 ·· 173

7.4　多波长高阶调制信号再生技术 ··· 175

7.4.1　偏振辅助 PSA 方案 ·· 175

7.4.2　多波长再生性能分析 ·· 175

7.5　集成光学器件中的全光再生 ··· 177

7.5.1　基于 MRR 的时钟提取 ··· 178

7.5.2　基于硅线波导的相敏再生 ·· 179

参考文献 ··· 181

第1章 绪 论

光纤通信经过近半个世纪的发展，单波长上传递的信息速率已由最初的数十 Mb/s 提升到 100 Gb/s，甚至更高[1, 2]。网络应用也从基本的语言服务扩展到在线高清视频、4 K 互动游戏等方面。光纤通信的发展离不开核心器件与技术的进步，本章首先回顾光纤通信的发展历程，并展望其未来发展趋势；然后简要介绍光纤通信系统的核心收发组件，不同调制格式对光收发机的具体要求，以及全光再生技术在光交换与中继系统中的作用，科尔非线性效应的物理本质与现象，及其在全光再生过程中的应用；最后对本书各章节的主要内容加以说明。

1.1 光纤通信的发展

信息传递是人类社会的基本需求。自进入 21 世纪的信息时代以来，信息传递的重要性更是不言而喻。目前热门的 5 G、人工智能、物联网、机器学习等热点问题都伴随着通信及其相关技术的发展，成为人们日常生活不可或缺的一部分。信息传递的核心是信息的采集、传输与接收，如何高效、无误地将信息从发出者传送到接收者，吸引了大量科研工作人员不断地创新与探索。从古代的烽火到近代的电报，都在不同历史进程中扮演了重要的角色。伴随着人类对电磁波的深入研究，1940 年正式建立了第一条同轴电缆通信系统，其所能传递的信息内容与速度都是过去任何技术无法比拟的。然而随着传输距离的不断增加，电信号快速衰减直至无法使用，因此需要大量的中继器应用于该通信系统之中，这无疑增加了系统的复杂程度和信息传递成本。如何更加有效、低成本地传递电磁波信号，成为科研工作者的共同课题。1966 年高锟博士提出低损耗光纤概念[1]，成为解决上述问题的关键。正因为这一概念对光纤通信的开创性贡献，2009 年高锟博士获得了诺贝尔物理学奖[2]。随后的数年间，激光器、探测器等核心器件相继问世，光纤通信正式进入高速发展时期。光纤通信的发展离不开核心器件的推动[3]，下面介绍不同时期的光纤通信技术特征与相关核心器件，并进一步探讨未来通信网络的发展趋势。

1.1.1 四个发展阶段

图 1.1 简要描绘了一个现代光纤通信系统的组成。由于目前传递的信息仍然是电信号，因此首先需要对电信号进行复用并调制到光载波上；随后，光信号耦合进入光纤后进行长距离传输，并根据需要进行交换与中继；在接收端，利用光接收机重新将光信号转换为电信号，从而完成信息的传递任务。

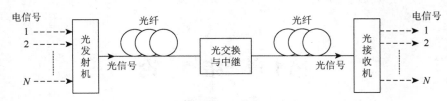

图 1.1 光纤通信系统示意图

目前光纤通信系统经历了四个发展时期,并在高阶调制信号、超低损耗光纤的推动下向单波长传输速率 400 Gb/s 甚至是 1 Tb/s 方向进发。

第一阶段为多模光纤通信系统。从 1966 年到 1980 年,光纤通信技术由基础研究领域向商业应用迈出成功的一步。在此期间,使用砷化镓(GaAs)材料的半导体激光器被发明出来,同时康宁公司也拉制出高品质的低衰减光纤,其损耗系数已经低于高锟博士所提出的光纤损耗关卡:20 dB/km。1976 年,第一条速率为 44.7 Mbit/s 的光纤通信系统在美国亚特兰大的地下管道中诞生。经过 5 年的发展,第一个商用系统于 1980 年问世,它采用 800 nm 波长的光载波,通过多模光纤提供 45 Mb/s 的信息传递速率,每 10 km 需要一个中继器来增强信号。由于多模光纤的模间色散大、传输损耗高,第一代光纤通信系统的传输性能被限制。

第二阶段为 1300 nm 单模光纤通信系统。20 世纪 80 年代早期,为克服第一代通信系统中多模光纤引入的色散和损耗问题,1981 年成功研制出单模光纤。而波长为 1300 nm 的铟镓砷磷激光器(InGaAsP)则提供了有效光源,它位于单模光纤的低损耗传输窗口。这使得商用光纤通信系统的传输速率高达 1.7 Gb/s,比第一代的速率快了近 40 倍。此时单模光纤的损耗已降至约 0.5 dB/km,中继距离大幅提升至 50 km。

第三阶段为 1550 nm 单模光纤通信系统。20 世纪 80 年代末到 90 年代初,光纤通信系统采用波长为 1550 nm 的激光器作为光源,该工作波长位于单模光纤传输损耗最低的通信窗口,损耗特性已降至 0.2 dB/km。此后的光纤通信系统也一直沿用该工作波长窗口。与此同时,随着传输速率的进一步提高,高速光信号受到光纤色散的影响开始突显,信号光脉冲的宽度随着传输距离的增加而逐渐变宽,会导致码间串扰问题。于是,科研人员又设计出色散移位光纤,使得 1550 nm 处的色散几乎为零。第三代光纤通信系统速率达到 2.5 Gb/s,而中继距离进一步增加到 100 km。

第四阶段为波分复用光纤通信系统。20 世纪 90 年代以后,如何进一步提高系统速率成为研究热点。继续沿用之前的设计思路,采用更窄的脉冲虽然可以有效提高系统速率,但该方法对调制器和探测器的带宽提出了更高的要求,并需要使用昂贵的电信号处理器件。波分复用(WDM)技术提供了另外一种解决方案,它通过使用不同的光载波并行传递数据,达到提升系统速率的目的。复用后的信息在时域上互相交叠,而在频域上是相互独立的,利用解复用器件可以容易地提取出原始的单路信号。掺铒光纤放大器(EDFA)的研制进一步推动了基于 WDM 技术的第四代光纤通信系统的发展。EDFA 器件可以同时对多个波长的信号在光域进行全光放大,极大地减少了系统中电中继器的应用数量。联合使用 WDM 和 EDFA 技术,2001 年商用通信系统的传输容量已可达 256×40 Gb/s=10 Tb/s,而中继距离也提高到 160 km。

从上述光纤通信系统的四个发展阶段来看，通信容量的提升离不开核心光器件与技术的发展。通信光纤从多模转向单模、通信波长由 800 nm 推进到 1550 nm，再到 WDM 与 EDFA 等技术的广泛应用，都极大地推动了商用光纤通信网络的升级换代。下一代光纤通信网络如何发展成为该领域科研人员共同关注的问题之一。从 2000 年开始，人们不断提出多种方案，如光孤子通信技术等，来进一步升级现有光纤通信系统。利用光纤的非线性效应与色散之间的平衡关系，可实现光孤子的传输，光孤子经过长距离光纤传输后仍然能够保持其波形不变。孤子方案的局限性主要体现在功率和色散的精确控制方面，多波长孤子传输过程中，不同信道之间的相互作用会劣化系统性能。从通信系统容量的发展趋势来看，光孤子通信系统较低的频谱效率也是一个很大的不足。到 2010 年前后，全球各大通信网络运营商开始将单波长 10 G/40 G 的骨干通信网络升级到 100 G，信号调制格式则采用正交相移键控（QPSK）等高阶调制格式，标志着相干光通信技术正式进入大规模商业化应用时代。

1.1.2 未来发展趋势

互联网的高速发展，推动了一系列基于网络应用的新型产业的兴起。在市场需求的拉动下，新一代网络技术的研发从高校、研究所等传统科研单位，扩展到通信设备、网络运营商的研发部门，后者借助于自身的资金和设备优势，越发表现出更强的创新能力。下面从低损耗新型光纤，高频谱效率的信号调制格式，以及全光再生技术三个方面探讨新一代网络的发展趋势。

1. 低损耗新型光纤

降低光纤损耗可以从两个方面来努力，一方面是消除目前通信波段附近 OH 离子引起的"水吸收峰"，使光纤通信工作窗口扩展到 1280～1625 nm 的全波段范围，该类光纤又称为"零水峰光纤"（G.652.C/D 光纤）；另一方面，设计超低损耗和大模场直径的光纤，能够使目前通信波段的传输损耗降低至 0.16 dB/km 以下，在 100 km 的跨段上可比现有标准单模光纤（损耗 0.2 dB/km 以上）节省 4 dB 的功率预算，这有助于大幅提升系统的光信噪比（OSNR）和传输距离。长飞公司于 2017 年在美国 OFC 会议上公布的 G.654.E 光纤的宏观弯曲损耗测量结果如图 1.2 所示[4]。实测结果显示，使用此类光纤可以使 100 G 商用光纤网络的传输距离提高 70%～100%，这将为未来 400 G 和 1T 光纤通信网络提供有力支撑。

2. 高频谱效率的信号调制格式

伴随着相干光通信技术的商业化应用，频谱效率成为衡量光纤通信网络性能的重要指标之一。频谱效率定义为净比特率除以通信信道的带宽。因此，在相同符号速率的情况下，采用更高阶的调制格式意味着更高的频谱效率。高频谱效率调制格式的应用，还使得系统的互信息接近加性高斯白噪声信道（AWGN）的容量极限。图 1.3 给出了正交幅度调制（QAM）信号的互信息结果。从目前的技术发展来看，400 G 骨干网络将采用 QAM16 调制格式，而当

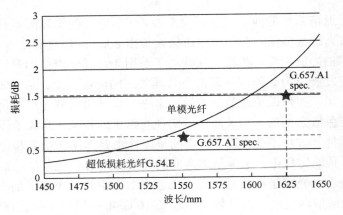

图 1.2　G.654.E 光纤的损耗特性

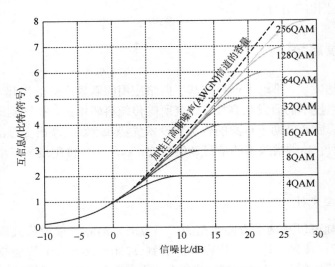

图 1.3　不同 QAM 信号的信道容量

系统速率推进到 1T 时,更高阶调制格式的信号成为必然的选择。在逼近香农极限的传输系统中,网络性能除了考虑上述系统速率之外,还要考虑无中继传输距离、系统 OSNR、信号处理算法等一系列因素。这些因素之间并不是独立存在的,而是具有相关性。例如,OSNR 会限制信号的无中继传输距离,而信号处理算法的优劣在一定程度上也将影响中继距离的长短。采用 G.654.E 等新型光纤,可以有效提高中继距离,而下面介绍的全光再生技术可从另外一种角度扩展系统的传输能力。

3. 全光再生技术

在目前的商用光纤通信系统中,诸多信息处理器件仍采用电信号处理方式,该方式不仅存在带宽瓶颈问题,而且在多波长通信系统中需要对每个信道进行独立处理,又离不开信道复用与解复用过程,增加了系统复杂程度。另外,利用具有全光放大功能的 EDFA 可有效延长信号传输距离,但这类器件仅能完成功率补偿,同时又会引入放大自发辐射

（ASE）噪声。全光整形再生技术则可以直接在光域实现噪声压缩，延长传输距离[5]；进一步地，还可以利用串扰抑制技术，实现波分复用信号的多路同时再生[6]。研究表明，在通信信道内考虑全光再生器这种非线性转换器件，可获得比线性噪声信道更高的系统传输容量，称为非线性香农极限[7]。图 1.4 分别给出了矩形和星形 QAM 信号通过级联再生器获得的互信息量提升效果[8]。对应某一类型的信号，再生器无法突破其互信息的最值，但能够在低信噪比环境下（正是通信过程所处的信道环境）提高其系统容量。另外，通过增加传输信道中的再生器数量 R，可进一步获得系统容量增益。当输入信噪比为 10 dB 时，可获得的系统容量增益如图 1.4（a）中箭头所示。研究还表明，系统所需的再生器数量与信噪比有关，因此需根据实际的通信网络情况，规划再生器级联分布，以获得最佳系统传输效果。总之，使用全光再生器可以有效提升系统传输容量。

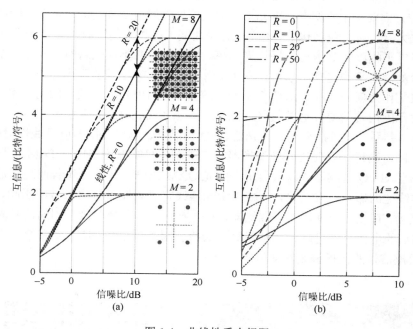

图 1.4　非线性香农极限

1.2　光调制与接收

光发射机和光接收机是光纤通信系统的核心组件，如图 1.5 所示。光发射机主要用于将电信号转换为光信号，并注入光纤中进行传输，一般由光源、调制器、信道耦合器组成。光接收机的作用是将光纤输出的光信号转换为电信号，主要包括信道耦合器、光电探测器以及信号处理单元。根据调制信号的性质不同，其各个单元的具体构成器件差异较大[9]。下面结合高阶调制信号，从直接检测和相干检测两个方面简述光收发系统的组成部件及其主要功能。第 2 章将详细介绍光信号的收发技术，具体介绍光纤通信系统的组成以及评价系统性能的主要参数。

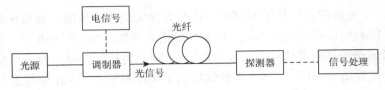

图 1.5　光收发系统

传统商用光纤通信系统采用二进制开关键控（OOK）信号格式，光发射部分使用强度调制，电信号通过射频功率放大后驱动调制器，以获得相应的光信号（有时可采用直调激光器取代外调制方案，进一步降低复杂度）；信号的接收主要采用直接检测方案。近几年来，为满足短距离或城域的高带宽通信需求，基于脉冲幅度调制（PAM）信号的光纤通信系统成为研究的热点，目前已成功利用直调激光器实现 PAM 信号的系统传输[10]。在 PAM 方案中，需要采用码型变换单元将二进制信号映射为多进制信号，而射频放大部分则需要线性放大器，以避免劣化 PAM 信号的线性度。在相应的接收部分，需要采用功率放大器稳定多电平幅度调制信号的平均光功率，该放大器并不提供瞬时的功率控制，仅用于维持注入探测器的平均光功率水平。图 1.6 列举了 PAM8 信号的眼图结果。

相干通信作为新一代光纤通信系统的主流技术，利用高频谱效率的调制格式，可以在有限的带宽范围内传输更高速的信号，图 1.6 给出了 QAM256 信号的星座图。发射端需要采用 I/Q 调制系统，包括窄线宽激光器、I/Q 调制器、码型变换器以及线性射频放大器。在电信号一侧，同样需要使用码型变换器将二进制信号映射为多电平 PAM 信号，并利用线性放大器驱动 I/Q 调制器，以获得所需的光 QAM 信号。此外，随着调制阶数的不断提升，激光器线宽的影响越发明显，为减少激光器线宽对调制后输出信号的影响，需要采用窄线宽激光器。在接收端使用相干探测器，并需要注入本振光与接收到的信号光进行混频处理，探测后的电信号经过解调和补偿算法最终获得基带信号。第 3 章和第 4 章将详细介绍数字和模拟信号的光场调制和解调实现方案。

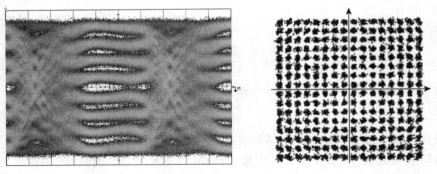

图 1.6　PAM8 眼图与 QAM256 星座图

1.3　信号再生技术

经过光纤长距离传输的光信号质量会受到光纤非线性效应和 EDFA 的 ASE 噪声等影

响，导致光脉冲畸变、幅度抖动等一系列问题，需要对信号质量进行恢复，以提高通信距离。目前的商用通信系统主要采用电域中继的方案，需引入光/电/光（O/E/O）变换过程。全光通信网络是光纤通信系统的发展目标，传输过程中信息一直保留在光域，其关键技术是全光交换节点。全光交换节点包括了码型变换、全光再生、波长变换、交换矩阵等多个功能单元，如图 1.7 所示[11]。其中，全光再生器在光域完成信号质量的提升，避免了电中继方案中电子瓶颈等诸多问题，同时再生器提供的光时钟信号还可用于后续波长变换与光交换处理。采用多波长再生技术可进一步降低信息处理成本。本书主要介绍基于光纤非线性效应的全光再生方案。

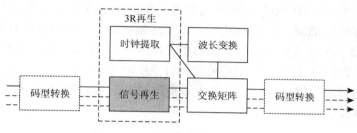

图 1.7　全光交换节点功能示意图

1.3.1　光纤非线性效应

光纤中最低阶的非线性效应是由三阶极化率 $\chi^{(3)}$ 引起的。当泵浦光注入光纤后，其折射率将是光强的函数[12]：

$$\tilde{n}(\omega,|E|^2) = n(\omega) + n_2|E|^2 \tag{1.1}$$

式中，$n(\omega)$ 为线性折射率；$|E|^2$ 为光纤内的光强；n_2 是与 $\chi^{(3)}$ 有关的非线性折射率系数。

当注入单一泵浦光，自身光场强度导致上述折射率变化，产生非线性相移，进而导致脉冲频谱展宽，称之为自相位调制（SPM）。当 N 路光场共同注入光纤时（$E = E_1 + E_2 + \cdots + E_N$），光场强度 $|E|^2$ 将进一步展开成光场乘积之和。这些乘积项分为两类：一类与光场功率有关，与上述 SPM 相似，不同的是它由其他光场引起并产生非线性相移，称为交叉相位调制（XPM）；另一类是不同光场之间的乘积，在相位匹配条件下将产生新的频率分量，这种现象称为四波混频（FWM）。图 1.8 给出了光纤中的非线性效应频谱示意图。输入的脉冲泵浦光在 SPM 的作用下会出现频谱展宽，而该泵浦对于低功率信号光产生 XPM 作用，也会使得低功率

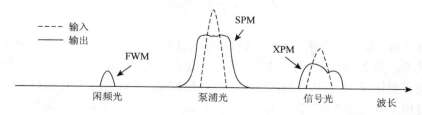

图 1.8　光纤中非线性效应示意图

信号的频谱变宽，与此同时 FWM 产物出现在泵浦光的另外一侧，称之为闲频光。上述非线性物理效应均与式（1.1）有关，称为科尔非线性效应，是实现全光再生的物理基础。

1.3.2　全光再生实现

利用科尔非线性效应可以实现在光域上的再生功能，该过程称之为全光再生。图 1.9 为马梅舍夫（Mamyshev）再生器[13]，该器件包括两个主要部分：①由光纤构成的非线性单元，主要用于获得 SPM 导致的频谱展宽；②偏移滤波器，用于滤出部分光谱并完成信号再生。偏移滤波器的优化至关重要，其中心波长相对于输入信号载波频率发生适当偏移，能够对低功率的"0"码噪声起到抑制作用；滤波器的带宽同样需要调节，用于获得功率饱和特性抑制"1"码幅度噪声。上述偏移滤波过程可以同样适用于 XPM 再生器，由于 XPM 效应涉及两个信号之间的相互作用，这便于实现再定时功能。利用 FWM 效应产生的闲频光作为再生信号，也能够达到再整形的效果。通过优化不同的全再生方案，能够实现提升信号消光比、抑制幅度噪声等多种功能。基于 FWM 的全光再生过程将在第 5 章和第 6 章详细介绍。

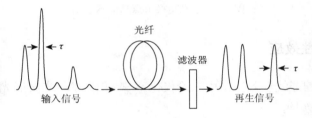

光纤

滤波器

τ

输入信号　　　　　　　　　　　　　　　　　　　　再生信号　　　τ

图 1.9　马梅舍夫再生器

在新一代光纤通信系统中，信号调制格式已由传统的 OOK 向 QAM 方向演进。大部分的 OOK 再生方案都无法直接应用于高阶调制信号的再生过程。这需要进一步优化再生器，以满足多电平的幅度和相位再生需求。基于光纤参量放大（FOPA）的全光再生器，可实现波长保持的 OOK 信号幅度再生，但该方案残留了原始信号，性能不佳[14]。然而，在该方案基础上发展起来的相位敏感参量放大（PSA）技术，具有相位噪声压缩功能，已成功用于 QPSK 等信号的再生过程[15]。本书第 7 章详细介绍了如何通过优化设计非线性光学器件以满足新型调制格式信号的全光再生需求。

1.4　本书内容安排

本书共 7 章，第 1 章为绪论部分，简要介绍光纤通信发展历史，聚焦光调制与光再生两大核心技术。第 2～4 章讲述光调制部分，首先介绍光调制和解调技术在光信号收发系统中所起的重要作用，然后从光场的数字调制和模拟调制两个角度梳理信息传输采用的调制格式与复用方式。第 5～7 章讲述光再生部分，主要包括单波长、多波长以及高阶调制信号的多种再生技术方案。

第 1 章绪论。首先从器件发展的角度回顾光纤通信系统在各个发展历史阶段的技术特点，探讨自 2010 年以来相干光通信技术推动下新型光纤网络的发展趋势。其次，通过对比直接探测和相干探测光收发系统，进一步认识高阶调制信号格式的应用需求。最后，从光交换节点的角度，分析了全光再生技术的系统应用定位,简要回顾非线性光纤光学知识，认识科尔非线性效应及其在全光再生中的应用。

第 2 章光信号收发技术。通过光信号的收发技术来认识光纤通信系统的组成及其主要性能参数。光信号发送部分详细介绍激光器的发光机理，直调激光器的组成、特性、幅度和相位调制器驱动结构以及多种间接光调制原理。光信号的接收部分包括光电二极管的响应和噪声特性，以及非相干和相干接收机的检测原理与过程。此外，还对光通信系统的主要性能参数及相关测试仪器的原理进行了说明。

第 3 章光场的数字调制。首先介绍了确定信号和随机信号的特征，以及常用线路码型的主要参数，并比较滤波器特性对系统检测性能的影响。然后描述光场信号的带通特性、光场调制的复包络表示及其外差解调过程，重点分析二进制和多进制光场信号的产生（调制）、信号功率谱与带宽效率、相干/非相干检测（解调）过程、系统的误码性能等。

第 4 章光场的模拟调制。从模拟光调制的分类出发，研究模拟基带直接光强调制和光场射频调制的一般规律，重点分析光载无线技术和光正交频分复用的光场调制和解调过程，包括实现原理、系统结构、关键技术以及性能参数等。

第 5 章单波长信号的全光再生。首先总体介绍了全光再生技术的组成与分类。对基于光纤参量振荡器的时钟提取以及影响其稳定性的因素进行了分析，并通过提出闲频反馈控制方案来提升其工作性能。然后研究基于四波混频效应的几种光判决门再生方案，比较了数据泵浦和时钟泵浦再生方案对信号定时抖动、幅度噪声以及消光比的改善效果。最后结合磁控非线性光学器件，实现具有磁可调功能的全光 3R 再生。

第 6 章多波长全光再生技术。介绍多波长再生的系统构成，分析时隙交织、偏振复用以及双向对传串扰抑制技术对多波长再生性能的改善。从时钟泵浦和数据泵浦再生方案出发，验证全光多波长方案的系统性能。最后从占空比优化和色散管理两个方面，探讨进一步提高再生通道数量的可行性。

第 7 章高阶调制信号的全光再生。首先介绍基于非线性光环镜（NOLM）的多电平幅度再生器，分析其再生原理与性能优化，实验探索了各个再生区间的噪声抑制能力，并展示 PAM4 信号的全光再生。然后分析基于 PSA 效应实现的多电平相位再生原理，并以 BPSK 信号的相位再生为例，说明了再生实验所需要的主要功能模块；将 NOLM 与 PSA 再生器相结合，实现多电平的幅度和相位同时再生。最后简要介绍利用硅光子集成技术实现全光时钟提取和相敏再生的进展。

参 考 文 献

[1]　Kao K C, Hockham G A. Dielectric-fibre surface waveguides for optical frequencies[J]. Electromagnetic Wave Theory, 1967, 113(3): 441-444.

[2]　Nobel-Prize-Commitee. The masters of light, Press release of the Nobel Prize in physics. https://www.nobelprize.org/nobel_prizes/physics/laureates/2009/popular-physicsprize2009.pdf, 2009.

[3]　邱昆, 王晟, 邱琪. 光纤通信系统[M]. 成都: 电子科技大学出版社, 2005.

[4]　Zhang L, Zhu J, Li J, et al. Novel ultra low loss & large effective area G.654. E fibre in terrestrial application[C]//Optical Fiber Communications Conference and Exhibition. IEEE, 2017.

[5]　文峰. 磁光四波混频全光再生技术研究[D]. 成都: 电子科技大学, 2013.

[6]　Parmigiani F, Provost L, Petropoulos P, et al. Progress in multichannel all-optical regeneration based on fiber technology[J]. IEEE Journal of Selected Topics in Quantum Electronics, 2012, 18(2): 689-700.

[7]　Sorokina M A, Turitsyn S K. Regeneration limit of classical Shannon capacity[J]. Nature Communications, 2014, 5: 3861.

[8]　Blahut R E. Principles and Practice of Information Theory[M]. Addison-Wesley Pub. Co, 1987.

[9]　余建军, 迟楠, 陈林. 基于数字信号处理的相干光通信技术[M]. 北京: 人民邮电出版社, 2013.

[10]　Mao B, Liu G N, Monroy I T, et al. Direct modulation of 56 Gbps duobinary-4-PAM[C]//Optical Fiber Communications Conference and Exhibition. IEEE, 2015: 1-3.

[11]　武保剑, 文峰, 周星宇, 等. 光交换节点中的全光再生技术研究[J]. 应用光学, 2013, 34(4): 711-717.

[12]　Govind P Agrawal. 非线性光纤光学原理及应用[M]. 贾东方, 余震虹, 等译. 北京: 电子工业出版社, 2002.

[13]　Mamyshev P V. All-optical data regeneration based on self-phase modulation effect[C]//European Conference on Optical Communication. IEEE, 1998: 475-476.

[14]　Yu C, Luo T, Zhang B, et al. Wavelength-Shift-Free 3R Regenerator for 40-Gb/s RZ System by Optical Parametric Amplification in Fiber[J]. IEEE Photonics Technology Letters, 2006, 18(24): 2569-2571.

[15]　Perentos A, Fabbri S, Sorokina M, et al. QPSK 3R regenerator using a phase sensitive amplifier[J]. Optics Express, 2016, 24(15): 16649.

第2章 光信号收发技术

光纤通信是以光纤为信道媒质来传输光信号的通信过程，根据光的调制或解调特点不同，可以有多种分类方式。本章通过光信号的收发技术来认识光纤通信系统的组成及其主要性能参数。光信号发送技术要点包括半导体激光二极管和发光二极管的发光机理，激光器的数字直接调制特性及其光发送机组成，马赫-曾德幅度和相位调制器的驱动结构，基于电光、磁光、声光和电吸收等物理效应的间接光调制原理等。光信号的接收技术要点包括 PIN 和 APD 光电二极管的波长响应、光电转换效率、响应速度和噪声等工作特性，数字非相干光接收机的组成及其信噪比分析，平衡光检测器工作原理以及相干光接收机的检测过程。此外，还对光通信系统的主要性能参数及相关测试仪器原理进行了说明，包括光功率与光功率计，光谱图与光谱分析仪，传输信号的眼图与示波器，误码率、抖动/漂移性能参数与数字传输分析仪等，并讨论了光信噪比、误码率等性能参数之间的关系。

2.1 光纤通信系统

信息可以通过机械振动、电磁场、光波等不同类型的物理信号来承载。通常情况下，信源产生的消息信号需经过信息处理（如信源编码）转换为通信信号，然后由通信系统将通信信号发送到接收端，并还原出消息信号中的信息内容给信宿。通信系统由发送机（transmitter）、信道（channel）、接收机（receiver）三个基本单元组成，如图 2.1 所示。根据消息信号的取值特征（连续或离散），可分为模拟（analog）和数字（digital）通信系统。随着通信技术与微处理器、计算机、数字信号处理、大规模集成电路等技术的融合发展，数字通信系统逐渐成为主要的通信系统。对于双工通信系统，每一端都有发送和接收两种功能，统称为收发端机。信道是介于发送机与接收机之间的传输媒介，分为有线信道（如双绞线、同轴电缆线、光纤等）和无线信道（自由空间）两大类。

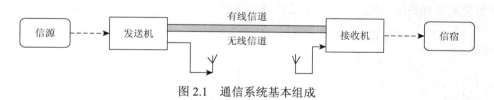

图 2.1　通信系统基本组成

光纤通信是以光纤为信道媒质来传输光信号的通信过程，20 世纪 70 年代开始商用，现已成为宽带通信传输技术的发展方向，对社会和人们的日常生活产生了巨大影响。光纤通信具有传输频带宽，通信容量大，传输损耗小，中继距离长，抗电磁干扰能力强，保密性能好，光纤体积小、重量轻，光纤原材料来源丰富、价格低廉等优点。光纤通信系统由光发送机、光纤信道和光接收机三个最基本的部分组成。光发送机和光接收机统称为光收发端机，分别完成光信号的发送和接收功能。光纤信道由光纤、光纤连接器、光放大器、光中继器等组成，作用是把来自光发送机的光信号以尽可能小的衰减和失真（畸变）传输到光接收端。普通光纤存在 0.85 μm、1.31 μm 和 1.55 μm 三个低损耗波长窗口，从而限制了光发送机中光源的发射波长和光接收机中光电检测器的波长响应。

　　光纤通信系统有多种分类方式。根据调制光波参量的方法不同，有幅度或光强度（光功率）调制、频率调制、相位调制等；根据调制信号的连续或离散特征，可分为模拟光纤通信系统和数字光纤通信系统；根据光调制的实现方式，可分为直接调制（内调制）和间接调制（外调制）；根据光信号的解调方式，可分为非相干检测和相干检测；等等。目前，大多数光纤通信系统采用直接光强度调制，接收端对光波强度直接检波以恢复出电信号，称为强度调制直接检测（IM-DD），具有结构简单、成本低的优点。对于单波长数据率超过 100 Gb/s 的光纤通信系统，往往采用高频谱效率的 QPSK 或 QAM 等高阶调制格式，需要进行光相干检测。

　　模拟光纤通信系统是用参数取值连续的模拟信号对光波进行调制，使输出光功率大小随模拟信号而变化，要求电光变换过程中光信号与调制信号之间保持良好的线性关系。模拟通信系统的有效性和可靠性可分别用传输带宽和信噪比来衡量，其中信噪比（SNR）定义为信号功率与噪声功率的比值。

　　数字光纤通信系统是用参数取值离散的数字信号对光波进行调制，使输出光功率以"大"和"小"、"有"和"无"来表示对应的数字脉冲信号。数字光纤通信系统强调的是信号和信息之间的一一对应关系。数字通信系统的有效性用数据的传输速率（比特率，单位为 bps）或频带利用率（bps/Hz）表示，可靠性通常用平均比特错误率来衡量。比特错误率（BER）是指传输大量数目的比特数据中错误比特数所占的比率。

　　与模拟通信相比较，数字通信具有灵敏度高，传输质量好，对信道的非线性失真不敏感，多次中继时信号失真和噪声不会积累等优点，特别适于长距离、大容量和高质量的信息传输。因此，光纤通信系统大多采用数字传输方式，如准同步数字系列（PDH）、同步数字系列（SDH）、光传送网（OTN）等系统。数字光纤通信系统中，数字电信号主要经历了电/光变换、光纤传输、光/电变换等过程，如图 2.2 所示[1]。实际中还包括监控管理、公务通信、自动倒换、告警处理、电源供给等辅助系统。为了提高系统的可靠性，光端机、光纤和光中继器等往往也会配置有备用系统，当主用系统出现故障时，可人工或自动倒换到备用系统上工作。

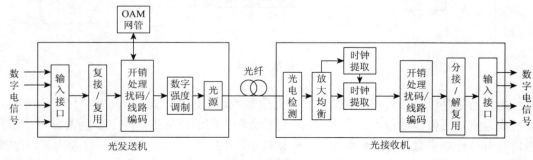

图 2.2　数字光纤通信系统

　　数字光纤通信中，光发送机的输入接口和光接收机的输出接口的作用是保证输入和输出电信号与光收发机的物理特性相匹配，实现码型、电平和阻抗的匹配。在发送端，各种速率等级的数字电信号通过输入接口变换成适合光纤通信系统传输的码型，如单极性不归零码（NRZ），再按照时分复用的方式把多路 NRZ 信号复接或复用成高比特率的数字信号。为了对光纤通信系统或网络进行运行、管理和维护（operation, administration and maintenance，OAM），还需插入 OAM 开销，然后进行扰码，避免出现长连"0"和长连"1"，以便接收端进行时钟提取。线路编码的作用是将传送码流转换成便于在光纤中传输、接收及监测的线路码型。复用、扰码或线路编码后的数字信号通常称为"群路"电信号，然后对光源（通常为半导体激光器）进行数字光强调制（或其他光波参量调制方式）实现电/光信号转换。光信号经光纤信道、光放大器或光中继器传输后由光接收机接收。在接收端，由光电检测器实现光/电转换，把光信号转换为电信号，经放大均衡、时钟提取后进行判决，再生出数字信号；然后解扰并提取开销信息，分接/解复用出 NRZ 信号；最后通过输出接口转换为原来码型，从而完成整个数字通信过程。

2.2　光发送机

　　光发送机的最主要作用是实现电/光转换，采用直接或间接光调制方式可将电信号加载到光波上。产生光波的器件称为光源，半导体光源有发光二极管（LED）和激光器（LD）等。光发送机主要由码型变换电路和光发送电路组成，直接调制光发送机通过光源驱动电路来控制光源的电流注入特性，使其输出光功率随电信号发生变化。光发送电路包括偏置电路、调制电路以及自动控制电路等。偏置电流的选择直接影响激光器的高速调制性能，需要兼顾张弛振荡、电光延迟、码型效应以及激光器消光比等因素。

2.2.1　半导体光源

1. 半导体 PN 结

　　对于由大量原子组成的体系来说，同时存在着光的自发辐射、受激吸收和受激辐射三种能级跃迁过程，它们分别在发光二极管（LED）、光电二极管（PD）和半导体激光器（LD）中起主要作用。在正常状态下，处于高能级的电子状态是不稳定的，它将自发地（不需要外部激励）从高能级跃迁到低能级，跃迁概率与光场强度无关，同时释放出一个光子（非相干光），这个过程称为自发辐射。在入射光作用下，处于低能级 E_1 的电子会吸收光子的能量跃迁到高能级 E_2 上，并在低能级留下相同数目的空穴，这种跃迁称为受激吸收。当高能级 E_2 的电子受到入射光的作用（外部激励）时，被迫跃迁到低能级 E_1 上与空穴复合，同时释放出一个与外来光子同频率、同相位、同偏振、同传播方向的光子（相干光），这个过程称为受激辐射。受激辐射是受激吸收的逆过程，受激吸收概率与受激辐射概率相等，受激跃迁概率与感应光场的强度成正比。电子在 E_1 和 E_2 两个能级之间跃迁，吸收或辐射的光子能量满足玻尔条件 $h\nu = E_2 - E_1$，其中 $h = 6.628 \times 10^{-34} J \cdot s$ 为普朗克常数，ν 为吸收或辐射的光子频率。

当 P 型和 N 型半导体形成 PN 结时，由于存在多数载流子（电子或空穴）的浓度差，引起扩散运动，形成了一个空间电荷区，自建电场方向由 N 区指向 P 区，称为内部电场。内部电场产生的漂移运动方向与扩散运动方向相反，直到 P 区和 N 区的费米能级 E_f 相同，两种运动处于平衡状态。当 PN 结施加偏置电压时，PN 结中会发生阻碍改变的受激过程。PN 结正向偏置时，外加电压的电场方向和自建内部电场方向相反，空间电荷区（耗尽区）变窄，势垒降低，使得多数载流子在结区内的扩散增强，形成正向电流，此时可获得粒子数反转，有助于发生受激辐射（光放大）作用，如图 2.3（a）所示。PN 结反向偏置使耗尽区加宽，空间电荷区内电子与空穴都很少，PN 变成高阻层，反向电流非常小，具有单向导电性。当光照射 PN 结时，受激吸收产生电子-空穴对使反向电流增加，如图 2.3（b）所示。因此，正向偏置用于半导体光源，反向偏置用于光检测器。

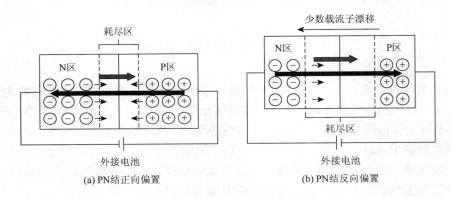

(a) PN 结正向偏置　　　　　　　　　(b) PN 结反向偏置

图 2.3　PN 结的形成与电压偏置

2. 半导体激光器

按 PN 结两边的材料是否相同，半导体激光器可以分为同质结激光器、单异质结激光器和双异质结激光器。单异质结（SH）激光器是同质结构和双异质结构之间的过渡形式。同质结激光器的 PN 结两边是同种材料，有源区两边折射率差由掺杂情况（载流子浓度不同）决定，折射率差小，对载流子和光子的限制作用很弱，致使阈值电流密度很大，难以在室温下连续工作。双异质结（DH）激光器中，窄带隙的有源区材料（GaAs）夹在宽带隙材料（GaAlAs）之间，其折射率差由带隙差决定，基本上不受掺杂情况的影响，折射率差较大，带隙差形成的势垒对载流子有限制作用，也可使光场很好地限制在有源区。载流子和光子的限制作用可使激光器阈值电流大大降低，从而实现室温下连续工作。因此，光通信中使用的激光器基本上都是双异质结构。

半导体激光输出需具备两个基本条件，分别与半导体材料和激光器振荡结构有关。一是在有源区产生足够的粒子数反转分布，使受激辐射占主导地位。为了提高发光效率，采用直接带隙半导体材料制作激光器，其发射波长取决于禁带宽度 $E_g \approx h\nu = hc/\lambda$，即

$$\lambda = 1.24 / E_{\mathrm{g}} \tag{2.1}$$

式中，λ 和 E_{g} 的单位分别为 μm 和 eV，1eV=1.60×10^{-19}J。

在短波长波段（0.85 μm），可采用 GaAs 和 GaAlAs 材料构成异质结激光器；在长波长波段（1.3～1.55 μm），可采用 InGaAsP 和 InP 材料构成异质结激光器。二是存在光学谐振腔机制，并在有源区内建立起稳定的振荡。激光器的模式可用谐振腔横截面上的场量分布（横模）和谐振腔方向上的光振荡特性（纵模）描述，纵模与激光器发射的光谱特性相联系，如图 2.4 所示。在半导体激光器中，光振荡的形成主要有两种方式：一是用晶体天然的解理面形成法布里-珀罗（Fabry-Perot，F-P）谐振腔，F-P 腔是由两个彼此平行的镜面构成的多光束干涉结构，当光在 F-P 腔中满足一定的振荡条件时可建立起稳定的光振荡，这种激光器称为 F-P 腔激光器。二是利用有源区一侧周期性光栅结构的耦合作用形成光振荡，如分布反馈（DFB）激光器和分布布拉格反射（DBR）激光器。通常，采用 F-P 谐振腔可以得到直流驱动的静态单纵模激光器，要得到高速数字调制的动态单纵模激光器，必须改变激光器的结构，可采用 DFB 型、DBR 型、光栅外腔型、注入锁定等选模方式。

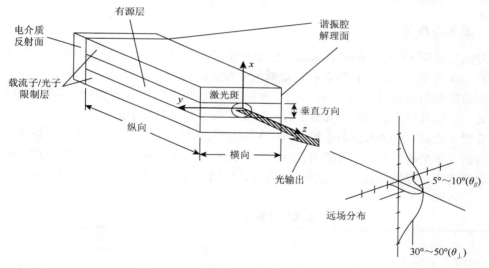

图 2.4　条形激光器矩形波导结构示意图

对于 F-P 激光器，要在 F-P 谐振腔内建立稳定的振荡，必须满足相位条件

$$2\beta L = 2\pi m \ (m=1,2,\cdots) \tag{2.2}$$

和振幅条件

$$g_{\mathrm{th}}(\omega) = \alpha_{\mathrm{int}} + \frac{1}{2L} \ln \frac{1}{R_1 R_2} \tag{2.3}$$

式中，β 为相位传播常数；g_{th} 和 α_{int} 分别为阈值增益系数和非辐射损耗系数；$R_{1,2}$ 为 F-P 腔两端面的功率反射率；L 为 F-P 腔的长度。

相位条件使发射光谱得以选择，只有特定波长的光才能在谐振腔里建立稳定的振荡，从而使激光器发出尖锐的谱线。振幅条件使激光器成为一个阈值器件，只有腔内的增益增大到能够克服损耗，或者说注入电流达到阈值以后，激光器才开始激射。增益饱和是所有半导体激光器共有的基本特性，性能优良的激光器在阈值以上工作时以单纵模振荡为主。

半导体激光器的电光转换效率可用功率效率、量子效率和 P-I 曲线斜率来衡量。功率效率是指激光器的辐射光功率与消耗的电功率的比值。量子效率是指光子数与电子空穴对数之比，又可分为有源区的内量子效率、激光器的外量子效率，以及激光器工作在阈值电流以上时的外微分量子效率 η_d。实际中广泛应用的是外微分量子效率 η_d，它定义为在阈值电流以上每对复合载流子（电子-空穴对）所产生的光子数，即

$$\eta_d = \frac{dP/h\nu}{dI/e} \approx 0.8\lambda \frac{dP}{dI} \tag{2.4}$$

式中，λ、P 和 I 的单位分别为 μm、mW 和 mA。显然，外微分量子效率 η_d 正比于 P-I 曲线的斜率。对于线性度良好的激光器，输出光功率 P 与注入电流 I 的关系可表示为

$$P = P_{th} + \eta_d(h\nu/e)(I - I_{th}) \tag{2.5}$$

激光器温度的升高会使激光器的外微分量子效率下降（输出光功率降低）、阈值电流增大，因此它是一个温度敏感的器件。

3. 发光二极管

发光二极管（light-emitting diode，LED）通常是用直接带隙半导体材料制作的 PN 结二极管，并采用双异质结构以获得高辐射度。按光输出位置不同，LED 通常可分为面发光型和边发光型两种。与激光二极管的发光机理不同，发光二极管的结构中不存在谐振腔，也不必一定要有粒子数反转，其发射过程主要对应于光的自发辐射过程。因此，发光二极管是非相干光源。当注入正向电流时，注入的非平衡载流子在扩散过程中复合发光，因此发光二极管不是阈值器件，其输出光功率基本上与注入电流成正比。在工作原理、光谱特性、调制带宽、温度特性、应用特点等方面，LED 与 LD 均有所不同，如表 2.1 所示。

表 2.1　LD 与 LED 的比较

	半导体激光器（LD）	发光二极管（LED）
工作原理	受激辐射+谐振腔	自发辐射
光谱特性	具有空间相干性、时间相干性、单色性和方向性	非相干宽谱光源、发光面积和光束发散角较大
调制带宽	GHz 量级	百 MHz 量级
温度特性	阈值电流随温度的升高而增大，输出光功率减小	非阈值器件，温度特性较好（无须温控电路）
应用特点	单模光纤耦合，用于 1.31 μm 或 1.55 μm 大容量、长距离系统	多模光纤耦合，用于 1.31 μm 或 0.85 μm 波长的小容量、短距离系统

2.2.2　光发送机组成

数字直接调制光发送机主要包括输入码型变换电路和光发送电路两部分，如图 2.5 所

示[1]。直接调制是将电信号直接注入光源，用电信号直接调制 LD 或 LED 的驱动电流，使输出光功率随电信号变化。直接调制又称为内调制，其特点是调制简单、损耗小、成本低，但容易出现频率啁啾现象，影响系统的色散特性。

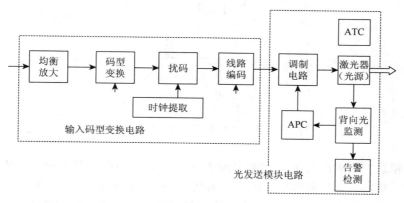

图 2.5　数字直接调制光发送机组成

输入码型变换电路由均衡放大、码型变换、时钟提取、扰码、线路编码等几部分组成，各部分的作用如下：均衡放大用于补偿由电缆传输所产生的衰减和畸变；码型变换是将三阶高密度双极性码（HDB3 码）或传号反转码（CMI 码）变化为 NRZ 码；扰码可使信号中"0""1"码等概率出现，有利于时钟提取；时钟提取就是从 PCM 数字信号中提取时钟信号，供给其他电路（扰码与线路编码）使用；线路编码是将数字信号（如适于电缆传输的双极性码）转换成适合在光纤中传输的形式（如单极性码）。

光发送模块电路主要由激光器、调制电路、自动功率控制和自动温度控制等组成。激光器是产生光波的光源器件；经过编码的数字调制信号通过调制（驱动）电路对光源进行直接光强度调制，完成电光转换任务；自动功率控制（APC）电路通过检测发送光功率变化，动态调节光源的偏置电流，以稳定发送光功率；自动温度控制（ATC）电路将光源的温度始终保持在室温左右，以稳定 LD 的阈值电流。此外，还有保护、监测电路，完成光源过流保护、无光告警、LD 偏流（寿命）告警等功能。

2.2.3　直接调制特性

激光器模块是光发送机的核心光器件，主要由 LD、背向 PIN 光电二极管、热敏电阻（thermistor）、制冷器（thermal electric cooler，TEC）以及光耦合系统（聚焦透镜、隔离器、光纤及支撑元件）组成。通信激光器模块是具有 14 个引脚的蝶形封装，其内部功能示意图如图 2.6 所示[2]。封装在模块内的 PIN 二极管用于监测 LD 输出光功率的变化，与模块外的 APC 电路配合实现自动功率控制功能。制冷器直接与激光器的热沉接触，热敏电阻直接探测结区温度，它们均封装在激光器的管壳内部，与模块外围的 ATC 电路配合实现自动温度控制功能。

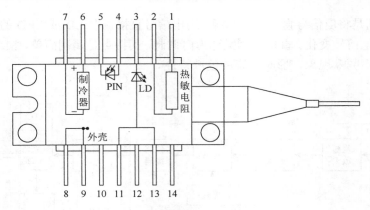

图 2.6　通信激光器模块的内部功能示意

激光器模块在偏置电流 I_b 和调制电流 I_m 驱动下，输出电光直接调制的光信号。半导体激光器进行脉冲直接调制时呈现出的动态性质，称为半导体激光器的瞬态特性，它与载流子有限的响应时间有关。根据有源区自由电子密度和光子密度的耦合速率方程组，可以分析半导体激光器直接调制过程中出现的一些瞬态现象，主要包括张弛振荡、电光延迟、码型效应和自脉动等，这些瞬态特性严重限制系统的传输容量和通信质量，在电路设计时需加以考虑[3]。

1. 张弛振荡与频率调制特性

当电流脉冲注入激光器后输出光脉冲幅度会出现逐渐衰减的振荡现象，称为张弛振荡。当调制频率接近张弛振荡频率时，波形严重失真，会使光接收机抽样判决的误码率增加。因此，直接调制频率应小于张弛振荡频率。

张弛振荡的衰减时间常数 τ_0（振荡幅度降为初始值的 1/e 的时间）和张弛振荡频率 f_r 分别为

$$\tau_0 = 2\tau_{sp}j_{th}/j \tag{2.6}$$

$$f_r = \frac{1}{2\pi}\sqrt{\frac{j/j_{th} - 1}{\tau_{sp}\tau_{ph}}} \tag{2.7}$$

式中，j 为注入电流密度；j_{th} 为阈值电流密度；τ_{sp} 为自发复合寿命；τ_{ph} 为光子寿命。可以看出，张弛振荡的衰减时间与自发复合寿命在同一量级，并随注入电流的增加而减小；张弛振荡频率 f_r 与 τ_{sp}、τ_{ph} 有关，并随注入电流的增加而增大。因此，当光源的直流偏置电流足够大时，可抑制可能出现的张弛振荡。

2. 电光延迟与码型效应

激光器在高速调制下，输出光脉冲和注入电流脉冲之间存在一个初始延迟时间，称为电光延迟时间，一般在 ns 量级。当偏置电流小于阈值时会发生电光延迟过程，电光延迟时间可表示为

$$t_d = \tau_{sp} \ln \frac{j_m}{j_m + j_0 - j_{th}} \qquad (2.8)$$

式中，j_m 和 j_0 分别为调制电流和偏置电流。显然，对激光器施加直流偏置可有效缩短电光延迟时间、提高调制速率。

电光延迟也会引入码型效应，其特点是在脉冲序列中较多的"0"码之后出现的"1"码脉冲宽度变窄，幅度变小，严重时使单个"1"码丢失。连"0"数越多，调制速率越高，码型效应越明显。增加直流偏置电流或采用适当的"过调制"补偿方法可以消除码型效应。输出光脉冲宽度应远大于电光延迟时间，光脉冲的上升或下降沿足够陡。

3. 自脉动现象

某些激光器在脉冲调制甚至直流驱动下，当注入电流达到某个范围时，输出光脉冲会出现持续等幅高频振荡的现象，称为自脉动现象。自脉动现象是由于激光器内部不均匀增益或不均匀吸收产生的，与 $P\text{-}I$ 特性的扭折区域相对应。自脉动现象的出现与否，以及脉动频率均与调制状态（调制速率）无关，仅与注入电流有关，注入电流增加，振荡频率升高。自脉动频率可达 2 GHz，严重影响 LD 的高速调制。

应指出的是，偏置电流的选择直接影响激光器的高速调制性能，需要兼顾张弛振荡、电光延迟、码型效应以及激光器的消光比、散粒噪声等各种因素。调制电流幅度的选择应避开自脉动发生的区域。当激光器偏置在阈值附近时可以大大减小码型效应的影响。若激光器正好偏置在阈值上，散粒噪声的影响严重。加大偏置电流使其逼近阈值，可大大减小光电延迟，同时也可一定程度上抑制张弛振荡；但加大直流偏置电流会使激光器消光比性能恶化。消光比（extinction ratio，ER）是指激光器在全"0"码时发射的光功率 P_{00} 与在全"1"码时发射的光功率 P_{11} 之比，用 dB 表示为

$$ER_{dB} = 10 \lg(P_{11}/P_{00}) \qquad (2.9)$$

一般要求激光器的 $ER_{dB} \geqslant 10$ dB。

2.2.4 自动控制电路

自动温度控制（ATC）电路和自动功率控制（APC）电路是激光器的主要自动控制电路，它们分别使激光器工作在恒定温度和恒定功率状态[2]。

1. 自动温度控制（ATC）电路

温度控制装置由制冷器（TEC）、热敏电阻和控制电路组成。目前微型制冷器大多利用半导体热电偶的珀尔贴效应制成，电流通过时可使一面吸热（制冷），另一面放热。控温性能与电路设计有关，也与散热结构设计有关。温控精度一般可达 0.1℃，好的控温仪温控精度可小于 0.01℃。

图 2.7 给出了由比较器和积分器组成的 ATC 实用电路。当激光器温度开始升高时，负温度系数（NTC）的热敏电阻 R_T 阻值减小，测试点 J_2 的电压 V_{J_2} 减小（等效于 V_{J_1} 增加），比较器输出电压 V_A 增加，积分结果使 TEC 电流 I_{TEC} 增加，使 TEC 的制冷增强，激光器温

度下降，从而形成一个负反馈控制过程，使激光器平衡在某一恒定温度。激光器的工作温度可以通过调节测试点 J_1 的电压加以控制。

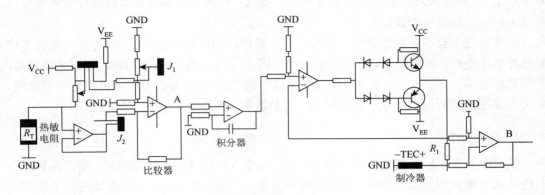

图 2.7　自动温度控制（ATC）电路

2. 自动功率控制（APC）电路

自动功率控制（APC）的实用电路如图 2.8 所示，它采用积分放大电路实现。PIN 管放置在 LD 管芯的背光输出处，直接探测激光器发射的平均光功率，用以反馈控制偏置电流，以达到维持输出功率恒定的目的。当激光器输出光功率开始减小时，PIN 光电检测器的输出电流减小，等效于测试点 J_3 电压 V_{J_3} 的减小，激光器的驱动电流 I_{LD} 增加，使激光器输出提高，构成自动功率控制的负反馈电路。调节 V_{J_3} 的大小，可改变激光器的偏置电流。

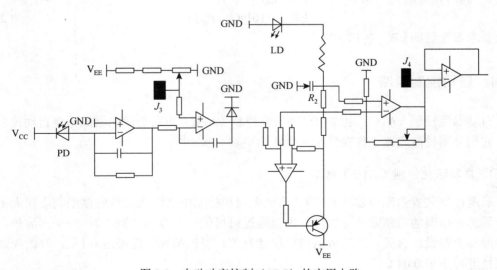

图 2.8　自动功率控制（APC）的实用电路

需指出的是：①温度控制只能控制温度变化引起的输出光功率的变化，不能控制由于器件老化而产生的输出功率的变化；②对于短波长激光器，一般只需加自动功率控制电路即可；③对于长波长激光器，由于其阈值电流随温度的漂移较大，一般还需要加自动温度控制电路，以使输出光功率达到稳定。

2.3　间接光调制器

直接调制可以实现调幅、调频，但实现调相较为困难，何况某些激光器（如外腔激光器、光纤激光器、孤子激光器等）难以进行直接调制，因此相干通信系统中调相常使用外调制器。另外，在超高速调制中也需要使用外调制，以减轻色散影响。间接调制中，激光的产生和调制是分开的，激光器发出的光波经由光调制器将调制信号加载到光载波上，调制信号不直接驱动光源，而是在光源外部利用晶体的电光、磁光和声光等特性对激光器发出的光波进行调制，这种调制方式又称作外调制，如图 2.9 所示。

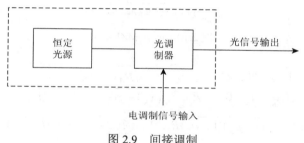

图 2.9　间接调制

间接调制的技术特点是啁啾系数非常小，但调制系统比较复杂、损耗大、成本高。目前光通信中实用的外调制器主要有电吸收（electroabsorption，EA）调制器和 M-Z（mach-zehnder）电光调制器两种。

2.3.1　电光调制器

1. 马赫-曾德干涉仪

马赫-曾德干涉仪（MZI）在光子信息处理中应用广泛，可用于构成波导调制器、滤波器、复用/解复用器、全光开关等。MZI 通常由两个 3 dB 的 2×2 定向耦合器（或 Y 分支器）通过两段光链路互连而成，即输入定向耦合器将光束分成两路，分别进入干涉仪的两臂，通过移相器可控制 MZI 两臂之间的相位差 $\Delta\varphi = \varphi_2 - \varphi_1$，经两臂传输的两路光波在输出耦合器中发生双光束干涉，最后由两个输出端口输出，如图 2.10 所示。

当光场的传播因子取 $e^{i(\beta z - \omega t)}$ 形式时，对于基于 2×2 耦合器的 MZI 结构，输入/输出光场复振幅 $A_{1,2}$ 和 $B_{1,2}$ 之间有如下关系：

$$\begin{pmatrix} B_1 \\ B_2 \end{pmatrix} = T_{\text{MZI}} \begin{pmatrix} A_1 \\ A_2 \end{pmatrix} \tag{2.10}$$

式中，T_{MZI} 为 MZI 的转移矩阵，可根据耦合器和两臂的转移矩阵得到，即

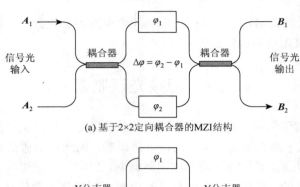

(a) 基于 2×2 定向耦合器的 MZI 结构

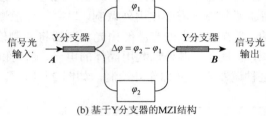

(b) 基于 Y 分支器的 MZI 结构

图 2.10　两种 MZI 结构

$$T_{\mathrm{MZI}} = \begin{pmatrix} \sqrt{\rho_B} & \mathrm{i}\sqrt{1-\rho_B} \\ \mathrm{i}\sqrt{1-\rho_B} & \sqrt{\rho_B} \end{pmatrix} \begin{pmatrix} R_1 \mathrm{e}^{\mathrm{i}\varphi_1} & 0 \\ 0 & R_2 \mathrm{e}^{\mathrm{i}\varphi_2} \end{pmatrix} \begin{pmatrix} \sqrt{\rho_A} & \mathrm{i}\sqrt{1-\rho_A} \\ \mathrm{i}\sqrt{1-\rho_A} & \sqrt{\rho_A} \end{pmatrix}$$

$$= \begin{pmatrix} \sqrt{\rho_A \rho_B} R_1 \mathrm{e}^{\mathrm{i}\varphi_1} - \sqrt{(1-\rho_A)(1-\rho_B)} R_2 \mathrm{e}^{\mathrm{i}\varphi_2} & \mathrm{i}\left[\sqrt{\rho_A(1-\rho_B)} R_2 \mathrm{e}^{\mathrm{i}\varphi_2} + \sqrt{\rho_B(1-\rho_A)} R_1 \mathrm{e}^{\mathrm{i}\varphi_1} \right] \\ \mathrm{i}\left[\sqrt{\rho_A(1-\rho_B)} R_1 \mathrm{e}^{\mathrm{i}\varphi_1} + \sqrt{\rho_B(1-\rho_A)} R_2 \mathrm{e}^{\mathrm{i}\varphi_2} \right] & \sqrt{\rho_A \rho_B} R_2 \mathrm{e}^{\mathrm{i}\varphi_2} - \sqrt{(1-\rho_A)(1-\rho_B)} R_1 \mathrm{e}^{\mathrm{i}\varphi_1} \end{pmatrix}$$

其中，ρ_A 和 ρ_B 分别为输入和输出端耦合器的直通效率，φ_1 和 φ_2 为 MZI 两臂引入的相移，R_1 和 R_2 为相应的振幅转移函数。

对于单端口输入情形，不妨设光信号由端口 A_1 输入，由式（2.10）可得直通臂和耦合臂的输出光场复振幅为[2]

$$B_1 = A_1 \left[\sqrt{\rho_A \rho_B} R_1 \mathrm{e}^{\mathrm{i}\varphi_1} - \sqrt{(1-\rho_A)(1-\rho_B)} R_2 \mathrm{e}^{\mathrm{i}\varphi_2} \right]$$
$$= A_1 \sqrt{\rho_A \rho_B} R_1 \mathrm{e}^{\mathrm{i}\varphi_1} \left[1 - \frac{R_2}{R_1} \sqrt{\frac{(1-\rho_A)(1-\rho_B)}{\rho_A \rho_B}} \mathrm{e}^{\mathrm{i}(\varphi_2-\varphi_1)} \right] \tag{2.11a}$$

$$B_2 = \mathrm{i} A_1 \left[\sqrt{\rho_A(1-\rho_B)} R_1 \mathrm{e}^{\mathrm{i}\varphi_1} + R_2 \sqrt{\rho_B(1-\rho_A)} \mathrm{e}^{\mathrm{i}\varphi_2} \right]$$
$$= \mathrm{i} A_1 \sqrt{\rho_A(1-\rho_B)} R_1 \mathrm{e}^{\mathrm{i}\varphi_1} \left[1 + \frac{R_2}{R_1} \sqrt{\frac{\rho_B(1-\rho_A)}{\rho_A(1-\rho_B)}} \mathrm{e}^{\mathrm{i}(\varphi_2-\varphi_1)} \right] \tag{2.11b}$$

它们对应的输出光功率 $P_{11} = |B_1|^2$ 和 $P_{12} = |B_2|^2$ 分别为

$$P_{11} = \rho_A \rho_B P_1 R_1^2 \left[1 + \left(\frac{R_2}{R_1} \right)^2 \frac{(1-\rho_A)(1-\rho_B)}{\rho_A \rho_B} - 2 \frac{R_2}{R_1} \sqrt{\frac{(1-\rho_A)(1-\rho_B)}{\rho_A \rho_B}} \cos(\Delta\varphi) \right]$$

$$\tag{2.12a}$$

$$P_{12} = \rho_A(1-\rho_B)P_1R_1^2\left[1+\left(\frac{R_2}{R_1}\right)^2\frac{\rho_B(1-\rho_A)}{\rho_A(1-\rho_B)}+2\frac{R_2}{R_1}\sqrt{\frac{\rho_B(1-\rho_A)}{\rho_A(1-\rho_B)}}\cos(\Delta\varphi)\right]$$

$$(2.12b)$$

式中，P_1 为 A_1 端口的输入光功率。可见，在信号的驱动下，通过改变两臂的相位差 $\Delta\varphi = \varphi_2-\varphi_1$ 可实现光调制。

根据式（2.11b），优化两臂的相位差 $\Delta\varphi$，可计算 MZI 的固有消光比（ER）：

$$\mathrm{ER} = \frac{|B_2|_{\max}^2}{|B_2|_{\min}^2} = \left(\frac{R_1\sqrt{\rho_A(1-\rho_B)}+R_2\sqrt{\rho_B(1-\rho_A)}}{R_1\sqrt{\rho_A(1-\rho_B)}-R_2\sqrt{\rho_B(1-\rho_A)}}\right)^2 \qquad (2.13)$$

显然，当 $\rho_A = \rho_B$ 时可获得最大的消光比。事实上，由于制造工艺的限制，耦合器或 Y 分支器的分光比可能会稍微偏离理想的 3 dB，从而降低 MZI 的固有消光比。例如，当 $\rho_B = 0.5$，$\rho_A = 0.4822$ 或 0.5178 时可获得 35 dB 的消光比。

2. MZI 光调制特性

对于由 3 dB 耦合器组成的对称 MZI 情形（$\rho_A = \rho_B = 0.5$），若忽略两臂的损耗（$R_1 = R_2 = 1$），由式（2.11）和式（2.12）可知

$$\begin{cases} B_1 = \dfrac{A_1}{2}(\mathrm{e}^{\mathrm{i}\varphi_1}-\mathrm{e}^{\mathrm{i}\varphi_2}) \\[2mm] B_2 = \mathrm{i}\dfrac{A_1}{2}(\mathrm{e}^{\mathrm{i}\varphi_1}+\mathrm{e}^{\mathrm{i}\varphi_2}) \end{cases} \qquad (2.14a)$$

和

$$\begin{cases} P_{11} = P_1\sin^2(\Delta\varphi/2) \\[2mm] P_{12} = P_1\cos^2(\Delta\varphi/2) \end{cases} \qquad (2.14b)$$

对于由两个 Y 分支器组成的单入单出 MZI 结构，第一个 Y 分支器将输入光波平均分成两路，在每路的光场振幅上会附加一个衰减因子 $1/\sqrt{2}$，但不引入 $\pi/2$ 相移。导波光经两个波导臂的传输后再由第二个 Y 分支器合成输出，输出的光场复振幅与基于 2×2 耦合器的 MZI 输出 B_2 类似，其输出功率表达式相同。

下面利用式（2.14a）中 B_2 与 A_1 之间的关系，分析由 3 dB 耦合器组成的对称 MZI 结构的光调制特性，如图 2.11 所示。①当 $\varphi_1 = -\varphi_2$ 时，对称 MZI 结构可实现幅度（或强度）调制功能，如图 2.11（a）所示。进一步地，若 $\varphi_2 = \pi V(t)/V_\pi$，MZI 输出光功率 $P_{\mathrm{out}}(t)$ 为

$$P_{\mathrm{out}}(t) \propto P_{\mathrm{in}}\cos^2[\pi V(t)/V_\pi] \qquad (2.15)$$

式中，P_{in} 为输入到光调制器的光功率，V_π 为电光材料的半波驱动电压（可使光载波产生 π 相移），$V(t)$ 为随时间变化的调制电压信号。当 $V(t) = 0$ 或 V_π 时输出光功率最大；当 $V(t) = V_\pi/2$ 时输出光功率最小。实际应用中，往往需要适当地设置偏置点，此时调制电压信号是 RF 信号电压 $V_{\mathrm{RF}}(t)$ 和偏置电压 V_b 的叠加，即 $V(t) = V_{\mathrm{RF}}(t)+V_\mathrm{b}$。例如，在正负方向电压驱动下，为了使调制器能够在最大和最小值点之间切换，通常将偏置点设置在 $V_\mathrm{b} = \pm V_\pi/4$，即相位 φ_2 偏置在 $\varphi_{2\mathrm{b}} = \pm\pi/4$，或者说两臂相位差偏置在 $\Delta\varphi_\mathrm{b} = 2\varphi_{2\mathrm{b}} = \pm\pi/2$。②当 $\varphi_1 = \varphi_2$ 时，对应于理

想的相位调制器，且与耦合器的功率分配无关，如图 2.11（b）所示。③当只有一臂被 RF 信号驱动时，如 $\varphi_1 = 0$，$\varphi_2 = \pi V(t)/V_\pi$，对称 MZI 可同时实现幅度调制和相位调制，如图 2.11（c）所示。此时 MZI 输出的光功率 $P_{out}(t)$ 为

$$P_{out}(t) \propto P_{in}\cos^2\left[\pi V(t)/(2V_\pi)\right] \tag{2.16}$$

当 $V(t) = 0$ 或 $2V_\pi$ 时输出光功率最大；当 $V(t) = V_\pi$ 时输出光功率最小。

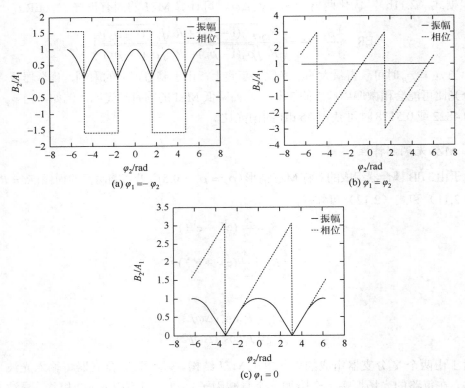

图 2.11　MZI 的光调制特性

3. 线性电光效应

当外加电场施加到某些晶体上时，会使晶体折射率发生变化，这种现象称为电光效应。若晶体的折射率变化正比于外加电场幅度，称为线性电光效应，即普科尔效应（Pockels effect）；若晶体的折射率变化与电场幅度的平方成比例，则称为电光克尔效应（electro-optic Kerr effect）。利用铌酸锂（LiNbO₃）、砷化镓晶体（GaAs）和钽酸锂（LiTaO₃）等电光材料或半导体材料的电光效应可制作电光调制器，常用的电光调制器有条形波导相位调制器和马赫-曾德干涉仪型（MZI）强度调制器等。

电光调制器主要利用线性电光效应（普科尔效应）实现。为此，可引入如下逆介电张量（inverse permittivity tensor）形式[4]：

$$\boldsymbol{\eta} = \frac{\varepsilon_0}{\varepsilon} = \left(\frac{1}{\boldsymbol{n}^2}\right) \tag{2.17}$$

显然，$\boldsymbol{\eta}\boldsymbol{\varepsilon} = \varepsilon_0$。介电张量依赖于晶体中的电荷分布，外加电场 $\boldsymbol{E}$ 可以引起电荷的重新分配和晶格的微小变形，从而产生一个附加逆介电张量：

$$\Delta\boldsymbol{\eta} = \Delta\left(\frac{1}{\boldsymbol{n}^2}\right) = \boldsymbol{\eta}(\boldsymbol{E}) - \boldsymbol{\eta}(0) = \boldsymbol{r}\cdot\boldsymbol{E} \qquad (2.18\text{a})$$

用分量形式表示为

$$\Delta\eta_{ij} = \Delta\left(\frac{1}{\boldsymbol{n}^2}\right)_{ij} = \sum_{k=x,y,z} r_{ijk}E_k \qquad (2.18\text{b})$$

式中，$\boldsymbol{r} = [r_{ijk}]$ 为线性电光系数张量。

对式（2.17）求微分可得附加介电张量：

$$\Delta\boldsymbol{\varepsilon} = -\frac{\boldsymbol{\varepsilon}(\Delta\boldsymbol{\eta})\boldsymbol{\varepsilon}}{\varepsilon_0} \qquad (2.19\text{a})$$

用分量形式表示为

$$\Delta\varepsilon_{ij} = \varepsilon_{ij}(\boldsymbol{E}) - \varepsilon_{ij}(0) = -\sum_{k=x,y,z} \varepsilon_0 n_i^2 n_j^2 r_{ijk}E_k \qquad (2.19\text{b})$$

式中，n_i 和 n_j 为平行于相应主轴的主折射率。

对于低损耗且没有旋光性的媒质，线性电光系数张量具有对称性，即 $r_{ijk} = r_{jik}$。这种置换对称性可使电光系数张量的独立元素从 27 个降到 18 个。为简化表示，对下标（ijk）或（jik）重新编号，即

$$\begin{cases} r_{11k} = \gamma_{1k},\ r_{22k} = \gamma_{2k},\ r_{33k} = \gamma_{3k}, \\ r_{23k} = r_{32k} = \gamma_{4k},\ r_{13k} = r_{31k} = \gamma_{5k},\ r_{12k} = r_{21k} = \gamma_{6k} \end{cases} \qquad (2.20)$$

式中，$k = 1, 2, 3$ 分别对应于 x, y, z 分量。按同样的编号方式，附加逆介电张量也可简化表示为

$$\begin{bmatrix} \Delta(1/\boldsymbol{n}^2)_1 \\ \Delta(1/\boldsymbol{n}^2)_2 \\ \Delta(1/\boldsymbol{n}^2)_3 \\ \Delta(1/\boldsymbol{n}^2)_4 \\ \Delta(1/\boldsymbol{n}^2)_5 \\ \Delta(1/\boldsymbol{n}^2)_6 \end{bmatrix} = \begin{bmatrix} \gamma_{11} & \gamma_{12} & \gamma_{13} \\ \gamma_{21} & \gamma_{22} & \gamma_{23} \\ \gamma_{31} & \gamma_{32} & \gamma_{33} \\ \gamma_{41} & \gamma_{42} & \gamma_{43} \\ \gamma_{51} & \gamma_{52} & \gamma_{53} \\ \gamma_{61} & \gamma_{62} & \gamma_{63} \end{bmatrix} \begin{bmatrix} E_x \\ E_y \\ E_z \end{bmatrix} = \boldsymbol{\gamma}\cdot\boldsymbol{E} \qquad (2.21)$$

式中，6×3 电光系数矩阵 $\boldsymbol{\gamma} = [\gamma_{ij}]$ 的元素取值关系取决于七大晶系的对称群（晶体的对称性），通常在惯用的坐标系（光轴为 z 轴）下给出。注意，反演对称晶体中不存在线性电光效应。一般地，当有外加电场时，折射率椭球的主轴方向或主轴长度可能会发生改变，具体依赖于外加电场的大小和方向。此时，电光晶体的折射率椭球可表示为

$$\left[(1/n_x^2) + \Delta(1/\boldsymbol{n}^2)_1\right]x^2 + \left[(1/n_y^2) + \Delta(1/\boldsymbol{n}^2)_2\right]y^2 + \left[(1/n_z^2) + \Delta(1/\boldsymbol{n}^2)_3\right]z^2$$
$$+2yz\Delta(1/\boldsymbol{n}^2)_4 + 2zx\Delta(1/\boldsymbol{n}^2)_5 + 2xy\Delta(1/\boldsymbol{n}^2)_6 = 1 \tag{2.22}$$

对于 LiNbO$_3$ 晶体，它具有 $3m$ 群对称性，其电光系数具有如下形式：

$$\gamma = \begin{bmatrix} 0 & \gamma_{12} = -\gamma_{22} & \gamma_{13} \\ 0 & \gamma_{22} & \gamma_{23} = \gamma_{13} \\ 0 & 0 & \gamma_{33} \\ 0 & \gamma_{42} = \gamma_{51} & 0 \\ \gamma_{51} & 0 & 0 \\ \gamma_{61} = -\gamma_{22} & 0 & 0 \end{bmatrix} \tag{2.23}$$

LiNbO$_3$ 晶体为单轴晶体，$n_x = n_y = n_o = 2.286$，$n_z = n_e = 2.2$。在 z 轴方向施加磁场时，式（2.22）可化为[5]

$$\left[(1/n_o^2) + \gamma_{13}E_z\right]x^2 + \left[(1/n_o^2) + \gamma_{13}E_z\right]y^2 + \left[(1/n_e^2) + \gamma_{33}E_z\right]z^2 = 1 \tag{2.24}$$

式中，$\gamma_{13} = 9.6\,\text{pm/V}$，$\gamma_{33} = 30.9\,\text{pm/V}$。可以看出，外加电场 E_z 只是使折射率椭球的各半轴长度发生了变化，仍保持了单轴晶体特性，此时最大的折射率变化为 $\Delta n_z = -\dfrac{1}{2}n_e^3\gamma_{33}E_z$。

4. MZI 电光调制器

由于电光系数通常比较小，要使块状电光晶体的折射率获得明显变化，需要施加上千伏的电压，显然不实用。采用平面波导结构，可使器件驱动电压降低到 5～7V。采用集成光学方法可制作平面波导型的光滤波器、光调制器等器件，最常见的是用铌酸锂（LiNbO$_3$）材料制作的 M-Z 调制器（Mach-Zehnder modulator，MZM）。实际中，要使光调制器正常工作，还需要偏置控制电路。偏置电压的漂移会劣化光调制器的性能，可以通过检测输出信号来反馈控制偏置电压，使工作点保持稳定。电光调制器的调制频率和调制带宽主要取决于晶体中光的传输时延和晶体谐振电路的带宽。电光调制器具有很大的调制带宽，缺点是插入损耗大、对偏振敏感、驱动电压较高（典型值为 4V）、难以与光源集成等。

电光效应的强度依赖于外加电场方向与铌酸锂（LiNbO$_3$）晶体的取向，当外加电场和导波光的偏振方向均平行于晶体的 z 轴时可获得最大的电光效应，对应于光电系数 γ_{33}。因此，电极的放置及其结构至关重要。对于 x 切（x-cut）或 y 切（y-cut）衬底，要求电极放置在光波导两边，结构上的对称性使其啁啾参数几乎为 0，属无啁啾型的调制器，如图 2.12（a）所示。对于 z 切（z-cut）衬底，要求放置一个电极在光波导的上面，电极与波导之间需使用二氧化硅（SiO$_2$）或三氧化二铝（Al$_2$O$_3$）进行隔离，以减少金属电极对光波的吸收，其他电极放在光波导旁边，如图 2.12（b）所示。RF 在地电极和波导之间的重叠部分逐渐减少，这种变化使其驱动电压和啁啾参数均有所增大，属啁啾型的调制器。

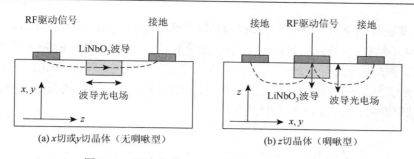

图 2.12　两种典型 $LiNbO_3$ 晶体器件的电极结构

铌酸锂（$LiNbO_3$）M-Z 调制器（MZM）由输入/输出 Y 分光器、两个电光晶体波导以及 RF/DC 行波电极等组成，只需控制外加电压就可对导波光进行调制，如图 2.13 所示。根据驱动电极的加载方式，MZM 一般可分为单驱动（single drive）和差分驱动（differential drive）两种。单驱动方式可以对 MZM 波导进行单臂（非平衡）或双臂（平衡）控制，非平衡单驱动方式有较大的啁啾效应，很少用于高速 WDM 系统；平衡的单驱动 MZM 通常制作在 x 切或 y 切 $LiNbO_3$ 晶体上，其电极配置使波导的上下臂形成相反方向的电场，产生相反的相移，如图 2.13（a）所示。平衡的单驱动铌酸锂 MZM 具有低的或接近于零的啁啾，调制器的工作点还可以通过设计单独的 DC 偏置电极来调节。平衡差分驱动 MZM 可用于双二进制系统等新型调制方案中，允许用户更灵活地控制其偏置和啁啾条件，如图 2.13（b）所示。典型的 z 切差分驱动 MZM 只允许两臂产生相同符号的相移，需采用互补的驱动信号来获得相反的相位改变。

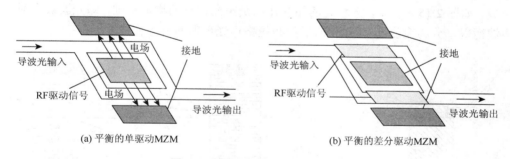

图 2.13　平面波导型的 M-Z 器件

2.3.2　电吸收调制器

电吸收调制器（EAM）是工作在材料边界吸收波长处的一种损耗调制器，它利用 Franz-Keldysh 效应和量子约束 Stark 效应实现。Franz-Keldysh 效应是指在电场作用下半导体材料的吸收边向长波长方向移动的现象，而采用量子约束 Stark 效应有助于提高消光比。通过改变调制器上的偏压，使多量子阱（MQW）的边界吸收波长发生改变，进而改变光束的通断，实现光调制。具体讲，当调制器无偏压时，光束处于通状态，输出光功率最大；随着调制器上的反向偏压的增加，MQW 的吸收边移向长波长，使得输入光束波长处吸收系数变大，调制器成为阻断状态，输出光功率最小。

电吸收调制器（EAM）有波导型和横向传输型两种结构类型，如图 2.14 所示。由于横向传输型 EAM 不能提供足够高的消光比，所以波导型 EAM 更为常用。EAM 的优点是便于与激光器集成，驱动电压较低（2～3V），虽存在一定啁啾且消光比仅有 10 dB，但仍得到广泛的应用。几种光源的啁啾系数分别为：直接调制 DFB-LD 为 5，直接调制 MQW-DFB-LD 为 2，EA 调制器为 0.5，LiNbO$_3$ 调制器为 0。

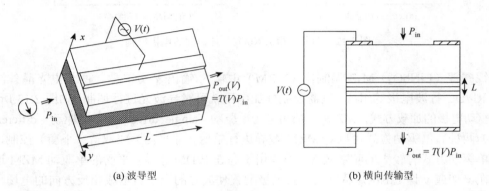

(a) 波导型　　　　　　　　　　　　　　　　(b) 横向传输型

图 2.14　电吸收调制器的结构示意图

2.3.3　声光调制器

声光调制器（AOM）是由声光介质、电声换能器、吸声（或反射）装置及驱动电源所组成，如图 2.15 所示[3]。声和光的相互作用是声光调制的物理基础，即光波被介质中的超声波衍射，分为喇曼-奈斯声光衍射和布拉格声光衍射两种工作模式。

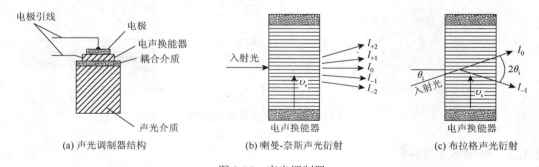

(a) 声光调制器结构　　　　(b) 喇曼-奈斯声光衍射　　　　(c) 布拉格声光衍射

图 2.15　声光调制器

调制电信号通过电声换能器转换为超声波，然后加到声光晶体上。电声换能器是利用某些压电晶体（如石英、LiNbO$_3$）或压电半导体（如 CdS、ZnO）的反压电效应，在外加电场的作用下产生机械振动而形成超声波。超声波使声光介质的折射率沿声波传输方向随时间交替变化，当一平行光束通过它时，由于声致光衍射，其出射光束就具有随时间而周期变化的光程差，结果构成各级闪烁变化的衍射光。可以取某一级衍射光作为输出，用光栅将其他衍射级阻遮，则从光栅孔出射的光波就是一个周期变化的调制光。

2.3.4　磁光调制器

磁光效应可以用磁光材料介电常数张量的非对角矩阵来描述。对于沿坐标轴磁化的情形，磁光材料的相对介电张量可以表示为如下形式[6]：

$$\varepsilon_r = n_0^2 \begin{bmatrix} 1 & 0 & 0 \\ 0 & 1 & 0 \\ 0 & 0 & 1 \end{bmatrix} + \Delta\varepsilon_r = n_0^2 \begin{bmatrix} 1 & 0 & 0 \\ 0 & 1 & 0 \\ 0 & 0 & 1 \end{bmatrix} + jf_1 \begin{bmatrix} 0 & M_z & -M_y \\ -M_z & 0 & M_x \\ M_y & -M_z & 0 \end{bmatrix} \tag{2.25}$$

式中，n_0 为材料折射率；$M_i\,(i=x,y,z)$ 为磁化强度分量；$f_1 = -2\theta_F n_0 / k_0 M_S$ 为一级磁光系数；k_0 为真空中的波数；θ_F 为法拉第旋转比；M_S 为磁饱和强度。

例如，磁光材料掺铈钇铁石榴石（Ce:YIG）的法拉第旋转角可达 $\theta_F = 7.0\times10^{-3}\ \mu m$，对应的磁光系数为 $f_1 = -8.63\times10^{-8}\,(A/m)^{-1}$。

附加介电常数张量 $\Delta\varepsilon_r$ 与磁化强度方向密切相关。对于导波光沿 z 轴方向传播的情形，沿 z 轴磁化（纵向磁化）会导致导波光之间发生模式转换；沿着 x 或 y 方向磁化（横向磁化）会改变导波光传播常数，导致正、反方向传播导波光之间产生非互易性相移。

某些晶体材料（如 YIG 或掺 Bi 的 YIG）在外加磁场的作用下，可使通过它的线偏振光偏振面发生旋转，旋转的角度 θ 与磁场强度 H、晶体的长度 L 有关，即 $\theta = VHL$，V 为费尔德常数。利用这种磁光法拉第效应（模式转换）可制成磁光幅度调制器，如图 2.16 所示[3]。磁光晶体棒的前后放有起偏器和检偏器，它们的偏振方向成 45°。缠绕有高频线圈的 YIG 棒放置在沿轴线方向传输的光路里，高频线圈受到调制电流信号的控制产生变化的磁场强度，使光的偏振面发生相应变化，通过检偏器转换为光的强度调制。

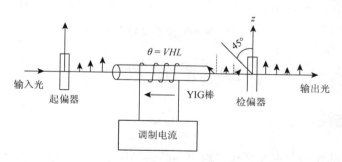

图 2.16　磁光调制原理

对于横向磁化情形，根据导波光的微扰理论，传播常数的改变量 $\Delta\beta$ 可表示为[7]

$$\Delta\beta = \frac{\omega\varepsilon_0}{2N} \iint \boldsymbol{E}^* \Delta\varepsilon_r \boldsymbol{E}\,\mathrm{d}x\mathrm{d}y \tag{2.26}$$

式中，ω 为磁光波导光的角频率；$\boldsymbol{E}$ 为导波光的电场强度；N 表示在传播方向上的归一化功率。由（2.26）式可知，波导光传输模式（或电磁场分布）不同，所导致的传播常数变化 $\Delta\beta$ 也不一样。对于矩形或者脊形波导，主要导波模式为准 TE 和准 TM 模式。对于准 TE 模，其电场分量主要有 E_x 和 E_y；对于准 TM 模式，主要考虑电场分量 E_y 和 E_z。人们通常选取磁光系数较大的掺铈钇铁石榴石（Ce:YIG）来设计硅基磁光波导结构，一种是磁光材料作为覆层的 Ce:YIG/Si/SiO$_2$ 结构；另一种是键合的磁光材料与硅作为芯层的 SiO$_2$/Si-Ce:YIG/SiO$_2$ 结构，如图 2.17 所示[8]。对于 Ce:YIG/Si/SiO$_2$ 波导，当光导波模式为 TE 模时，外加磁场对传播常数没有影响，只需考虑 x 方向磁化对 TM 模式传播常数的影响，即 TM 模的传播常数主要依赖于 M_x 和波导中磁场分量 H_x 的分布：

$$\Delta\beta^{TM} = -\frac{\beta^{TM}}{N\omega\varepsilon_0}\iint \frac{f_1 \cdot M_x}{n_0^4}\cdot H_x \frac{\partial H_x}{\partial y}\mathrm{d}x\mathrm{d}y \qquad (2.27)$$

对于 SiO$_2$/Si-Ce:YIG/SiO$_2$ 波导，当导波模式为 TM 模式时，外加磁场对传播常数没有影响，只需考虑 y 方向磁化对 TE 模传播常数的影响，即 TE 模的传播常数主要依赖于 M_y 和波导中电场分量 E_x 的分布：

$$\Delta\beta^{TE} = \frac{\omega\varepsilon_0}{\beta^{TE}N}\iint f_1 \cdot M_y \cdot E_x \frac{\partial E_x}{\partial x}\mathrm{d}x\mathrm{d}y \qquad (2.28)$$

由式（2.27）或式（2.28）可知，改变磁光波导的磁化强度可使导波光的相位发生变化，从而实现光移相器或磁光相位调制器等，与 MZI、微环等干涉结构相结合还可以实现强度调制、光开关和磁光传感等多种功能。

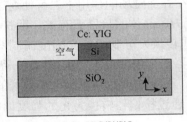 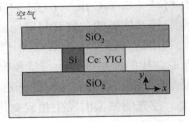

(a) Ce: YIG/Si/SiO$_2$ 　　　　　　　　　　　(b) SiO$_2$/Si-Ce:YIG /SiO$_2$

图 2.17　两种常见的磁光波导结构

2.4　光　接　收　机

2.4.1　光电检测器

光接收端机的作用是把光纤线路输出的微弱光信号转换为电信号，并经放大和处理后尽可能恢复出原来的调制电信号。光电检测器是光接收机的核心器件，目前常用的半导体光电检测器主要有 PIN 光电二极管和雪崩光电二极管（APD）两种。

光电二极管（PD）是利用半导体 PN 结的光电效应，把光信号转换为电信号的器件。当入射光作用到 PN 结时，发生受激吸收，形成光生电子-空穴。半导体中电子-空穴的扩散运动形成内部电场，在耗尽区内部电场的作用下电子将向 N 区漂移，而空穴将向 P 区漂移。当 P 层和 N 层连接的电路开路时，两端产生电动势，这种效应称为光电效应。耗尽层内漂移电流和热运动扩散电流的总和即为光生电流，并随入射光线性改变。光电效应必须满足入射光子的能量大于禁带宽度 E_g，光子才会被吸收产生电子-空穴对，即

$$hv \geqslant E_{\mathrm{g}} \ \text{或} \ \lambda \leqslant hc/E_{\mathrm{g}} \tag{2.29}$$

光电二极管通常要施加反向偏压，目的是增加耗尽层的宽度，减小光生电流中的扩散分量。其优点是可以显著提高响应速度，缺点是漂移的渡越时间增加，使响应速度减慢。因此，实际应用中需要改进 PN 结光电二极管结构，以提高光电转换效率。一种是在 PN 结内部设置一层掺杂浓度很低的本征半导体（I 层）以扩大耗尽层宽度，称为 PIN 光电二极管，其能带和结构示意图如图 2.18 所示；另一种是对 PN 结施加一个较高的反向偏置电压，利用电离碰撞效应（雪崩效应）使光电流得到倍增，称为雪崩光电二极管（avalanche photo diode，APD）。当光入射到 PN 结后光子被吸收产生电子-空穴对，这些电子-空穴对运动进入强电场区（约 20MV/m）后获得能量做高速运动，与原子晶格产生碰撞，电离出新的电子-空穴对，该过程反复多次后使载流子雪崩式倍增。因此，APD 不但具有光/电转换作用，而且具有内部放大作用，光接收灵敏度很高。

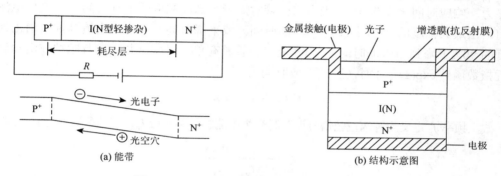

图 2.18　PIN 光电二极管的能带和结构示意图

PIN 和 APD 光电二极管的工作特性可以从波长响应、光电转换效率、响应速度和噪声特性等方面加以描述[3]。

1. 波长响应

根据"入射光子的能量大于半导体禁带宽度"这一光电效应产生条件，可得光电二极管的上限截止波长为

$$\lambda_{\mathrm{c}} = 1.24/E_{\mathrm{g}} \tag{2.30}$$

式中，λ_{c} 和 E_{g} 的单位分别为 μm 和 eV，$1\text{eV} = 1.60 \times 10^{-19}$ J。例如，对于宽带隙材料 InP，$\lambda_{\mathrm{c}} = 0.96\,\mu$m；对于窄带隙材料 InGaAs，$\lambda_{\mathrm{c}} = 1.7\,\mu$m。实际上，光电二极管都有一定的波长响应范围。例如，Si 材料的波长响应为 $0.5 \sim 1.0\,\mu$m，Ge 或 InGaAs 材料的波长响应为 $1.1 \sim 1.6\,\mu$m。

2. 光电转换效率

工程上常用量子效率和响应度来衡量光电转换效率。量子效率 η 定义为单位时间内产生的光生电子-空穴对数与单位时间入射到 PIN 检测器的总光子数之比，即

$$\eta = \frac{I_\mathrm{P}/e}{P_0/h\nu} \qquad (2.31)$$

式中，P_0 和 I_P 分别为入射到 PIN 检测器的光功率及其所产生的光电流。

式（2.31）也表示入射光功率被 PN 结有效吸收的比率。因此，采取减小入射表面的反射率、减小零电场区的厚度、增加耗尽区宽度等方法，可提高光电检测器的量子效率。响应度 R 定义为光生电流 I_P 与入射光功率 P_0 之比（单位为 A/W），即

$$R = \frac{I_\mathrm{P}}{P_0} = \frac{\eta e}{h\nu} = \frac{\lambda e}{hc}\eta \qquad (2.32)$$

3. 响应速度

响应速度通常用响应时间或截止频率表示，反映了光电二极管对高速调制光信号的响应能力。响应时间定义为 PIN 光电二极管对矩形光脉冲响应的上升时间 τ_r（光生电流脉冲前沿由最大幅度的 10% 上升到 90% 的时间）或下降时间 τ_f（光生电流脉冲后沿由最大幅度的 90% 下降到 10% 的时间）。当光电二极管具有单一时间常数 τ_0，且脉冲前沿和后沿接近指数函数 $\exp(\pm t/\tau_0)$ 时，脉冲响应时间为

$$\tau = \tau_f = \tau_r = 2.2\tau_0 \qquad (2.33)$$

截止频率 f_c 定义为等幅正弦信号调制时光生电流的频率响应 $I_\mathrm{P}(\omega)$ 下降 3 dB 处的频率，即

$$f_c = \frac{1}{2\pi\tau_0} = \frac{0.35}{\tau_r} \qquad (2.34)$$

影响响应速度的主要因素有：①PIN 光电二极管结电容及其负载电阻的 RC 时间常数，其限制的截止频率为 $f_c = (2\pi R_t C_d)^{-1}$，式中 R_t 为 PIN 光电二极管的串联电阻和负载电阻的总和，C_d 为光电二极管结电容。②载流子在耗尽区里的渡越时间 τ_d，其限制的截止频率为 $f_c = 0.42/\tau_d$。③耗尽区外产生的载流子由于扩散而产生的时间延迟，它使输出电脉冲的下降沿拖尾加长。

4. 噪声特性

光电检测器噪声直接影响光接收机的灵敏度。PIN 光电二极管噪声包括量子噪声、暗电流噪声、漏电流噪声以及负载电阻的热噪声。除负载电阻的热噪声外，其他都是散弹噪声，是由带电粒子产生和运动的随机性引起的一种具有均匀频谱的白噪声。PIN 光电二极管的噪声通常用均方噪声电流描述。均方散弹噪声电流 $\langle i_\mathrm{sh}^2 \rangle = 2e(I_\mathrm{P} + I_\mathrm{D})B_\mathrm{e}$，均方热噪声电流 $\langle i_\mathrm{T}^2 \rangle = 4kTB_\mathrm{e}/R_\mathrm{T}$，则总均方噪声电流为

$$\langle i_\mathrm{n}^2 \rangle = 2e(I_\mathrm{P} + I_\mathrm{D})B_\mathrm{e} + 4kTB_\mathrm{e}/R_\mathrm{T} \qquad (2.35)$$

式中，B_e 为放大器电路带宽；I_P 和 I_D 分别为信号电流和暗电流；$k = 1.38 \times 10^{-23}$ J/K 为玻耳兹曼常量，T 为等效噪声温度，R_T 为 PIN 的串联负载电阻 R_L 与放大器输入电阻 R_a 的并联阻值。

当光电检测器采用雪崩光电二极管时,倍增过程的随机特性也会产生附加的噪声,称为 APD 倍增噪声,可用平均雪崩电流增益(倍增因子)和过剩噪声系数两个参数表示。平均雪崩(电流)增益定义为

$$M = I_{\mathrm{M}}/I_{\mathrm{P}} \tag{2.36}$$

式中,I_{P} 为一次光电流;I_{M} 为倍增后输出电流的平均值。

由于倍增过程是随机产生的,因此雪崩倍增效应具有统计的特征,M 与 APD 反向电压 V_{B} 有关,V_{B} 越大,M 值越高,但存在击穿电压。雪崩倍增过程引入了更大的随机性,工程上常用过剩噪声指数 x 表示 APD 的过剩噪声系数,即 $F(M) \approx M^x$($0 \leqslant x \leqslant 1$)。此时,APD 的散弹噪声包括原来噪声的放大和 APD 引入的新噪声两部分:

$$\langle i_{\mathrm{sh}}^2 \rangle = 2\mathrm{e}(I_{\mathrm{P}} + I_{\mathrm{D}})B_{\mathrm{e}}M^{2+x} \tag{2.37}$$

通常情形下,PIN 光电二极管的噪声性能较好,而 APD 的灵敏度较高。

2.4.2　光接收机组成

光接收机的作用是把经光纤传输后幅度被衰减、波形产生畸变(脉冲展宽)的微弱光信号变换为电信号,然后对电信号进行放大、整形、再生,在自动增益控制电路(AGC)配合下输出稳定的数字序列。对于强度调制的数字光信号,在接收端采用直接检测(DD)方式进行非相干接收。数字光接收机的原理图如图 2.19 所示[1],主要由接收电路和判决电路两大部分组成,接收电路包括光电检测器、前置放大器、主放大器、均衡器、偏置电路和自动增益控制电路等,判决电路包括判决器、时钟恢复电路、译码器等。

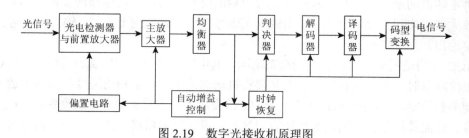

图 2.19　数字光接收机原理图

1. 光电检测器

半导体光电检测器主要有 PIN 和 APD 两种。PIN 光电二极管具有良好的光电转换线性度,不需要高的工作电压,响应速度快。APD 最大的优点是具有载流子倍增效应,探测灵敏度特别高,但需要较高的偏置电压和温度补偿电路。从简化接收机电路考虑,一般情况下多采用 PIN 光电二极管作光探测器。在短距离的应用中,选择工作在 850 nm 的 Si 器件是相对比较廉价的解决方案。在长距离的链路常常需要工作在 1310 nm 和 1550 nm 窗口的 InGaAs 器件。

2. 前置放大器

光接收机的放大器包括前置放大器和主放大器两部分。对前置放大器要求是噪声低、宽带宽和高增益。目前有三种类型可供选择[3]，如图 2.20 所示。低阻型前置放大器可采用双极性晶体管电路，其特点是电路简单，电路时间常数小于信号脉冲宽度，因而码间干扰小，前置级的动态范围较大，但噪声较大，适用于高速系统。高阻型前置放大器的设计方法是尽量加大偏置电阻，可采用场效应管电路，场效应管前置放大器的主要特点是输入阻抗高、噪声小，但高频特性差，适用于低速系统。跨阻型前置放大器实际上是电压并联负反馈放大器，其主要特点是改善了带宽特性和动态范围，并具有良好的噪声特性，在光纤通信中得到广泛应用。

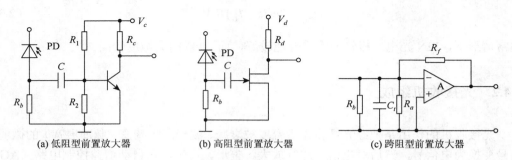

(a) 低阻型前置放大器　　　　(b) 高阻型前置放大器　　　　(c) 跨阻型前置放大器

图 2.20　三种类型的接收机前置放大器

3. 主放大器与 AGC 电路

主放大器和 AGC 决定着光接收机的动态范围。主放大级一般由多级放大器组成，主要提供足够高的增益，把来自前置放大器的输出信号放大到判决电路所需的信号电平。通过主放大器可实现自动增益控制，当输入光信号在一定范围内变化时，输出电信号能够保持恒定输出。

AGC 作用是增加了光接收机的动态范围，其电路原理框图如图 2.21 所示。当 APD 作为光电检测器时，可有两种方法扩大光接收机动态范围，一是利用反馈环路对主放大器进行自动增益控制，二是控制 APD 雪崩增益。改变放大器本身的参数（如改变差分放大器工作电流、分流式控制、采用双栅极场效应管等）或在放大器级间插入可变衰减器可使放大

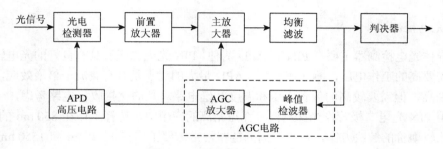

图 2.21　AGC 电路原理框图

器的电压增益发生变化，改变 APD 的反向偏压可以控制 APD 的雪崩增益。同时采用放大器电压增益自动控制和 APD 雪崩增益自动控制时，接收机可达到的最大接收光功率的动态范围为

$$D_{\max} = 10 \lg \frac{G_{\mathrm{opt}}}{G_{\min}} + \frac{1}{2} D_a \tag{2.38}$$

式中，D_a 为放大器电压增益的控制范围，用 dB 表示；G_{opt} 和 $G_{\min}$ 为 APD 偏压受控时的最佳和最小雪崩增益。

4. 均衡滤波器

均衡的目的是对经光纤传输、光电转换和放大后已产生畸变（失真）的电信号进行补偿，使输出信号的波形适合于判决，一般采用具有升余弦谱的码元脉冲波形，以消除码间干扰，减小误码率。

5. 判决电路

判决电路的功能是从放大器输出的信号与噪声混合的波形中提取码元时钟，并逐个地对码元波形进行取样判决，以得到原始发送的码流，即把前面线性通道输出的升余弦波形恢复成数字信号。

2.4.3　信噪比特性

光接收机噪声的主要来源是光检测器的噪声和前置放大器的噪声。前置级输入的是微弱信号，其噪声对输出信噪比影响很大，而主放大器输入的是经前置级放大的信号，只要前置级增益足够大，主放大器引入的噪声就可以忽略。对光接收机进行噪声分析时，通常把所有的噪声源都等效到输入端，并假设这些噪声源都是均匀、连续功率谱密度的白噪声。光接收机的原理图及其噪声等效模型如图 2.22 所示[3]，检测器等效为信号电流源 i_s 和散粒噪声源 i_n 的并联，将带有热噪声的偏置电阻等效为一个无噪声的电阻 R_b 和一个噪声电流源 i_b 并联；将放大器引入的噪声等效到一个理想放大器的输入端，并用一个并联的等效噪声电流源 i_a 和一个串联的噪声电压源 e_a 表示。理想放大器对信号和噪声有同时放大作用，对输出信噪比没有影响。

光接收机的输出噪声包括光电检测器的散弹噪声、偏置电阻热噪声和前置放大器引入的噪声。当放大器、均衡滤波器的传递函数（转移阻抗）具有矩形带通特性时，接收机的输出噪声可简化为

$$\sigma^2 = 2e(I_{\mathrm{P}} + I_{\mathrm{D}})B_e + \frac{4kT}{R_b} B_e F_n \tag{2.39}$$

式中，F_n 为放大器的噪声系数。于是，当输入到光接收机的光信号平均功率为 P_{in} 时，PIN 光接收机的信噪比为

$$\mathrm{SNR}_{\mathrm{av}} = \frac{I_s^2}{\sigma^2} = \frac{(RP_{\mathrm{in}})^2}{2e(RP_{\mathrm{in}} + I_{\mathrm{D}})B_e + (4kT/R_b)B_e F_n} \tag{2.40}$$

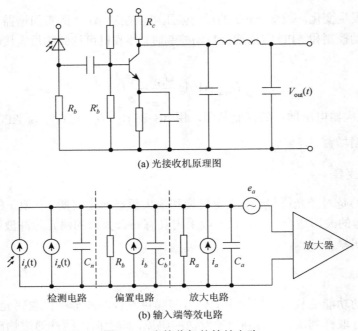

(a) 光接收机原理图

(b) 输入端等效电路

图 2.22　光接收机的等效电路

APD 光接收机的信噪比为

$$\mathrm{SNR_{av}} = \frac{I_s^2}{\sigma^2} = \frac{(MRP_{in})^2}{2e(RP_{in} + I_D)M^{2+x}B_e + (4kT/R_b)B_eF_n} \tag{2.41}$$

式中，M 和 x 分别为 APD 的平均雪崩增益和过剩噪声指数。

2.4.4　相干光接收机

　　群速色散（GVD）和偏振模色散（PMD）均与光电场的相位密切相关，光电场相位在频域上的畸变导致了 GVD，而在两个偏振方向上具有不同的时延会引起 PMD。在非相干系统中，相位上的畸变和时延均会转化为接收眼图的畸变和码间干扰。非相干强度检测（或差分相位检测）通过检测信号的幅值来解调光信号，舍去了信号的相位信息。因此，非相干检测光接收机本身无法对传输线路的线性损伤进行有效补偿，只能依赖光学器件进行补偿。例如，采用色散补偿模块（DCM）可控制传输线路的残余色散在可接受范围内。

　　相干光接收机能够同时检测出光场的偏振、幅值和相位信息，在接收机中使用适当的电域处理算法可比较容易地实现群速色散或 PMD 补偿。相应的电处理算法主要有前导训练序列和自适应均衡两种方法。前者是在要传输数据中插入训练序列，这会增加开销、降低数据传输效率；后者无须额外的辅助数据，但存在数据处理较复杂、算法收敛速率对初始条件敏感等不足。相干光纤通信系统对色散、PMD、非线性和 OSNR 劣化有更高的容忍性。此外，为了进一步提升光纤通信系统的容量和频谱效率，需要采用高阶调制和偏振复用技术，如 QAM、PM-QPSK 等，也需要采用相干检测光接收技术。相干检测的主要目的是线性恢复接收信号的 I 和 Q 分量，同时抑制或消除共模噪声。

　　两束光相干的条件是在共同作用区域上其光电场振动方向相同、振动频率相同、相位差保持恒定。要正确地从相位调制信号中解调出相应信息，在接收端必须选用与发送端激光器中心波长相同的窄线宽本地激光器（同频），并通过载波同步处理，使两者保持同相，从而满足相干条件。当两束连续光同时注入光电检测器时，其输出端口会产生它们的差频信号。实际应用中，根据本地激光器频率 f_{LO} 与接收光信号的载波频率 f_C 之间的差频大小（即中频，$f_{IF} = |f_C - f_{LO}|$），可将相干接收机分为三大类：①零差检测（$f_{IF} = 0$），这种检测方式对本振光的相位要求高，需要采用光锁相环（OPLL）精确跟踪相位噪声，然而实现 OPLL 非常复杂，难以实用化；②外差检测（$f_{IF} > B$），需要处理的中频电路频率 f_{IF} 大于接收光信号对应的基带信号带宽 B，对于高速光传输系统，目前的电域处理技术还难以胜任；③内差检测（$f_{IF} < B$），这种检测方式可降低中频处理电路的实现难度，是目前 100 Gbps 和相干 40 Gbps 系统中普遍采用的相干接收技术。

　　内差检测相干接收机的处理过程是，待检测的光信号由平衡相干光检测器接收并转化为电信号，然后通过相位锁定和相位噪声估计，以及复杂的 DSP 算法进行电域处理，从而解调出原来的调制信号。相干接收机的电域处理包括 AD 转换、时钟恢复、色度色散（CD）补偿、PMD 补偿/偏振跟踪、频偏估计/相位恢复、信号判决/合成等。

　　平衡相干光检测器的工作原理如图 2.23 所示，它采用一个光 90°混频器和两对平衡检测器可实现相干 IQ 检测，其中光 90°混频器可由一个 90°光学移相器和两对光耦合器组成。接收信号的光场 E_R 与本地激光器的光场 E_{LO} 通过光 90°混频器输出四个光场，分别由两对光电检测器接收后差分出接收光场的 I 和 Q 分量，它们的差分电流分别为[9]

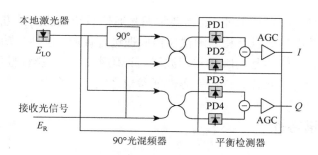

图 2.23　平衡光检测器工作原理

$$
\begin{aligned}
I_I(t) &= |E_1|^2 - |E_2|^2 \\
&= \frac{1}{2}\{|E_R|^2 + |E_{LO}|^2 + 2\,\mathrm{Re}(E_R E_{LO}^*)\} - \frac{1}{2}\{|E_R|^2 + |E_{LO}|^2 - 2\,\mathrm{Re}(E_R E_{LO}^*)\} \quad (2.42) \\
&= 2\,\mathrm{Re}(E_R E_{LO}^*)
\end{aligned}
$$

同理，

$$
I_Q(t) = |E_3|^2 - |E_4|^2 = 2\,\mathrm{Im}(E_R E_{LO}^*) \tag{2.43}
$$

式中，$E_{1,2} = \dfrac{1}{\sqrt{2}}(E_R \pm E_{LO})$，$E_{3,4} = \dfrac{1}{\sqrt{2}}(E_R \pm jE_{LO})$。这样，平衡光检测器输出的光电流可复数表示为 $\tilde{I}(t) = I_I + jI_Q = 2E_R E_{LO}^*$，它实际上是对接收到的复值信号进行线性频率下变换。

图 2.24 给出了 100 Gbps 偏振复用的正交相移键控（PM-QPSK）相干光传输系统的收发过程[10]。在发送端，激光器发出的激光被偏振分束器分成 X、Y 两个垂直方向的偏振光。将 100 Gbps 的数字信号转换为 4 路信号，分别对两个偏振方向的激光信号进行 QPSK 调制，调制后的偏振光经偏振合束器合成一束激光，发送到光纤线路上进行传输。在接收端，接收到的信号光经偏振分束器分出为 X 和 Y 两个偏振方向，本振激光器也分出 X 和 Y 两个方向的偏振光，对接收的光信号进行相干检测，光电转换信号经 ADC 模块的模数处理后，进入 DSP 模块进行色散、偏振模色散等数字化补偿，最后恢复出原始信号。

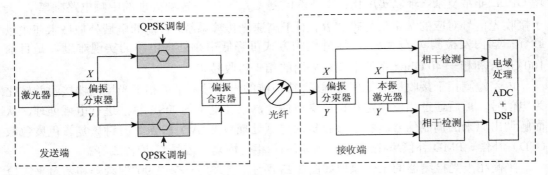

图 2.24　100 G 相干光传输系统的收发过程

2.5　光通信系统性能参数

除了了解光信号的收发技术外，还需要掌握光通信系统性能测试方面的知识。下面对光通信系统的主要性能参数以及相关测试仪器原理进行说明，包括光功率与光功率计、光谱图与光谱分析仪、传输信号的眼图与示波器、误码率、抖动/漂移性能参数与数字传输分析仪等[11]，并讨论光信噪比、误码率等性能参数之间的关系[12]。

2.5.1　信号的光谱特性

1. 光功率与光功率计

光功率是指单位时间内光波穿过截面 S 的电磁场能量，即

$$P = \int_S (\boldsymbol{E} \times \boldsymbol{H}) \cdot \mathrm{d}S \tag{2.44}$$

在光通信中常用光电探测型光功率计进行测量。使用光功率计时需关注光接口适配器类型和光耦合方式，测量的功率范围和波长范围，定标功率、定标波长以及线性度，最小平均时间等。光功率计的最小平均时间通常在亚毫秒量级，例如安捷伦 81624B 探测器的最小平均时间为 100 μs。因此，光功率计只能用于测量高速光脉冲信号的平均光功率，无法测量峰值功率，但可以根据数字信号的占空比和光脉冲形状，估算出光脉冲的峰值功率。

顺便介绍一下光强度的概念，它是指光垂直照射到单位面积上的光功率，即

$$I = (\boldsymbol{E} \times \boldsymbol{H}) \cdot \boldsymbol{e}_{\mathrm{n}} \tag{2.45}$$

式中，$\boldsymbol{e}_{\mathrm{n}}$ 为截面的法向单位矢量。

光功率和光强都正比于光场振幅 $|A|$ 的平方。为了简化表示，可令 $P = |A|^2$ 或 $I = |A|^2$，两种情形下光场复振幅 A 的物理量纲有所不同，复振幅 A 满足的耦合模方程中对应的系数也不同。

2. 光谱图与光谱分析仪

信号的光谱是指光信号中各个波长分量的光功率分布，可用光谱分析仪（OSA）进行测量。根据工作原理不同，OSA 可分为衍射光栅型和干涉型两种，它们的基本结构如图 2.25 所示。输入光信号由单色仪或干涉仪（相当于可调光滤波器）解析出单个波长成分，经光电探测器转换为光电流，再经跨阻放大器转换为电压信号，模数转换后显示为光谱仪的垂直幅度值，它表示分辨带宽（RBW）内的光功率，其物理含义是功率谱密度。与此同时，锯齿波发生器产生的锯齿波控制可调光滤波器的中心波长从左至右扫描（扫描间隔称为采样分辨率），中心波长与相应的光功率迹点（trace point）水平位置一一对应。将每个波长的光功率迹点连接起来就形成了光谱图，其中位于光检测器之后、模数转换前的视频滤波器带宽（VBW）决定了显示波形的真实程度。在其他设置不改变的情况下，减小 VBW，频谱仪扫描时间会增加，其测试曲线更加光滑。

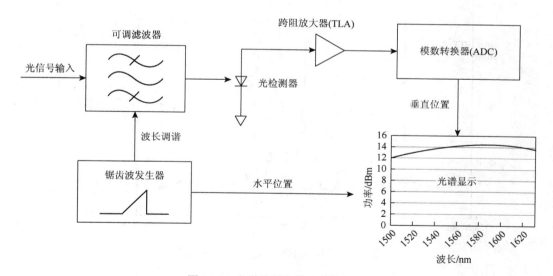

图 2.25 光谱分析仪基本结构框图

根据可调滤波器的透射谱可确定光谱分析仪的 RBW 和动态范围，如图 2.26 所示。OSA 中可调滤波器的 3 dB 带宽即为 RBW，它决定了 OSA 辨析相邻波长的能力；动态范围是指特定带宽下同时测量较强（信号）和较弱（噪声）光功率的能力。光谱仪还有一个重要技术参数——灵敏度，是指能够定量测量的最小光功率（灵敏度电平），它不同于射频频谱分析仪所定义的灵敏度（平均噪声电平），不同厂家对 OSA 的灵敏度定义也有所不同。

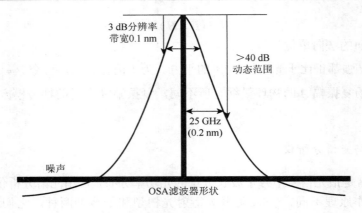

图 2.26　可调滤波器的分辨带宽和动态范围

光谱测量时要特别注意 RBW 的选择，RBW 必须大于波长采样分辨率，原则上应小于被测信号谱宽的 1/10。在实际的测量中，RBW 影响光谱曲线的形状。图 2.27 可看出不同 RBW 下间隔为 0.4 nm 的双波长信号光谱。为了能够准确测量数据，需要根据测量对象选择合适的 RBW，一般应在 0.1 nm 以下。

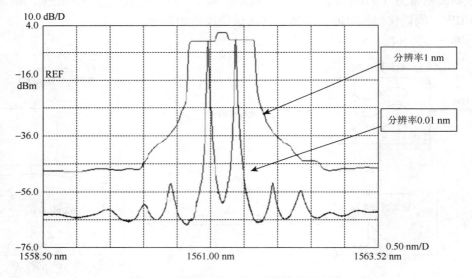

图 2.27　不同 RBW 下双波长信号的光谱

大多数情况下，设置 RBW 会影响其他参数的测量，如光谱仪的显示噪声电平、波长分辨率和测量速度等。设置小的 RBW、OSA 能有效分辨谱分量，显示较低的本底噪声电平，动态范围增加，灵敏度有所改进，但会降低扫描速度。灵敏度电平可以在光谱仪上设置，并据此自动调节扫描时间。灵敏度与 OSA 的视频带宽（VBW）直接相关，改变 VBW的设置，可以减小噪声峰值的变化量，提高较低信噪比信号测量的分辨率和复现率，更容易发现隐藏在噪声中的小信号。给定扫描范围（SPAN）和 RBW，扫描时间与 VBW 成反比。一般模式的测量，VBW 设置为 10 kHz；对于精确的光谱测量，VBW 必须设置为更宽的带宽。在 MS9710B/C 光谱分析仪中，最大 VBW 可设置为 1 MHz。

3. 光谱分析仪的应用

光谱分析仪可用来测量光源或光放大器等有源器件产生的光谱，光滤波器、光栅、解复用器等波长相关无源器件的透射或反射谱，DWDM 系统的信道波长、波长间隔、通道功率、OSNR 等。

通过 OSA 内置应用程序，可以测量信号的光谱特性。例如，由光谱曲线可计算总功率为

$$P_0 = \sum_{i=1}^{N-1} p_i \frac{\text{迹点波长间隔}}{\text{RBW}} \tag{2.46}$$

式中，N 为光谱曲线上的迹点数。

每个波长的功率谱密度为 $\text{PSD}_i = p_i / \text{RBW}$。再如，均方根（RMS）谱宽为

$$\sigma = \sqrt{\sum_{i=1}^{N-1} p_i (\lambda_i - \bar{\lambda})^2 \Big/ \sum_{i=1}^{N-1} p_i} \tag{2.47}$$

式中，平均波长 $\bar{\lambda} = \sum_{i=1}^{N-1} p_i \lambda_i \Big/ \sum_{i=1}^{N-1} p_i$。

对于高斯脉冲，其 3 dB 带宽为 FWHM=2.355σ。

顺便指出，多波长计也可以测量光波长，一般采用迈克尔逊干涉仪和内腔氦氖激光器作为波长标准。因此，多波长计在波长测量准确度上比光谱分析仪提高一个数量级。使用多波长计测量光源时，应满足说明书上所限定的 FWHM 要求。

2.5.2 传输信号的眼图

眼图是一系列数字信号在示波器上累积显示的图形，反映的是链路上传输的所有数字信号的整体特征。当示波器的水平扫描周期与码元定时同步时，适当调整相位，示波器上可显示一个很像人眼睛的图形，称为眼图（eye pattern）。利用眼图可分析通信信号的码间干扰、噪声和抖动等特性。业界通常把这种能够进行眼图分析的仪器称为通信信号分析仪，它一般由光参考接收机（完成光电转换与低通滤波）和数字示波器两个部分组成。数字示波器分为等效时间采样型和实时型两种类型。采样示波器仅测量采样时刻波形的瞬时幅值，采样操作需要一个与输入信号同步的触发信号，相邻采样数据点之间通过添加一个极小的增量延迟，最终可获得完整的波形。采样示波器特别适用于周期性的通信信号，比实时示波器具有更大的测量带宽。

根据多次采样得到的数据，可统计分析"1"和"0"电平，以及交叉点的平均值和标准偏差，进而定量给出眼图的相关参数。需注意的是，NRZ 和 RZ 码的眼图是不同的，如图 2.28 所示，相应眼图参数的定义也有区别。图 2.29 给出了 NRZ 码的眼图参数示意图，相应的参数定义如表 2.2 所示。

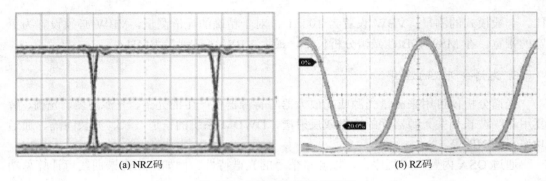

(a) NRZ码　　　　　　　　　　　　　　(b) RZ码

图 2.28　NRZ 和 RZ 码的眼图

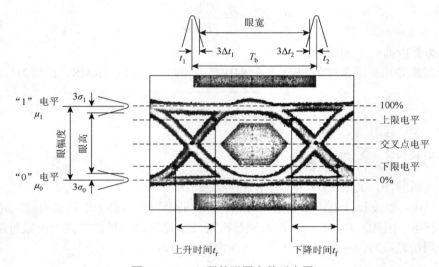

图 2.29　NRZ 码的眼图参数示意图

表 2.2　NRZ 码的眼图参数定义

眼图特征	主要参数	定义及意义
"1" 和 "0" 电平	均值	μ_1, μ_0
	标准偏差	σ_1, σ_0
	眼幅度	$EA = \mu_1 - \mu_0$
	眼图张开度（眼高）	$EH = (\mu_1 - 3\sigma_1) - (\mu_0 + 3\sigma_0)$，对应于最佳抽样时刻
	消光比	$ER = 10\lg \dfrac{P_{11}}{P_{00}} \approx 10\lg \dfrac{\mu_1}{\mu_0}$，$P_{11}$ 和 P_{00} 分别为全 1、全 0 时的光功率
	Q 因子	$Q = \dfrac{\mu_1 - \mu_0}{\sigma_1 + \sigma_0}$
眼图交叉点	交叉点幅度	μ_c
	时间	t_1, t_2
	标准偏差	$\Delta t_1, \Delta t_2$（过零点失真）

续表

眼图特征	主要参数	定义及意义
眼图交叉点	比特周期	$T_b = t_2 - t_1$
	交叉点百分比	$CP = \dfrac{\mu_c - \mu_0}{\mu_1 - \mu_0} \times 100\%$，反映信号占空比大小，CP=50%时灵敏度最佳
	眼图张开宽度（眼宽）	$EW = (t_2 - 3\Delta t_2) - (t_1 + 3\Delta t_1)$，对应于无码间干扰的抽样范围
脉冲形状	上、下限电平	眼幅的 80%、20%，或眼幅的 90%、10%
	上升、下降时间	t_r(低到高)、t_f(高到低)，眼图斜率越大，系统对定时抖动越敏感

2.5.3　数字传输性能参数

数字光纤通信系统最主要的两大性能参数是误码性能和抖动/漂移性能。

1. 误码性能

目前，ITU-T 形成了以 G.821 和 G.826 建议为代表的网络误码性能规范，它们分别以"比特"和"块"为基础定义了误码性能的相关参数。误码是指数字传输系统中发送和接收的码元或码块等不一致现象，用标准化术语称为差错。习惯上讲的"误码"，多数情况下指的是比特差错，有时指块差错。"块"是由一系列与通道有关的连续比特组成，块的大小就是每块的比特数，与块有关的任意比特出现错误时称为块误码，如循环冗余校验（CRC）误码、比特间插奇偶校验（BIP）误码等。发生误码的块称为误块（EB）。误码产生的因素主要有各种随机噪声、码间干扰、定时抖动，以及突发性的外界干扰等。

系统的误码性能是衡量系统优劣的重要指标，反映了数字信息在传输过程中受到损伤的程度。传统上常用平均误比特率（BER）来衡量系统的误码性能，它表示传送的码元被错误判决的概率。在实际测量中，常以长时间测量中误比特数目与传送的总比特数之比来表示。显然，BER 表示系统长期统计平均的结果，它不能反映系统是否有突发性、成群的误码存在。

误码率计算的一般方法是：先根据发射"0"码和"1"码时接收电平的概率密度函数 $f_0(x)$ 和 $f_1(x)$ 出发，计算相应的误码率 E_{01} 和 E_{10}；然后再根据发送"0"码和"1"码的概率 $P(0)$ 和 $P(1)$ 计算出总误码率：

$$\text{BER} = P(0)E_{01} + P(1)E_{10} \tag{2.48}$$

式中，$E_{01} = \int_D^{+\infty} f_0(x)\mathrm{d}x$ 为"0"码误判为"1"的概率；$E_{10} = \int_{-\infty}^{D} f_1(x)\mathrm{d}x$ 为"1"码误判为"0"的概率；D 为判决电平。

假设雪崩光电检测过程的概率密度函数是高斯函数，可使灵敏度与误码率的计算大为简化，计算精度可保持在 1 dB 范围内，满足工程设计的需要。在高斯近似下，由通信原理的知识可知，等概率 NRZ 码的误码率可表示为

$$\text{BER} = \frac{1}{\sqrt{2\pi}} \int_Q^\infty e^{-\frac{x^2}{2}} dx = \frac{1}{2} \text{erfc}\left(\frac{Q}{\sqrt{2}}\right) \xrightarrow{Q \geqslant 3} \frac{1}{Q\sqrt{2\pi}} \exp\left(-\frac{Q^2}{2}\right) \tag{2.49}$$

式中，$\text{erfc}(z) = \dfrac{2}{\sqrt{\pi}} \displaystyle\int_z^\infty e^{-x^2} dx$ 表示互补误差函数；$Q = (U_1 - D)/\sigma \approx U_1/(2\sigma) = GRP_{\text{in}}/\sigma = \sqrt{\text{SNR}_{\text{av}}}$；$D$ 为判决门限；U_1 为判决点处信号电平；σ 为噪声的平均电平；P_{in} 为输入到光接收机的光功率；R 为响应度。显然，BER 和 Q 因子一一对应，Q 因子含有信噪比的概念，并与接收光功率相联系。需指出的是，在光通信中通常用 Q 因子而不是用 SNR 作为二进制方案的优化指标。

2. 抖动/漂移性能

定时抖动简称抖动，定义为数字脉冲信号的特定时刻（或称有效瞬时）相对于其理想（标准）时间位置的短时间（变化频率高于 10 Hz）相位偏离。在光纤通信系统中，将 10 Hz 以下的长期相位变化称为漂移。信号边缘相位的向前、向后变化给时钟恢复电路和先进先出（FIFO）缓存器的工作带来一系列的问题，使信号判决偏离最佳判决时间，影响系统性能。

抖动幅度的单位是单位时间间隔（unit interval，UI），UI 是一个等步信号两个相邻有效瞬时之间的标称时间差。当传输信号为 NRZ 码时，1UI 就是 1 比特信息所占用的时间，它在数值上等于传输速率的倒数。抖动大小通常用规定滤波器带宽内的峰-峰值（UI_{pp}）表示。

抖动的性能参数主要有：①输入抖动容限。设备或系统容许的输入信号的最大抖动幅度称为输入抖动容限，用不同抖动频率下的峰-峰值抖动曲线表示。②输出抖动。当系统无输入抖动时，系统输出口的信号抖动特性，称为输出抖动（也称固有输出抖动），可由规定滤波器带宽内的峰-峰值表示。③抖动转移。抖动转移是指系统输出信号抖动与输入信号抖动之比（抖动增益），用不同输入抖动调制频率下系统的抖动增益曲线表示。

漂移的性能参数也有三种：输入漂移容限、输出漂移和漂移转移。输入漂移容限与输入抖动容限的定义类似，可由抖动的低频部分给出，一般称为输入抖动和漂移容限。漂移具有相位变化慢且幅度大的特点，对于漂移输出，ITU-T 采用最大时间间隔误差（MTIE）和时间偏差（TDEV）来规范同步接口，采用最大相对时间间隔误差（MRTIE）来规范 PDH 业务流接口。

3. 数字传输分析仪

能够对误码、抖动、漂移等数字通信系统性能进行测量的仪表，可统称为数字传输分析仪，但实际应用中可能会有不同的名称。数字传输分析仪主要由图案发生器、误码检测器、抖动漂移发生器和抖动漂移检测器四部分组成，如图 2.30 所示。在图案发生器部分，测试序列发生器在主时钟控制下产生伪随机比特序列（PRBS）和固定内容的人工码，再经编码和输出接口电路转换为 AMI、HDB3、CMI 等线路码输出。误码检测器部分主要将线路输入的测试序列与本地产生的测试序列通过异或门逐比特进行比较，测出误码率。调制信号发生器产生正弦波信号，用于调制时钟信号的相位，产生附带抖动漂移的时钟信号来驱动图案发生器。通过锁相环电路，从线路输入信号中提取出无抖动的参考时钟信号（也可以来自外部），经过相位比较器相位解调出原始的抖动漂移信号（模拟信号），采用适当的带通滤波或低通滤波器，测量出抖动或漂移性能参数。

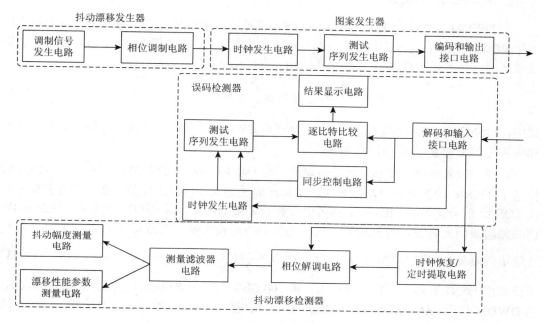

图 2.30　数字传输分析仪基本组成

2.5.4　性能参数的关系

1. 光接收机的主要性能指标

数字光接收机最主要的性能指标是灵敏度和动态范围。灵敏度反映接收机接收微弱光信号的能力，而动态范围表示接收机接收强光信号的能力。

光接收机的灵敏度是指在系统满足给定误码率指标的条件下，光接收机所需的最小平均接收光功率 P_{min}（mW）。工程中常用分贝毫瓦（dBm）来表示，即

$$S_r = 10\lg\frac{P_{min}}{1\text{mW}} \tag{2.50}$$

灵敏度与误码率密切相关，主要取决于光电检测器的响应度以及检测器和放大器引入的噪声。

动态范围（DR）的定义是，在限定的误码率条件下光接收机所能承受的最大平均接收光功率（mW）和所需最小平均接收光功率（mW）的比值，用 dB 表示为

$$DR = 10\lg\frac{P_{max}}{P_{min}} \tag{2.51}$$

或者说，光接收机的动态范围是指在保证系统误码率指标的条件下，接收机的最低输入光

功率（dBm）和最大允许输入光功率（dBm）之差（dB）。在 SDH 系统中，也用最小过载点表示光接收机所能接收的最高光功率，最小过载点与灵敏度之差即为动态范围。

2. 光信噪比与纠前误码率

在 DWDM 系统中，光信噪比（OSNR）能够比较准确地反映信号质量，成为最常用的性能指标。OSNR 定义为信号光功率与噪声光功率之比。为了便于比较，OSNR 的计算需等效到同一参考光带宽 B_r（通常取 0.1 nm）内，用 dB 表示为

$$\text{OSNR}_{dB} = 10\lg\frac{P_i}{N_i} + 10\lg\frac{B_n}{B_r} \qquad (2.52)$$

式中，$\text{OSNR}_{dB} = 10\lg(\text{OSNR})$；$P_i$ 和 N_i 分别为 DWDM 系统第 i 个波长通道的信号光功率和噪声等效带宽 B_n 内的噪声功率。

对于光信号光谱宽度小于波长间隔的情形（如 10 Gb/s 的 DWDM 系统），ITU-T G.697 给出了 OSNR 的带外噪声测试方法，又称比肩法。具体执行过程是：适当设置光谱分析仪（OSA）的分辨带宽（RBW），测得中心波长 λ_i 处的功率，即 $P = P_i + N_i \approx P_i$，注意 RBW 内必须覆盖绝大多数信号光功率；然后测量中心波长两侧适当波长（$\lambda_i \pm \Delta\lambda$）处（往往在信道间隔处）的噪声功率 $N_i(\lambda_i \pm \Delta\lambda)$，则 $N_i = \frac{1}{2}[N_i(\lambda_i + \Delta\lambda) + N_i(\lambda_i - \Delta\lambda)]$，根据式（2.53）可计算出 OSNR。然而，由于 40 Gb/s 和 100 Gb/s 信号的光谱宽度已接近或超过 50 GHz 的 DWDM 信道间隔，信号与噪声光谱重叠，信道间隔处的功率不再只是噪声，OSNR 的带外噪声测试方法不再适用[13]。

对于更高信号速率的 DWDM 系统，可采用开关信号积分法精确测量 OSNR，具体步骤如下：用光谱积分法分别测得打开和关闭测试波长时整个信号光谱范围内的功率 P_{on} 和 P_{off}，则信号光功率为 $P_i = P_{on} - P_{off}$；在关闭测试信号的情形下，测得等效噪声带宽 B_n 内的功率 N_i，也可由 P_{off} 值换算得到，将上述测量结果代入式（2.53）计算出 OSNR。这种测试方法要求测试过程中中断被测试波长的业务，因此适用于实验室或开通业务前的测试场景。

实际中，OSNR 性能还可以通过 Q 因子来估算，甚至与 BER 建立联系。对于高斯噪声近似的带有 EDFA 的 DWDM 系统，在 ASE 噪声与信号光偏振方向一致等假设条件下，OSNR 与 Q 因子之间近似有如下关系：

$$Q = \frac{\text{OSNR}}{1 + \sqrt{1 + 2 \times \text{OSNR}}}\sqrt{\frac{B_o}{2B_e}} \xrightarrow{\text{OSNR} \gg 1} \sqrt{\text{OSNR} \times \frac{B_o}{4B_e}} \qquad (2.53)$$

式中，B_o 和 B_e 分别表示传输链路末级接收机的光带宽和电带宽。当 ASE 噪声与信号光偏振方向不一致时，式（2.54）右边会增加一个与偏振方向有关的系数，用 dB 表示时相差一个常数，即

$$Q_{dB} = 20\lg Q = \text{OSNR}_{dB} + 10\lg\left(\frac{B_o}{4B_e}\right) + 常数 \qquad (2.54)$$

显然，OSNR_{dB} 与 Q_{dB} 具有一一对应关系。

　　进一步地，对于强度调制光传输系统，在接收机噪声为高斯分布，接收机处于最佳判决和最佳取样等假设条件下，纠前误码率（Pre-FEC BER）可由 Q 因子近似表示，即

$$\text{Pre-FEC BER} = \frac{1}{2}\text{erfc}\left(\frac{Q}{\sqrt{2}}\right) \tag{2.55}$$

因此，可选择 Pre-FEC BER 作为在线评估高速 DWDM 系统性能的辅助指标。对于相位调制光传输系统，参数 Q、BER 和 OSNR 之间的关系也近似成立，Q 只是作为一个中间参数，不再具有传统 Q 因子的物理意义。

3. FEC 技术与 BER

　　前向纠错（forward error correction，FEC）技术可使系统的误码率降低，在光传输系统中有着广泛应用。FEC 技术的原理是，在发送端通过某种编码加入校验比特，在接收端利用比特之间的校验关系，通过某种方式的译码计算来纠正信号中的错误。FEC 技术包括发送侧的 FEC 编码和接收侧的 FEC 解码两个部分。FEC 对线路随机分布误码的纠错性能力用编码增益（CG）或净编码增益（NCG）来衡量。CG 是指在给定参考误码率 BER_{ref}（纠错后的目标 BER）下，开启 FEC 纠错功能与关闭 FEC 纠错功能相比节省的 Q 值，用 dB 表示为

$$\text{CG} = 20\lg[\text{erfc}^{-1}(2\times\text{BER}_{\text{ref}})] - 20\lg[\text{erfc}^{-1}(2\times\text{BER}_{\text{in}})] \tag{2.56}$$

式中，$\text{erfc}^{-1}()$ 表示互补误差函数 $\text{erfc}()$ 的反函数；BER_{in} 为关闭 FEC 纠错功能时的误码率，即纠前误码率。

　　根据 FEC 实现方式不同，可分为带内 FEC 和带外 FEC[14]。带内 FEC 利用 SDH 帧结构中的一部分开销来装载 FEC 的校验比特，但有限的开销字节限制了带内 FEC 的编码增益，现已很少采用。带外 FEC 不占用原来数据帧中的开销字节，而是在帧尾部增加一个 FEC 开销区域，专门用于装载 FEC 的校验比特，但会增加线路传输的数据率。目前，长距离光传输系统基本都采用带外 FEC 方式。考虑到带外 FEC 导致的信号带宽增加也会增加信号带内噪声，则 NCG 定义为

$$\text{NCG} = \text{CG} + 10\lg R \tag{2.57}$$

式中，R 为关闭 FEC 时的信号速率与开启 FEC 时的信号速率之比。

　　根据接收侧 FEC 的解码判决方式，FEC 编译码算法可分为硬判决（HD）和软判决（SD）[13]。HD-FEC 判决和纠错是两个独立的过程，对接收到的模拟信号先判决为"1"、"0"数字信号，然后再通过 FEC 纠错算法纠正传输中产生的误码。SD-FEC 是在判决和纠错两个过程之间建立了反馈机制，不再简单地以单一的判决门限进行判决，而是引入了多个判决门限，在 FEC 纠错过程中根据纠错结果可能会将部分低确定性的"1"重新判决为"0"，反之亦然。硬判决比较简单，易于工程实现，主要用于 10 Gb/s 和 40 Gb/s 的 DWDM 系统中。软判决译码充分利用了波形信息，比硬判决译码有更高的编码增益（NCG 可提高 $1.5\sim2.5\text{ dB}$），但复杂度、时延和功耗有所增加。HD-FEC 和 SD-FEC 的纠错容限分别在 10^{-3} 和 10^{-2} 量级，FEC 纠错容限是指对应于纠后平均 $\text{BER}=10^{-12}$ 的最大纠前平均 BER。通常，当冗余度在 15%～20%时 SD-FEC 的优势才能发挥出来。

目前，已标准化的带外 FEC 包括常规 FEC 和超强 FEC 两种，G.975.1 给出了几种超强 FEC 方案。常规 FEC 采用 RS（255，239）交织码，称为第一代 FEC，其编码冗余度约为 7%，主要用于 SDH（G.975）和 OTN（G.709）帧结构中。级联 FEC 编译码结构包括第一级编译码（外码）和第二级编译码（内码）两部分，属于第二代 FEC，可获得更高的编码增益，可通过在光收发模块中增加内部 FEC 算法实现，无须更改现有 FEC 硬件基本结构。低密度奇偶校验码（LDPC）和 Turbo 乘积码（TPC）都是软判决码，称为第三代 FEC。近年来备受关注是基于软判决和加乘算法的迭代式 LDPC，它具有逼近香农极限的编码增益，在 BER 性能方面可以达到甚至优于 TPC 码，其译码算法具有较低复杂度（随码长线性增加），并易于采用并行处理方式实现。随着单波长百吉的高速相干光传输系统的商用，将信道编码与高阶调制方案相结合的编码调制技术和 turbo 均衡方案也开始用于解决各种线性和非线性信道的损伤问题。

参 考 文 献

[1] 曹志刚, 程云鹏, 王呈贵. 通信原理与应用: 系统案例部分[M]. 北京: 高等教育出版社, 2015.

[2] 武保剑, 邱昆. 光纤信息处理原理及技术[M]. 北京: 科学出版社, 2013.

[3] 顾畹仪, 李国瑞. 光纤通信系统[M]. 北京: 北京邮电大学出版社, 2006.

[4] Amnon Yariv, Pochi Yeh. 光子学: 现代通信光电子学[M]. 陈鹤鸣, 施伟华, 汪静丽, 译. 北京: 电子工业出版社, 2014.

[5] 罗伯特·E 纽纳姆. 材料性能: 各向异性、对称性与结构[M]. 西安: 西安交通大学出版社, 2009.

[6] 武保剑. 微波磁光理论与磁光信号处理[M]. 成都: 电子科技大学出版社, 2009.

[7] Dötsch H, Bahlmann N, Zhuromskyy O, et al. Applications of magneto-optical waveguides in integrated optics: review[J]. Journal of the Optical Society of America B Optical Physics, 2005, 22(1): 240-253.

[8] 喻刚, 武保剑, 文峰, 等. 基于磁光硅基微环波导的磁场测量研究[J]. 磁性材料及器件, 2017, 48(1): 1-4.

[9] William Shieh, Ivan Djordjevic. 光通信中的 OFDM[M]. 白成林, 冯敏, 罗清龙, 译. 北京: 电子工业出版社, 2011.

[10] 曹畅, 唐雄燕, 王光全. 光传送网: 前沿技术与应用[M]. 北京: 电子工业出版社, 2014.

[11] 张颖艳, 岳蕾, 傅栋博, 等. 光通信仪表与测试应用[M]. 北京: 人民邮电出版社, 2012.

[12] YD-T 2485-2013: N×100 Gbit/s 光波分复用(WDM)系统技术要求. 中华人民共和国通信行业标准.

[13] 张成良, 李俊杰, 马亦然, 等. 光网络新技术解析与应用[M]. 北京: 电子工业出版社, 2016.

[14] 张海懿, 赵文玉, 李芳. 宽带光传输技术[M]. 北京: 电子工业出版社, 2014.

第 3 章　光场的数字调制

光波通信主要研究光信号的产生（光场调制）、传输、再生以及检测（光场解调）等技术，本质上讲，光场的调制和解调就是频谱搬移的过程。本章首先回顾确定信号和随机信号的特征，以及常用线路码型信号的功率谱和误码率计算公式，比较低通滤波器和匹配滤波器两种检测系统的性能差异[1, 2]；然后描述光场信号的带通特性、光场调制的复包络表示及其外差解调过程，重点分析二进制和多进制光场信号的产生（调制）、信号功率谱与带宽效率、相干/非相干检测（解调）过程、系统的误码性能等。具体涉及的二进制光信号类型有 NRZ-OOK、BPSK/DPSK、FSK/MSK、SC-RZ 等，多进制光信号类型有 QAM、QPSK/DQPSK 等。

3.1　信号分析基础

3.1.1　确定信号的功率谱密度

对于一个确定信号 $s(t)$，它的傅里叶变换或频谱为 $S(f) = \mathcal{F}[s(t)]$，则该信号的总能量可表示为

$$E_s = \int_{-\infty}^{+\infty} |S(f)|^2 \, \mathrm{d}f = \int_{-\infty}^{+\infty} s^2(t) \mathrm{d}t \quad （帕塞瓦尔定理） \tag{3.1}$$

显然，$|S(f)|^2$ 为信号的能量谱密度。将能量为有限值、平均功率为零的信号称为能量信号。

信号的（平均）功率谱密度（power spectral density，PSD）定义为

$$p_s(f) = \lim_{T \to \infty} \frac{1}{T} |S_T(f)|^2 = \mathcal{F}[R_s(\tau)] \quad （维纳-欣钦定理） \tag{3.2}$$

式中，$S_T(f)$ 是信号 $s(t)$ 在 $[-T/2, +T/2]$ 区间的截断信号 $s_T(t)$ 的傅里叶变换。信号 $s(t)$ 的自相关函数定义为

$$R_s(\tau) = \lim_{T \to \infty} \frac{1}{T} \int_{-T/2}^{+T/2} s^*(t)s(t+\tau)\mathrm{d}t = \langle s^*(t)s(t+\tau) \rangle \tag{3.3}$$

式中，符号 $\langle \cdot \rangle$ 表示时间平均。

波形信号 $s(t)$ 的时间平均值，即波形的直流分量。显然，对于线性时不变（LTI）系统，输入、输出信号的功率谱密度之间满足：

$$p_{\mathrm{out}}(f) = |H(f)|^2 p_{\mathrm{in}}(f) \tag{3.4}$$

式中，$|H(f)|^2$ 也称为功率转移函数。将功率为有限值而能量为无穷大的信号称为功率信号，其总平均功率为

$$P_s = \lim_{T \to \infty} \frac{1}{T} \int_{-T/2}^{+T/2} s^2(t) \mathrm{d}t = \langle s^2(t) \rangle = R_s(0) = \int_{-\infty}^{+\infty} p_s(f) \mathrm{d}f \tag{3.5}$$

式中，$\langle s^2(t) \rangle$ 为波形 $s(t)$ 的均方值；$\sqrt{\langle s^2(t) \rangle}$ 称为波形 $s(t)$ 的均方根（root-mean-square，RMS）。

对于带通信号 $s(t) = \mathrm{Re}[g(t)\mathrm{e}^{\mathrm{j}2\pi f_c t}]$，由式（3.3）可知 $R_s(\tau) = \frac{1}{2}\mathrm{Re}[R_g(\tau)\mathrm{e}^{\mathrm{j}2\pi f_c \tau}]$，$R_g(\tau) = \langle g^*(t)g(t+\tau) \rangle$，再由式（3.2）可得功率谱密度为

$$p_s(f) = \frac{1}{4}[p_g(f - f_c) + p_g(-f - f_c)] \tag{3.6}$$

式中，$p_g(f) = \mathcal{F}[R_g(\tau)]$ 为复包络信号 $g(t)$ 的功率谱密度。由式（3.5）可得带通信号的总平均功率为

$$P_s = \frac{1}{2}\langle |g(t)|^2 \rangle \tag{3.7}$$

3.1.2　常用的傅里叶变换关系

信号 $s(t)$ 的傅里叶变换定义为 $S(f) = \mathcal{F}[s(t)] = \int_{-\infty}^{+\infty} s(t)\mathrm{e}^{-\mathrm{j}\omega t}\mathrm{d}t$，它们之间构成傅里叶变换对（$\omega = 2\pi f$），简记为 $s(t) \Leftrightarrow S(f)$。当 $s(t)$ 为带通信号时，有

$$s(t) = \mathrm{Re}[g(t)\mathrm{e}^{\mathrm{j}2\pi f_c t}] \Leftrightarrow S(f) = \frac{1}{2}[G(f - f_c) + G^*(-f - f_c)] \tag{3.8}$$

表 3.1 列出了一些常用的傅里叶变换关系，其中矩形函数、抽样函数、三角函数所表示的脉冲及其频谱如图 3.1 所示。对于抽样函数波形，时域上的第一零点 T_0 和频域带宽 B 之间满足 $2BT_0 = 1$。由抽样定理可知，在 $-\infty < t < +\infty$ 区间内，任意一个绝对带宽为 B 的物理波形可由抽样函数重建，即 $s(t) = \sum_{n=-\infty}^{n=+\infty} s(nT_s) \cdot \mathrm{Sa}[\pi f_s(t - nT_s)]$，条件是抽样频率 $f_s \geqslant 2B$。显然，$s(nT_s)$ 恰好是 $s(t)$ 在 $t_n = nT_s$ 的抽样值，$T_s = 1/f_s$ 为抽样间隔。更一般地，由维数定理表述：对于一个绝对带宽为 B 的实函数，当 BT_0 足够大时，它在 T_0 区间内的波形可由 $N = 2BT_0$ 个独立的分量信息来完全描述，N 为描述波形所需的维数。由抽样定理或维数定理可知，最小抽样频率 $f_N = 2B$，称为奈奎斯特（Nyquist）频率；当维数 N 或符号速率 $D = N/T_0$ 给定时，重建的波形信号的带宽 $B \geqslant D/2$，采用抽样函数重建的波形带宽最小。

表 3.1　一些常用的傅里叶变换关系

类别	操作/函数	傅里叶变换关系
傅里叶变换的基本性质	时延	$s(t - \tau) \Leftrightarrow S(f)\mathrm{e}^{-\mathrm{j}\omega\tau}$
	频移	$s(t)\mathrm{e}^{\mathrm{j}\omega_c t} \Leftrightarrow S(f - f_c)$
	缩放	$s(at) \Leftrightarrow \frac{1}{|a|}S\left(\frac{f}{a}\right)$

续表

类别	操作/函数	傅里叶变换关系
傅里叶变换的基本性质	反演	$s(-t) \Leftrightarrow S(-f)$
	共轭	$s^*(t) \Leftrightarrow S^*(-f)$
	对偶	$S(t) \Leftrightarrow s(-f)$
函数的数学运算	线性	$a_1 s_1(t) \pm a_2 s_2(t) \Leftrightarrow a_1 S_1(f) \pm a_2 S_2(f)$
	乘积	$s_1(t) \cdot s_2(t) \Leftrightarrow S_1(f) * S_2(f) = \int_{-\infty}^{+\infty} S_1(\lambda) * S_2(f-\lambda)\mathrm{d}\lambda$
	卷积	$s_1(t) * s_2(t) \Leftrightarrow S_1(f) S_2(f)$
	微分	$\dfrac{\mathrm{d}^n s(t)}{\mathrm{d}t^n} \Leftrightarrow (\mathrm{j}\omega)^n S(f)$
	积分	$\int_{-\infty}^{t} s(\tau)\mathrm{d}\tau \Leftrightarrow (\mathrm{j}\omega)^{-1} S(f) + \dfrac{1}{2}S(0)\delta(f)$
常见信号的傅里叶变换	常数	$1 \Leftrightarrow \delta(f)$
	冲激函数	$\delta(t) \Leftrightarrow 1$
	向量函数	$\mathrm{e}^{\mathrm{j}\omega_c t} \Leftrightarrow \delta(f-f_c)$
	余弦函数	$\cos(\omega_c t) \Leftrightarrow \dfrac{1}{2}[\delta(f-f_c)+\delta(f+f_c)]$
	正弦函数	$\sin(\omega_c t) \Leftrightarrow \dfrac{1}{2j}[\delta(f-f_c)-\delta(f+f_c)]$
	单位阶跃函数	$\int_{-\infty}^{t}\delta(\tau)\mathrm{d}\tau = u(t) = \begin{cases} 1, & t>0 \\ 0, & t<0 \end{cases} \Leftrightarrow \dfrac{1}{\mathrm{j}2\pi f} + \dfrac{1}{2}\delta(f)$
	符号函数	$\mathrm{sgn}(t) = \begin{cases} +1, & t>0 \\ -1, & t<0 \end{cases} \Leftrightarrow \dfrac{1}{\mathrm{j}\pi f}$
	单边指数函数	$\mathrm{e}^{-t/T} u(t) \Leftrightarrow \dfrac{T}{1+\mathrm{j}2\pi fT}$
	矩形函数	$\Pi\left(\dfrac{t}{T}\right) = \begin{cases} 1, & |t| \leqslant T/2 \\ 0, & |t| > T/2 \end{cases} \Leftrightarrow T \cdot \mathrm{Sa}(\pi fT) = T \cdot \dfrac{\sin(\pi fT)}{\pi fT}$
	三角函数	$\Lambda\left(\dfrac{t}{T}\right) = \begin{cases} 1-|t|/T, & |t| \leqslant T \\ 0, & |t| > T \end{cases} \Leftrightarrow T \cdot [\mathrm{Sa}(\pi fT)]^2$
	抽样函数	$\mathrm{Sa}(2\pi Wt) = \dfrac{\sin(2\pi Wt)}{2\pi Wt} \Leftrightarrow \dfrac{1}{2W}\Pi\left(\dfrac{f}{2W}\right)$,　W 为带宽
	高斯函数	$\mathrm{e}^{-\pi(t/T)^2} \Leftrightarrow T \cdot \mathrm{e}^{-\pi(fT)^2}$
	冲激序列函数	$\sum\limits_{k=-\infty}^{k=+\infty}\delta(t-kT_0) \Leftrightarrow f_0 \sum\limits_{n=-\infty}^{n=+\infty}\delta(f-nf_0), f_0 = 1/T_0$

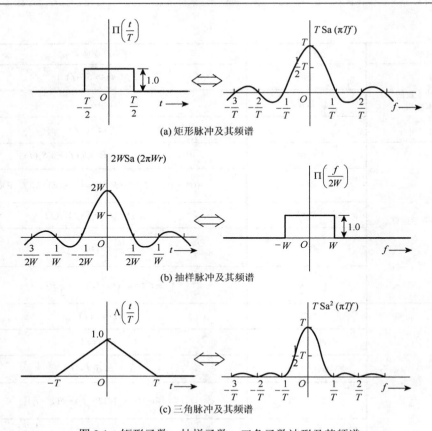

图 3.1   矩形函数、抽样函数、三角函数波形及其频谱

周期波形信号（如时钟信号）的频谱由一系列离散的谱线组成，离散谱线的强度可由一个周期上的脉冲的频谱确定。一个周期为 T_0 的脉冲序列 $s(t)$ 可用它的脉冲波形 $h(t) = \Pi\left(\dfrac{t}{T_0}\right)s(t)$ 表示为

$$s(t) = \sum_{k=-\infty}^{k=+\infty} h(t - kT_0) = \sum_{n=-\infty}^{n=+\infty} c_n \mathrm{e}^{jn\omega_0 t} \tag{3.9}$$

式中，$c_n = f_0 H(nf_0)$，$H(f) = \mathcal{F}[h(t)]$，$\omega_0 = 2\pi f_0$，$f_0 = 1/T_0$。于是，该周期函数的频谱为 $S(f) = \sum_{n=-\infty}^{n=+\infty} c_n \delta(f - nf_0)$，功率谱密度为 $p(f) = \sum_{n=-\infty}^{n=+\infty} |c_n|^2 \delta(f - nf_0)$，总功率 $P = \sum_{n=-\infty}^{n=+\infty} |c_n|^2$。这些结论在分析电域或光域时钟提取或恢复时会用到。

3.1.3   随机信号的数值特征

采用随机信号分析方法可获得随机数据序列线路码的功率谱密度。一个随机信号或过程可用任意时刻 t 的样本函数集表示，即 $X(t) = \{x(t)\}$，其中 $x(t)$ 的取值概率可用概率密度函数（probability density function，PDF）$f_X(x,t)$ 表示。随机信号 $X(t)$ 的统计特性可以用某些特定参量的数学期望值（集平均）表示，如均值、均方根（或均方值）、方差、自相关函数等。

（1）均值 m_X。

$$m_X(t) = \overline{X(t)} = \int_{-\infty}^{+\infty} x(t) f_X(x,t) \mathrm{d}x \qquad (3.10)$$

（2）均方根（rms） X_{rms}。

$$X_{\mathrm{rms}}(t) = \sqrt{\overline{X^2(t)}} = \sqrt{\int_{-\infty}^{+\infty} x^2(t) f_X(x,t)\mathrm{d}x} \qquad (3.11)$$

式中，均方值 $\overline{X^2(t)} = \int_{-\infty}^{+\infty} x^2(t) f_X(x,t)\mathrm{d}x = X_{\mathrm{rms}}^2(t)$，反映了随机信号的总平均功率。

（3）方差（Variance） σ_X^2。

$$\sigma_X^2(t) = \overline{[X(t)-m_X]^2} = \int_{-\infty}^{+\infty} [x(t)-m_X]^2 f_X(x,t)\mathrm{d}x \qquad (3.12)$$

式中， σ_X 称为标准差。显然， $\sigma_X^2(t) = X_{\mathrm{rms}}^2(t) - m_X^2$，反映了随机信号偏离其平均值的差值信号功率。

（4）自相关函数。

$$R_X(t_1,t_2) = \overline{[X(t_1)]^* X(t_2)} = \int_{-\infty}^{+\infty}\int_{-\infty}^{+\infty} (x_1)^* x_2 f_X[x(t_1),x(t_2)]\mathrm{d}x_1\mathrm{d}x_2 \qquad (3.13)$$

该定义也适合于复数参量表示的随机过程（复随机过程）。

若一个随机过程可用 N 维 PDF $f_X(x,t) = f_X[x(t_1),x(t_2),\cdots,x(t_N)]$ 描述，当其 PDF 在时间轴上具有移动不变性，即与时间 τ 无关时，有

$$f_X[x(t_1),x(t_2),\cdots,x(t_N)] = f_X[x(t_1+\tau),x(t_2+\tau),\cdots,x(t_N+\tau)] \qquad (3.14)$$

则称该随机过程 $X(t)$ 在时间上是 N 阶平稳的（时间平稳性），即意味着其 N 次统计特性不变，或者说， N 维 PDF 取决于 $N–1$ 个时间差 (t_2-t_1)、 (t_3-t_1)、 $\cdots$、 (t_N-t_1)。二阶或二阶以上的平稳随机过程称为广义平稳的，当随机过程的全部统计特性具有时间移动不变性 （ $N \to \infty$ ）时，称为严格平稳的。广义平稳过程常常简称平稳过程。

另一方面，若随机过程的任何样本函数的所有时间平均等于其对应的统计平均，则称该随机过程是各态遍历的。不是所有的平稳过程都是各态遍历的，但各态遍历过程肯定是平稳的。因此，各态遍历随机过程的均值和自相关函数具有时间平稳性，即

$$m_X(t) = \overline{X(t)} = \langle x(t) \rangle = 常数 \qquad (3.15)$$

$$R_X(t_1,t_2) = \overline{[X(t)]^* X(t+\tau)} = R_X(\tau) = \langle x^*(t)x(t+\tau) \rangle \qquad (3.16)$$

式中 $\tau = t_2 - t_1$。一般情形下， $R_X(-\tau) = R_X^*(\tau)$；对于实随机过程， $R_X(-\tau) = R_X(\tau)$，具有实偶对称性。

与确定信号情形类似，通过引入统计平均来定义各态遍历平稳随机信号的功率谱密度和功率为

$$p_X(f) = \lim_{T\to\infty}\frac{1}{T}\overline{|X_T(f)|^2} = \mathcal{F}[R_X(\tau)] \quad （维纳\text{-}欣钦定理） \qquad (3.17)$$

$$P_X = \lim_{T\to\infty}\frac{1}{T}\int_{-T/2}^{+T/2}\overline{X^2(t)}\mathrm{d}t = \overline{X^2(t)} = \langle x^2(t) \rangle = R_X(0) = \int_{-\infty}^{+\infty} p_X(f)\mathrm{d}f \qquad (3.18)$$

式中， $X_T(f)$ 是随机信号 $X(t)$ 在 $[-T/2,+T/2]$ 区间的截断信号 $X_T(t)$ 的傅里叶变换。显然，式（3.17）和（3.18）给出的结论与确定信号的相应结论一致。

3.2　数字基带信号的特性

3.2.1　二进制线路码型

在光纤通信中，调制信号往往是数字或模拟基带信号，但也存在调制信号为带通信号的情形。数字基带信号可用二进制或多进制的数据序列或脉冲波形表示。M 进制序列的数据有 M 种可能的取值，每个数据称为一个符号或码元。多进制符号序列与二进制比特序列之间的转换关系是 $M = 2^m$，即一个 M 进制的符号电平可以用 m 个二进制比特位来表示。因此，传送数据的速率可用波特率（Baud）或比特率（bit/s）表示，其中波特率就是符号（或码元）的速率。对于确定的信号系统，比特率 R_b 与符号率 D 之间的关系是 $R_b = mD$。根据数据序列，将适当形状的脉冲逐个时隙地叠加起来所形成的波形格式，称为线路码型。因此，了解基本的二进制线路码型和信号的功率谱特征，有助于分析信号的传输带宽、直流分量、定时信息、抗噪性能，以及检错能力等。在这些线路码型的驱动下，采用适当的光调制技术，可产生适合于光纤信道传输的导波光场信号。

根据脉冲电平在整个比特时隙内的变化情况（保持不变，还是"中途"回归零电平），可将线路码型分为非归零码（NRZ）和归零码（RZ）两大类。几种常用的二进制线路码型如表 3.2 所示。

表 3.2　几种常用的二进制线路码型

线路码型	逻辑"1"（传号）	逻辑"0"（空号）	说明
单极性 NRZ			单极性脉冲用正电平（或负电平）和零电平分别表示"1"和"0"；单极性码可采用单电源电路产生，该码型具有直流分量，需采用直流耦合电路
单极性 RZ			
极性 NRZ			极性脉冲采用正、负电平表示"1"和"0"，它们等概率出现时没有直流分量，需采用正、负两种电源产生。由于光强不可能为负，需采用光场相位信息表示极性码
极性 RZ			
曼彻斯特 NRZ，也称为裂相码			在一个比特周期内，用正脉冲后紧跟负脉冲表示"1"，用负脉冲后紧跟正脉冲表示"0"

线路码型	逻辑"1"（传号）	逻辑"0"（空号）	说明
传号交替反转码（AMI），又称双极性或伪三进制信号			对于传号交替反转码，传号"1"代表反转方式，交替输出±V 电平，即没有两个连续的"1"比特具有相同的符号；空号"0"比特输出 0 V
差分编码：波形边沿携带信息，传号差分码，"1"变、"0"不变；空号差分码，"0"变、"1"不变			差分编码用脉冲波形在时隙边沿的电平相对变化表示"1"和"0"，这种编码方式不依赖于脉冲电平的绝对大小或是否反相。因此，差分信号的反相传输不影响信息的解调，在实际中很有用

3.2.2　数字基带信号的功率谱

利用傅里叶变换的基本性质，根据确定信号的频谱或基本线路码型的功率谱密度，可以分析各种光调制复包络信号对应的频谱或功率谱，进而可获得光导波系统的频率响应。下面采用功率谱密度的定义式，推导数字基带信号的功率谱密度的一般表达式。注意，对于各态遍历平稳随机信号，才可使用维纳-欣钦定理，即 $p_X(f) = \mathcal{F}[R_X(\tau)]$。

基带数字信号（或线路码型）可以表示为

$$s(t) = \sum_{n=-\infty}^{+\infty} a_n f(t - nT_s) \qquad (3.19)$$

式中，$f(t)$ 符号脉冲波形；T_s 为符号周期；$\{a_n\}$ 代表随机数据。

一般地，M 进制的符号周期与相应二进制的比特周期之间满足关系式 $T_s = mT_b$，式中 $m = \log_2 M$。显然，对于二进制数字信号，$T_s = T_b$。

信号 $s(t)$ 在 $T = (2N+1)T_s$ 区间内的截断函数及其傅里叶变换分别为

$$s_T(t) = \sum_{n=-N}^{N} a_n f(t - nT_s) \Leftrightarrow S_T(f) = F(f) \sum_{n=-N}^{N} a_n e^{-jn\omega T_s} \qquad (3.20)$$

式中，$F(f) = \mathcal{F}[f(t)]$。由功率谱密度的定义，知

$$p_s(f) = \lim_{T \to \infty} \left(\frac{1}{T} \overline{|S_T(f)|^2} \right) = |F(f)|^2 \lim_{T \to \infty} \left(\frac{1}{T} \overline{\left| \sum_{n=-N}^{N} a_n \mathrm{e}^{-jn\omega T_s} \right|^2} \right)$$

$$= |F(f)|^2 \lim_{T \to \infty} \left(\frac{1}{T} \sum_{n=-N}^{N} \sum_{m=-N}^{N} \overline{a_n a_m} \mathrm{e}^{j(m-n)\omega T_s} \right)$$

$$= |F(f)|^2 \lim_{N \to \infty} \left(\frac{1}{(2N+1)T_s} \sum_{n=-N}^{N} \sum_{k=-N-n}^{N-n} \overline{a_n a_{n+k}} \mathrm{e}^{jk\omega T_s} \right) \qquad (3.21)$$

$$= \frac{|F(f)|^2}{T_s} \lim_{N \to \infty} \left(\frac{2N+1}{2N+1} \sum_{k=-N-n}^{N-n} \overline{a_n a_{n+k}} \mathrm{e}^{jk\omega T_s} \right)$$

$$= \frac{|F(f)|^2}{T_s} \sum_{k=-\infty}^{+\infty} R(k) \mathrm{e}^{jk\omega T_s}$$

式中，$R(k) = \overline{a_n a_{n+k}} = \sum_i (a_n a_{n+k})_i P_i$ 表示数据的自相关函数；P_i 表示相应乘积项 $(a_n a_{n+k})$ 的概率。式（3.21）是数字信号的功率谱密度的一般表达式（不仅适用于基带数字信号，也适合于多进制信号），它依赖于脉冲波形的频谱和数据序列的功率谱。

对于数据符号间不相关的情形，

$$R(k) = \overline{a_n a_{n+k}} = \begin{cases} \overline{a_n^2} = \sigma_a^2 + m_a^2, & k = 0 \\ \overline{a_n a_{n+k}} = m_a^2, & k \neq 0 \end{cases} \qquad (3.22)$$

式中，m_a 和 σ_a^2 分别为随机数据序列 $\{a_n\}$ 的均值和方差。将式（3.22）代入式（3.21），可得数据不相关情形下数字信号的功率谱密度公式为

$$p_s(f) = \sigma_a^2 D |F(f)|^2 + (m_a D)^2 \sum_{n=-\infty}^{+\infty} |F(nD)|^2 \delta(f - nD) \qquad (3.23)$$

它由连续谱（第一项）和离散谱（第二项）两部分组成，$D = 1/T_s$ 为波特率。推导式（3.23）时用到了泊松和公式 $\sum_{k=-\infty}^{+\infty} \mathrm{e}^{\pm jk\omega T_s} = D \sum_{n=-\infty}^{+\infty} \delta(f - nD)$。

对于数据符号间相关的情形，数字信号的功率谱密度公式为

$$p_s(f) = \sigma_a^2 D |F(f)|^2 W_\rho(f) + (m_a D)^2 \sum_{n=-\infty}^{+\infty} |F(nD)|^2 \delta(f - nD) \qquad (3.24)$$

与数据符号间不相关的情形相比，只在连续谱部分增加了一个频谱权重因子 $W_\rho(f) = \sum_{k=-\infty}^{\infty} \rho(k) \mathrm{e}^{-jk\omega T_s}$，$\rho(k) = \overline{\tilde{a}_n \tilde{a}_{n+k}}$ 为归一化自相关函数，$\tilde{a}_n = (a_n - m_a)/\sigma_a$。显然，当 m_a 和 $F(nD)$ 均不为 0 时，在波特率的各次谐波处 $(f = nD)$，PSD 曲线上会出现离散的 δ 函数（线谱），提取这些谱线可获得时钟信号。

下面以矩形脉冲 $f(t) = \prod(t/T) \Leftrightarrow F(f) = T \cdot \mathrm{Sa}(\pi f T)$ 为例，给出单极性（unipolar）、极性（polar）、双极性（bipolar）三种二进制线路码型的功率谱密度公式，其中矩形脉冲的占空比为 d_c，即 $T = d_c T_b$。

（1）单极性信号。

对于单极性信号，$\{a_n\} = \{0, A\}$（数据符号间不相关），$m_a = \sigma_a = A/2$。由式（3.23）可知，

$$p_{\text{unipolar}}(f) = \frac{A^2 R_b}{4} |F(f)|^2 \left[1 + \frac{1}{T_b} \sum_{n=-\infty}^{+\infty} \delta(f - nR_b) \right]$$
$$= \frac{A^2 T_b}{4} (d_c)^2 \text{Sa}^2(\pi f d_c T_b) \left[1 + \frac{1}{T_b} \sum_{n=-\infty}^{+\infty} \delta(f - nR_b) \right] \qquad (3.25)$$

式中，$R_b = 1/T_b$。由式（3.25）可知，当 $\text{Sa}^2(\pi f d_c T_b) \neq 0$，即 $f \neq NR_b/d_c = N/T$（N 为非 0 整数）时，离散线谱才会出现在频率为比特率的整数倍处。显然，对于 NRZ 信号（$d_c = 1$），只在频率 $f = 0$ 处存在离散线谱。

（2）极性信号。

对于极性信号，$\{a_n\} = \{A, -A\}$（数据符号间不相关），则 $m_a = 0, \sigma_a = A$。由式（3.23）可知，

$$p_{\text{polar}}(f) = \sigma_a^2 R_b |F(f)|^2 = A^2 T_b (d_c)^2 \text{Sa}^2(\pi f d_c T_b) \qquad (3.26)$$

类似地，对于曼彻斯特 NRZ 信号，其脉冲波形及其频谱为

$$f(t) = \Pi\left(\frac{t + T_b/4}{T_b/2} \right) - \Pi\left(\frac{t - T_b/4}{T_b/2} \right) \Leftrightarrow F(f) = \text{j}T_b \text{Sa}(\pi f T_b/2) \sin(\pi f T_b/2)$$

则曼彻斯特 NRZ 信号的功率谱密度为

$$p_{M,\text{NRZ}}(f) = \sigma_a^2 R_b |F(f)|^2 = A^2 T_b \text{Sa}^2(\pi f T_b/2) \sin^2(\pi f T_b/2) \qquad (3.27)$$

（3）双极性信号。

对于双极性信号，二进制码元 "1" 由交替的 $+A$ 和 $-A$ 表示（数据符号间相关），码元 "0" 由 0 表示，即 $\{a_n\} = \{\pm A, 0\}$，则 $m_a = 0, \sigma_a = A/2$，且有

$$\rho(k) = \overline{\tilde{a}_n \tilde{a}_{n+k}} = \begin{cases} 2, & k = 0 \\ -1, & k = \pm 1 \\ 0, & |k| > 1 \end{cases} \qquad (3.28)$$

根据式（3.24），可得双极性数字信号的功率谱密度公式为

$$p_{\text{bipolar}}(f) = \sigma_a^2 R_b |F(f)|^2 W_\rho(f)$$
$$= \frac{A^2 T_b}{2} (d_c)^2 \text{Sa}^2(\pi f d_c T_b)[1 - \cos(2\pi f T_b)] \qquad (3.29)$$
$$= A^2 T_b (d_c)^2 \text{Sa}^2(\pi f d_c T_b) \sin^2(\pi f T_b)$$

图 3.2 给出了总平均功率取单位值时几种线路码型的归一化功率谱密度曲线（只给出正频部分）[2]，其中 RZ 码的占空比为 $d_c = 0.5$。

采用 m 位的数模转换器（DAC）可将比特率为 R_b 的二进制波形转换为符号率为 $D = R_b/m$ 的 $M = 2^m$ 进制的波形。对于多进制极性 NRZ 波形信号，设其对应的符号数据为 $\{a_n\} = \{\pm A, \pm 3A, \cdots, \pm(2n-1)A\}$（数据间不相关，$n = M/2$），则 $m_a = 0$，$\sigma_a^2 = \frac{1}{3}(M^2 - 1)A^2$。求方差时用到了级数和公式 $1^2 + 3^2 + \cdots + (2n-1)^2 = \frac{1}{3}n(4n^2 - 1)$。根据式（3.23），可得基于矩形脉冲的多进制极性 NRZ 码型信号的功率谱密度为

$$p_{\text{ML}}(f) = \sigma_a^2 D |F(f)|^2 = \frac{1}{3} A^2 (M^2 - 1) T_s \cdot \text{Sa}^2(\pi f T_s) \qquad (3.30)$$

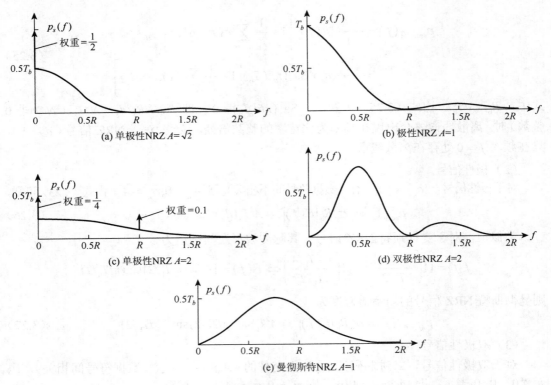

图 3.2　几种线路码型的归一化功率谱密度曲线

显然，多进制极性 NRZ 码的第一零点带宽 $B_{\mathrm{null}} = D = \dfrac{1}{T_s} = \dfrac{1}{mT_b} = \dfrac{R_b}{m}$，相应的频谱效率为

$\eta = \dfrac{R_b}{B_{\mathrm{null}}} = m$（矩形脉冲）。

3.2.3　奈奎斯特滤波器和匹配滤波器

从信号传输的角度讲，通信系统（包括发送端、信道、接收端等）具有等效滤波效应，这种不适当地滤波可能会导致数字信号的一个码元脉冲影响另一个码元的采样判决，称为码间干扰（ISI）。数字基带传输系统无码间干扰的充要条件可由奈奎斯特准则描述：传输系统的总冲激响应 $h_e(t)$ 满足 $h_e(t = nT_s) = \delta(n)$，即当前采样时刻（$t = 0$）的取样值只是当前符号脉冲的贡献，其他符号脉冲的贡献为 0。或者，在频域上用等效转移函数 $H_e(f)$ 表示为

$$\sum_{k=-\infty}^{+\infty} H_e(f - k/T_s) = \mathrm{const.} \tag{3.31}$$

满足奈奎斯特准则的滤波器称为奈奎斯特滤波器，一种较易于实现的奈奎斯特滤波器是升余弦滚降滤波器，如图 3.3 所示，其频域转移函数和相应的冲激响应分别为

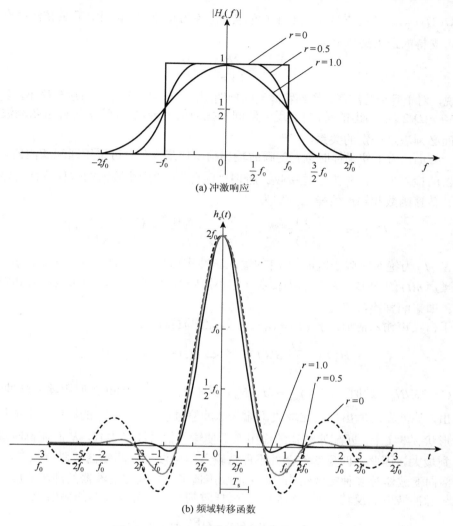

(a) 冲激响应

(b) 频域转移函数

图 3.3　升余弦滚降奈奎斯特滤波器的特性

$$H_e(f) = \begin{cases} 1, & |f| < (1-r)f_0 \\ \dfrac{1}{2}\left\{1 + \cos\dfrac{\pi\left[|f|-(1-r)f_0\right]}{2rf_0}\right\}, & (1-r)f_0 < |f| < (1+r)f_0 \\ 0, & |f| > (1+r)f_0 \end{cases}$$

$$\Leftrightarrow h_e(t) = \mathcal{F}^{-1}[H_e(f)] = 2f_0\left[\frac{\sin(2\pi f_0 t)}{2\pi f_0 t}\right]\frac{\cos(2\pi r f_0 t)}{1-(4rf_0 t)^2}$$

式中，r 为升余弦滤波器的滚降因子（$0 \leqslant r \leqslant 1$）；$f_0$ 为升余弦滤波器的 6 dB 带宽。显然，升余弦滤波器的带宽为 $B = (1+r)f_0$。显然，$r = 0$ 时，滤波器的频率响应为矩形，对应的时域响应为取样函数波形。由无码间干扰的奈奎斯特准则可知，当 $2\pi f_0(nT_s) = k\pi$（$n \neq 0$），

即 $f_0 = k/(2T_s) = kD/2$ 时支持无码间干扰的传输，k 为正整数。因此，升余弦滚降奈奎斯特滤波器可支持的最大波特率为

$$D = \frac{2B}{1+r} = 2f_0 \qquad\qquad (3.32)$$

也就是说，对于升余弦滚降奈奎斯特滤波的预调制数字信号，其带宽可达到最小，绝对带宽为 $B = (1+r)D/2$。需指出的是，要实现无码间干扰的信号传输，波特率与升余弦滤波器 6 dB 带宽之间必须满足一定的关系。

另一方面，为了使采样时刻 t_0 的瞬时输出信噪比最大值，可采用匹配滤波器。使用匹配滤波器的检测方案，称为最佳接收。所谓"匹配"，意指滤波器的转移特性与输入信号匹配，其转移函数和输出信噪比分别为

$$H(f) = K\frac{S_T^*(f)}{p_n(f)}\mathrm{e}^{-j\omega t_0}, \quad \left(\frac{S}{N}\right)_{\text{out}} = \frac{s_0^2(t_0)}{n_0^2(t)} = \int_{-\infty}^{\infty}\frac{|S_T(f)|^2}{p_n(f)}\mathrm{d}f \qquad (3.33)$$

式中，$S_T(f)$ 为绝对时限于区间 $[0,T]$ 的输入脉冲实信号 $s_T(t)$ 的傅里叶变换；$p_n(f)$ 是加性输入噪声 $n(t)$ 的 PSD；K 为非零实数（它不影响 SNR 的计算，但影响信号和噪声的输出电平，即影响判决门限）。

对于白噪声输入情形，$p_n(f) = N_0/2$，匹配滤波器满足：

$$H(f) = \frac{2K}{N_0}S_T^*(f)\mathrm{e}^{-j\omega t_0} \Leftrightarrow h(t) = C \cdot s_T(t_0 - t) \qquad (3.34)$$

式中，$C = 2K/N_0$。此时，$(S/N)_{\text{out}} = 2E_s/N_0$，其中 $E_s = \int_{-\infty}^{+\infty}s_T^2(t)\mathrm{d}t$ 为时限输入脉冲的能量。可以看出，滤波器的输出信噪比取决于输入脉冲信号能量 E_s 与 N_0 的比值，不依赖于具体的波形形状。事实上，匹配滤波器的作用在于使输入信号波形失真，从而使瞬时输出的信噪比达到最大。因此，匹配滤波器并不保持输入信号波形。匹配滤波器有积分-清除、相关器、横向滤波器等多种实现结构[2]。在白噪声情形下，匹配滤波器的冲激响应可由已知输入信号脉冲波形的反转、平移得到。在采样时刻 t_0，匹配滤波器的输出为

$$r_0(t_0) = r(t) * h(t) = C\int_{t_0-T}^{t_0}r(t)s(t)\mathrm{d}t \qquad (3.35)$$

该式表示了相关处理过程，称为相关器，如图 3.4 所示。相关器常用于带通信号的匹配滤波接收，正常工作时采样时刻必须与比特同步，并在符号区间末采样。当输入信号为矩形脉冲基带信号时，式（3.35）可进一步简化为

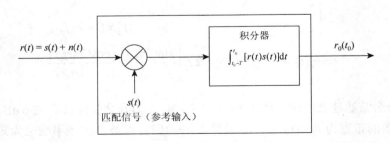

图 3.4　相关处理匹配滤波器

$$r_0(t_0) = \int_{t_0-T}^{t_0} r(t)\mathrm{d}t \tag{3.36}$$

该式表示了积分-清除过程，即在 $[0,T]$ 区间积分，然后在符号区间末将积分器输出"清空"，如图 3.5 所示。

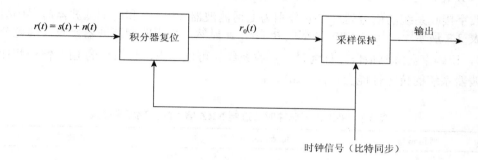

图 3.5　积分-清除匹配滤波器

3.2.4　数字基带信号的误码率

在数字接收系统中，传输信号需经适当的信号处理单元、采样和判决电路才能恢复出消息信号，信道引入的噪声通常按加性白高斯噪声处理。数字通信系统的性能可用误码概率表示，有比特错误率（BER）P_e 和符号错误率（SER）P_E 之分。对于二进制系统，比特错误率（BER）P_e 取决于发射信号 s_1（"1"）或 s_2（"0"）时采样输出信号 r_0 的概率分布函数 $f(r_0 \mid s_1)$ 或 $f(r_0 \mid s_2)$ 及其判决门限 V_T，即

$$P_e = P(s_1)\int_{-\infty}^{V_T} f(r_0 \mid s_1)\mathrm{d}r_0 + P(s_2)\int_{V_T}^{+\infty} f(r_0 \mid s_2)\mathrm{d}r_0 \tag{3.37}$$

式中，$P(s_1)$ 和 $P(s_2)$ 表示发射数据"1"和"0"的概率。当发射数据等概率、信道噪声为加性白高斯噪声分布时，式（3.37）可化简为

$$\begin{aligned}
P_e &= \frac{1}{2}\int_{-\infty}^{V_T} \frac{1}{\sqrt{2\pi}\sigma_0} \mathrm{e}^{-(r_0-s_{01})^2/2\sigma_0^2}\mathrm{d}r_0 + \frac{1}{2}\int_{V_T}^{+\infty} \frac{1}{\sqrt{2\pi}\sigma_0} \mathrm{e}^{-(r_0-s_{02})^2/2\sigma_0^2}\mathrm{d}r_0 \\
&= \frac{1}{2}Q\left(\frac{s_{01}-V_T}{\sigma_0}\right) + \frac{1}{2}Q\left(\frac{V_T-s_{02}}{\sigma_0}\right)
\end{aligned} \tag{3.38}$$

式中，$Q(x) = \dfrac{1}{\sqrt{2\pi}}\int_x^\infty \mathrm{e}^{-\lambda^2/2}\mathrm{d}\lambda = \dfrac{1}{2}\mathrm{erfc}\left(\dfrac{x}{\sqrt{2}}\right)$，$s_{01}$ 和 s_{02} 为发射信号 s_1 和 s_2 时输出的采样信号平均值，$\sigma_0^2 = N_0 B$ 为相应的噪声功率，$N_0/2$ 为白高斯噪声的双边功率谱密度，B 为接收机噪声信号的带宽。对于双极性信号情形，也可做类似分析，不同的是它有两个最佳判决门限。

由式（3.38）和 $\dfrac{\mathrm{d}P_e}{\mathrm{d}V_T} = 0$，可确定最佳判决门限及其对应的误码概率为

$$V_T = \frac{s_{01}+s_{02}}{2}, \quad P_e = Q\left(\frac{|s_{01}-s_{02}|}{2\sigma_0}\right) = Q\left(\sqrt{\frac{s_{0d}^2}{4\sigma_0^2}}\right) \tag{3.39}$$

式中，s_{0d}^2/σ_0^2 表示差分信号 $s_{0d} = s_{01} - s_{02}$ 的信噪比，信噪比越大，误码率越小。

为便于比较不同系统的误码性能，常用 E_b/N_0 表示误码率，E_b 为输入到接收系统的每比特平均能量。对于矩形 NRZ 脉冲，单极性或双极性信号时 $E_b = A^2 T_b/2$，极性信号时 $E_b = A^2 T_b$。差分信号与发射信号之间的关系很大程度上由接收机的信号处理方式决定，数字接收系统的信号处理单元分别为低通滤波器（LPF）和匹配滤波器时误码概率公式如表 3.3 所示[2]，其中 LPF 带宽取 $B = 1/T_b$。显然，采用匹配滤波器接收（与差分信号匹配），误码率会降到最低，称为最佳接收系统。可以看出，与简单的 LPF 情形相比，匹配滤波器系统的抗噪性能会提高 3 dB。

表 3.3　采用矩形脉冲时二进制 NRZ 信号的误码概率公式

线路码型	低通滤波器（$B = R_b$）	匹配波器
单极性	$Q\left(\sqrt{\dfrac{1}{2}\cdot\dfrac{E_b}{N_0}}\right)$	$Q\left(\sqrt{\dfrac{E_b}{N_0}}\right)$
极性	$Q\left(\sqrt{\dfrac{E_b}{N_0}}\right)$	$Q\left(\sqrt{\dfrac{2E_b}{N_0}}\right)$
双极性	$\dfrac{3}{2}Q\left(\sqrt{\dfrac{1}{2}\cdot\dfrac{E_b}{N_0}}\right)$	$\dfrac{3}{2}Q\left(\sqrt{\dfrac{E_b}{N_0}}\right)$

对于 M 进制极性 NRZ 波形信号，设脉冲幅度采用 $\{a_n\} = \{\pm A, \pm 3A, \cdots, \pm(2n-1)A\}$（$M = 2n$），则需要 $M-1$ 个判决门限 $V_T = \{0, \pm 2y_A, \pm 4y_A, \cdots, \pm 2(n-1)y_A\}$，其中 y_A 为对应于 $+A$ 电平符号的匹配滤波器输出信号在抽样时刻的取值。可以证明，此时的最佳接收系统的符号错误概率（SER）为[1]

$$P_E = \frac{2(M-1)}{M}Q\left(\sqrt{\frac{6}{M^2-1}\cdot\frac{E_s}{N_0}}\right) \tag{3.40}$$

式中，$E_s = \dfrac{M^2-1}{3}E_A$ 为平均每个符号的信号能量，$E_A = A^2\displaystyle\int_{-\infty}^{+\infty} f_T^2(t)\mathrm{d}t$，$f_T(t)$ 为单位幅度的符号脉冲波形。多元数字通信系统经常采用格雷编码，它可以保证每个符号出错时几乎总是只造成 1 个比特错误，即比特错误概率最低。在这种情形下，格雷编码多电平基带系统的误码性能还可以用比特错误率表示为

$$P_e = \frac{2(M-1)}{M\log_2 M}Q\left(\sqrt{\frac{6\log_2 M}{M^2-1}\cdot\frac{E_b}{N_0}}\right) \tag{3.41}$$

式中，$E_b = E_s/\log_2 M$ 为平均每比特的信号能量，E_b 单位为 w/bit。

3.3　光场信号的带通特性

3.3.1　带通信号系统的频谱

光波通信就是通过发送端的光调制过程，将消息信号（调制信号）的频谱上变频到光

频，所产生的已调带通信号经光纤频带传输后，再通过适当的光检测解调过程，从接收到的带通信号频谱下变频出原来的消息信号。通常，消息信号是基带的，而光波信号是带通的。因此，在频域看，光场调制和解调的本质就是频谱搬移的过程。

对于实数表示的已调光场信号 $s(t) = \mathrm{Re}[g(t)\mathrm{e}^{\mathrm{j}2\pi f_c t}]$，其频谱 $S(f)$ 与复包络信号频谱 $G(f)$ 之间具有如下关系：

$$
\begin{aligned}
S(f) = \mathcal{F}[s(t)] &= \int_{-\infty}^{+\infty} s(t)\mathrm{e}^{-\mathrm{j}2\pi f_c t}\mathrm{d}t \\
&= \frac{1}{2}[G(f-f_c) + G^*(-f-f_c)]
\end{aligned}
\tag{3.42}
$$

式中，$G(f) = \mathcal{F}[g(t)]$ 为复包络信号 $g(t)$ 的傅里叶变换。注意，带通信号的频谱高度是复包络信号频谱高度的 1/2。

对于线性时不变（LTI）的光波系统，输出与输入光场信号之间满足关系：

$$
s_{\mathrm{out}}(t) = s_{\mathrm{in}}(t) * h(t) \Leftrightarrow S_{\mathrm{out}}(f) = S_{\mathrm{in}}(f) \cdot H(f)
\tag{3.43}
$$

式中，$h(t)$ 和 $H(f)$ 分别为 LTI 光波系统的冲激响应及其频率响应函数（又称为频域转移函数），"$*$"表示卷积运算，"$\Leftrightarrow$"表示时域与频域之间满足傅里叶变换关系。由式（3.43）可知，总是在频谱交叠的区域考虑信号与传输系统之间的关系。因此，频带传输系统的冲激响应也是带通的，也可以用复包络形式表示，即

$$
h(t) = \mathrm{Re}[g_h(t)\mathrm{e}^{\mathrm{j}2\pi f_c t}] \Leftrightarrow H(f) = \frac{1}{2}[G_h(f-f_c) + G_h^*(-f-f_c)]
\tag{3.44}
$$

式中，$g_h(t)$ 是 $h(t)$ 的复包络信号。

由式（3.42）～（3.44）可知，输入与输出光场信号的复包络频谱之间满足：

$$
g_{\mathrm{out}}(t) = g_{\mathrm{in}}(t) * \left[\frac{1}{2}g_h(t)\right] \Leftrightarrow G_{\mathrm{out}}(f) = G_{\mathrm{in}}(f) \cdot \left[\frac{1}{2}G_h(f)\right]
\tag{3.45a}
$$

其频谱关系还可以写成如下形式：

$$
\left[\frac{1}{2}G_{\mathrm{out}}(f)\right] = \left[\frac{1}{2}G_{\mathrm{in}}(f)\right] \cdot \left[\frac{1}{2}G_h(f)\right]
\tag{3.45b}
$$

式（3.45）表明，任何频带传输信号或系统都可以用复包络表示的低通系统来等效，如图 3.6 所示，这种等效关系在计算机仿真分析通信系统时非常有用。

另一方面，由于消息信号调制在带通信号的复包络上，因此频带传输的无失真条件是 $G_h(f) = G_0 \mathrm{e}^{-\mathrm{j}2\pi f \tau_g}$，其中 G_0 为实常数，τ_g 为包络信号的时间延迟（群时延）。或者说，在系统工作频率范围内，频带传输的无失真条件包括：①具有平坦的幅频特性，即无幅度失真，$|G_h(f)| = G_0$；②具有线性的相频特性，即没有相位失真（或群速色散为零），时延 $\tau(f) = -\frac{1}{2\pi}\frac{\mathrm{d}}{\mathrm{d}f}[\angle G_h(f)] = \tau_g$（实常数）。此时，输入、输出复包络信号之间满足 $g_{\mathrm{out}}(t) = \frac{1}{2}G_0 g_{\mathrm{in}}(t-\tau_g)$，即复包络的传输是无失真的，只是产生了固定的时延。

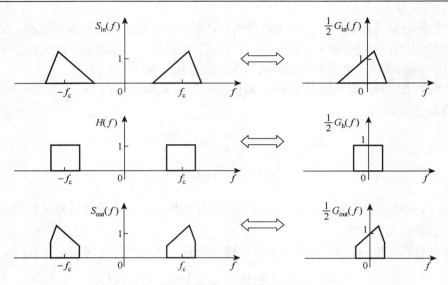

图 3.6　带通信号系统的低通等效关系

3.3.2　光场调制的复包络表示

光波通信主要研究光信号的产生（光场调制）、传输、再生以及检测（光场解调）等技术。研究光波传输特性时，光电场信号可以表示为如下形式：

$$\boldsymbol{E}(\boldsymbol{r},t) = \hat{\boldsymbol{p}} A(z,t) F(x,y) \mathrm{e}^{\mathrm{j}(\omega_c t - \beta z)} \tag{3.46}$$

式中，$\omega_c = 2\pi f_c$ 为光场载波频率；$\hat{\boldsymbol{p}}$ 表示偏振方向；β 为光波传播常数；$F(x,y)$ 和 $A(z,t)$ 分别表示导波光场的横向分布和沿纵向变化的慢变复包络。

研究光场的调制和解调过程时，式（3.46）可进一步简化，将已调光场表示为

$$\boldsymbol{E}(t) = \boldsymbol{g}(t) \mathrm{e}^{\mathrm{j}\omega_c t} \tag{3.47}$$

式中，$\boldsymbol{g}(t)$ 称为已调光场信号的复包络（complex envelop）矢量，其频谱带宽远小于光载波频率 f_c。

光调制的关键在于 $\boldsymbol{g}(t)$ 的表达形式，它依赖于模拟或数字调制的具体方案。换句话说，选择适当的 $\boldsymbol{g}(t)$ 的表达形式，有助于简化分析光场的调制和解调过程。当无须考虑光场的偏振态时，已调光场可按标量形式处理。一种是将复包络 $g(t)$ 用直角坐标系复平面上的实部 $x(t)$ 和虚部 $y(t)$ 表示，即 $g(t) = x(t) + \mathrm{j}y(t)$。此时，已调光场可实数表示为

$$s(t) = \mathrm{Re}[g(t)\mathrm{e}^{\mathrm{j}\omega_c t}] = x(t)\cos(2\pi f_c t) - y(t)\sin(2\pi f_c t) \tag{3.48}$$

由式（3.48）可知，$x(t)$ 和 $y(t)$ 分别与 $\cos(2\pi f_c t)$ 和 $\sin(2\pi f_c t)$ 相伴，分别称之为同相分量和正交分量。这种复包络表示可简化分析正交幅度调制（QAM）等多进制调制过程。另一种是用极坐标的幅度 $\rho(t)$ 和相位 $\theta(t)$ 表示复包络，即 $g(t) = \rho(t)\mathrm{e}^{\mathrm{j}\theta(t)}$。此时，已调光场的实数表示为

$$s(t) = \mathrm{Re}[g(t)\mathrm{e}^{\mathrm{j}\omega_c t}] = \rho(t)\cos[2\pi f_c t + \theta(t)] \tag{3.49}$$

这种复包络表示可简化分析单一的幅度或相位（频率）调制过程。两种复包络表示之间有如下关系：

$$x(t) = \text{Re}[g(t)] = \rho(t)\cos\theta(t) \tag{3.50a}$$

$$y(t) = \text{Im}[g(t)] = \rho(t)\sin\theta(t) \tag{3.50b}$$

$$\rho(t) \triangleq |g(t)| = \sqrt{x^2(t) + y^2(t)} \tag{3.50c}$$

$$\theta(t) \triangleq \angle g(t) = \arctan[y(t)/x(t)] \tag{3.50d}$$

它们分别与乘积检波、包络检波和 PM/FM 检波过程相联系。

在发送端，复包络 $g(t)$ 是调制信号 $m(t)$ 的函数，即 $g(t) = g[m(t)]$，该映射操作应易于实现所需的包络频谱；在接收端，应易于解调出 $m(t)$，即能够求出反函数 $m[g(t)]$。它们之间的映射关系必须具有单值对应性，且对噪声或失真等劣化因素有一定的抑制作用。典型的模拟调制方案有调幅（AM）、调相（PM）、调频（FM），相应的数字调制方案有幅移键控（ASK）、相移键控（PSK）、频移键控（FSK）以及正交幅度调制（QAM）等，它们的复包络形式如下：

$$g_{\text{AM,ASK}} = Am(t) \tag{3.51}$$

$$g_{\text{PM,PSK}} = A\mathrm{e}^{\mathrm{j}\frac{2\pi}{M}m(t)} \tag{3.52}$$

$$g_{\text{QAM}} = A[m_I(t) + \mathrm{j}m_Q(t)] \tag{3.53}$$

$$g_{\text{FM,FSK}} = A\mathrm{e}^{\mathrm{j}D_f \int_{-\infty}^{t} m(\tau)\mathrm{d}\tau} \tag{3.54}$$

式中，$m(t)$、$m_I(t)$ 和 $m_Q(t)$ 为适当的基带模拟或数字调制信号；A 为正常数；D_f 为频移常数。

可以看出，带通信号复包络 $g(t)$ 与调制信号 $m(t)$ 之间的关系决定着不同的调制类型或实现方式。任何已调带通信号（或调制类型）都可采用极坐标或直角坐标的复包络形式产生，它们分别对应于 AM/PM 或同相/正交（IQ）的实现方式，主要包括基带（或低射频）信号处理和光调制过程两部分，如图 3.7 所示[2]。在某些较易实现的低射频频率上也可进行射频操作，即采用适当的数字信号处理技术或算法软件实现一些调制类型，然后再将其上变频到所需的光载频上。

3.3.3　光场的外差解调过程

已调光场信号的解调过程由光接收机完成。光混频器可将输入光信号下变频到适当差频（或中频）频率，再采用合适的检波器将调制信号提取出来，这种光接收机称为光外差接收机（heterodyne receiver）。典型的光外差接收机框图如图 3.8 所示[2]，其中差频放大器具有带通滤波特性，用于抑制像频信号。检波器可视具体情况选择乘积检测器（如 PSK 解调）或包络检波器（如 AM 接收机）。当光外差接收机的本振激光频率同步于输入光载波频率时，中频频率为 0，称为零中频接收机（homodyne receiver），也称为零差接收机、同步接收机，或直接转换接收机，此时可采用相同的零中频接收机硬件或 DSP 硬件实现不同的应用。同步检测需要锁相环（PLL）等载频恢复电路，会增加接收机的复杂度。若将一个比特周期内的载波与前一个比特周期内的载波拍频，则可实现自零差处理，称为差分检测。这种非相干检测方法特别适用于 DPSK 等差分信号的解调，无需载波同步电路。

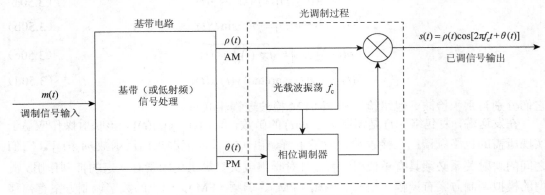

(a) 基于复包络极坐标形式的光场信号产生

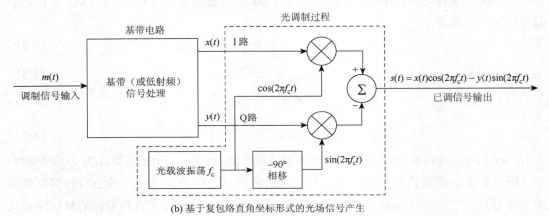

(b) 基于复包络直角坐标形式的光场信号产生

图 3.7　已调光场信号的通用产生方式

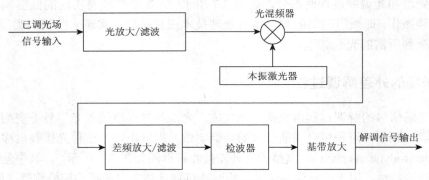

图 3.8　典型的光外差接收机框图

通信电路中的混频器是指数学上的乘法器，执行两个输入信号相乘的操作，其中一个信号是由本地振荡器产生的正弦波。设输入信号为 $s_{in}(t) = \mathrm{Re}[g_{in}(t)\mathrm{e}^{\mathrm{j}\omega_c t}]$，本振信号为 $s_{LO}(t) = A_0\cos\omega_0 t$，则混频器的输出为

$$s_{\text{out}}(t) = s_{\text{in}}(t) \cdot A_0 \cos \omega_0 t$$

$$= \frac{A_0}{2} \text{Re}[g_{\text{in}}(t) e^{j(\omega_c + \omega_0)t}] + \frac{A_0}{2} \text{Re}[g_{\text{in}}(t) e^{j(\omega_c - \omega_0)t}] \qquad (3.55)$$

$$= \frac{A_0}{2} \text{Re}[g_{\text{in}}(t) e^{j(\omega_c + \omega_0)t}] + \frac{A_0}{2} \text{Re}[g_{\text{in}}^*(t) e^{j(\omega_0 - \omega_c)t}]$$

可以看出，混频器产生了和频（上变频）、差频（下变频）分量，通过适当的滤波器可选择其中的上变频分量（ $f_u = f_c + f_0$ ）或下变频分量（ $f_d = |f_c - f_0|$ ），此时称为上、下变频器。上变频信号的复包络是输入信号的 $A_0/2$ 倍，调制信息被完全保留下来。对于下变频输出情形，低边注入（ $f_0 < f_c$ ）时，输入信号的复包络信息能够保留下来；高边注入（ $f_0 > f_c$ ）时，下变频信号的复包络是输入信号复包络的共轭。由 $\mathcal{F}[g_{\text{in}}^*(t)] = G_{\text{in}}^*(-f)$ 可知，高边注入时下变频输出频谱为

$$S_d(f)\big|_{f_0 > f_c} = \frac{A_0}{4}\{G_{\text{in}}^*[-(f - f_d)] + G_{\text{in}}[f + f_d]\} \qquad (3.56)$$

它与输入信号频谱相比，上单边带（USSB）与下单边带（LSSB）发生了边带互换和相位谱反转，如图 3.9 所示。

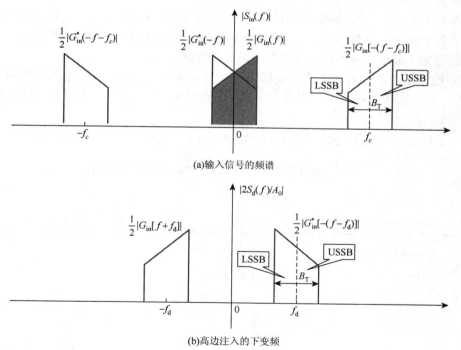

(a)输入信号的频谱

(b)高边注入的下变频

图 3.9　输入到混频器的信号与高边注入的下变频信号之间的频谱关系

混频器的乘积操作可由非线性器件实现[2, 3]，如图 3.10 所示。将两个输入信号求和或光场相干叠加，然后通过平方律非线性器件或光电检测器可得到乘积项。设平方律非线性器件的输出为 $s_1(t) = K_2[s_{\text{in}}(t) + s_0(t)]^2$ ，再经适当滤波后可获得乘积运算结果

$$s_{\text{out}}(t) = 2K_2 s_{\text{in}}(t) \cdot s_0(t) = 2K_2 A_0 s_{\text{in}}(t) \cos(\omega_0 t) \qquad (3.57)$$

仔细选择本振频率，可使输入已调光场信号下变频到中频。此外，使用幅度调制器也可实现乘积操作。

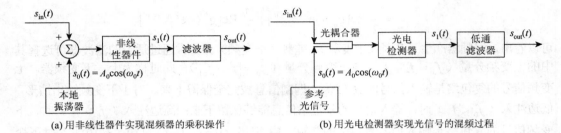

(a) 用非线性器件实现混频器的乘积操作　　　　　　　　(b) 用光电检测器实现光信号的混频过程

图 3.10　基于非线性器件的混频器

除了混频器的上、下变频作用，它还可用作幅度调制器，将基带信号搬移到 RF 频段；也可以用作乘积检波器，将 RF 信号搬移到基带。检波器可分为相干或非相干两种。非相干检波器无须参考信号，如包络检波器。包络检波器是非线性器件，其输出正比于输入信号的实包络 $\rho(t) = |g_{in}(t)|$。乘积检波器是一种相干检波器，它有两个输入，一个是参考信号（如同步振荡信号），另一个是需解调的已调信号。乘积检波器对输入信号起到了线性时变器的作用。对于光相干检测，需引入一个频率和偏振与输入光信号匹配的本地激光器，以在光域内完成输入光信号和本地激光器参考信号的混频过程。

乘积检波器由混频器和低通滤波器组成，当本地参考振荡信号与输入信号频率同步（$f_0 = f_c$）时，它可将输入的带通信号下变频为基带信号，如图 3.11 所示。混频器的输出为

$$
\begin{aligned}
s_1(t) &= \rho(t)\cos[\omega_c + \theta(t)] \cdot A_0\cos(\omega_c + \theta_0) \\
&= \frac{1}{2}A_0\rho(t)\{\cos[\theta(t) - \theta_0] + \cos[2\omega_c + \theta(t) + \theta_0]\}
\end{aligned}
\tag{3.58}
$$

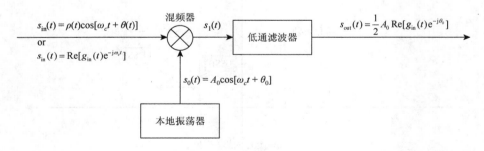

图 3.11　乘积检波器

则乘积检波器的输出为

$$
s_{out}(t) = \frac{1}{2}A_0\rho(t)\cos[\theta(t) - \theta_0] = \frac{1}{2}A_0\,\mathrm{Re}[g_{in}(t)e^{-j\theta_0}]
\tag{3.59}
$$

通过适当设置参考信号的相位，可检测输入信号的幅度、相位，或者同相分量、正交分量。

（1）当参考信号相位与同相分量或正交分量相位同步时，检波器可解调出相应的分量，分别称为同相或正交乘积检波器，即 $s_{\text{out}}(t)\big|_{\theta_0=0}=\dfrac{1}{2}A_0\rho(t)\cos[\theta(t)]=\dfrac{1}{2}A_0x(t)$，$s_{\text{out}}(t)\big|_{\theta_0=90°}=\dfrac{1}{2}A_0\rho(t)\sin[\theta(t)]=\dfrac{1}{2}A_0y(t)$。因此，采用同相和正交乘积检波器可同时得到同相分量 $x(t)$ 和正交分量 $y(t)$。

（2）当只有幅度调制时，若取 $\theta(t)=\theta_0$，则 $s_{\text{out}}(t)\big|_{\theta_0=0}=\dfrac{1}{2}A_0\rho(t)$，可检测输入信号的实包络。对于角度调制，$\rho(t)=A_c$（常数），若取 $\theta_0=90°$，则可实现小角相位检波，即
$$s_{\text{out}}(t)\big|_{\theta_0=90°}=\frac{1}{2}A_0A_c\sin[\theta(t)]\approx\frac{1}{2}A_0A_c\theta(t)。$$

3.4　二进制光场调制与解调

在数字通信中，二进制或多电平的数字基带信号分别对正弦载波的幅度、相位和频率进行调制，从而形成幅移键控（ASK）、相移键控（PSK）和频移键控（FSK）三种基本的数字调制方式。ASK 与 PSK 的混合调制还可以产生正交幅度调制（QAM）信号。使用光调制器可以将数字基带信号加载到光载波上，形成相应的光键控信号。此外，还有偏（振）移键控（PolSK），即"0"和"1"对应于不同的光偏振态等。

据光场的时域分布特征，数字光信号的码型也可分为非归零（NRZ）码或归零（RZ）码，它们与光载波调制相结合可形成不同的光调制格式。数字光信号可用光脉冲序列表示，光脉冲宽度定义为光场振幅降为最大振幅的 $1/\sqrt{2}$ 时所对应的脉冲宽度，即脉冲光强的 -3 dB 宽度，也称为半幅全宽 T_{FWMH}。数字光信号的占空比等于 T_{FWMH} 与比特周期 T_{b} 的比值，即 $d_c=T_{\text{FWHM}}/T_{\text{b}}$，它决定了脉冲能量的集中程度以及系统所需的传输带宽。

图 3.12 给出了 OOK、BPSK 和 FSK 二进制带通数字信号的波形图[2]，也可以看出它们与基带线路码型之间的调制关系。

3.4.1　NRZ-OOK 信号

对于数字调制的带通信号，调制信号 $m(t)$ 是二进制或多进制的基带数字信号或线路码型。二进制的幅移键控（ASK）也称为开关键控（OOK）信号，它可根据单极性二进制信号通过控制正弦射频或光载波的开、关得到。光 OOK 信号及其复包络分别表示为

$$s_{\text{OOK}}(t)=A_cm(t)\cos(\omega_ct)，\qquad g_{\text{OOK}}(t)=A_cm(t) \tag{3.60}$$

式中，$m(t)$ 为单极性数据调制信号。

由式（3.60）可知，OOK 信号是 AM 型的调制格式，其传输带宽 B_T 是调制信号带宽 B 的两倍，即 $B_T=2B$。

当 $m(t)$ 为 NRZ 矩形脉冲调制信号时，根据带通信号与其复包络之间的频谱关系，很容易得到光 OOK 信号的功率谱密度（PSD）曲线，如图 3.13 所示[2]，其中 $m(t)$ 的峰值为 $A=\sqrt{2}$，则 $s_{\text{OOK}}(t)$ 的平均归一化功率为 $P_s=A_c^2/2$。矩形脉冲调制时，OOK 信号的零点-零点带宽为传输带宽，即 $B_T=2R_{\text{b}}$。进一步采用升余弦滚降奈奎斯特滤波器处理后，OOK

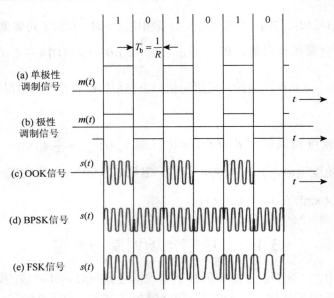

图 3.12　常用的二进制带通数字信号的波形

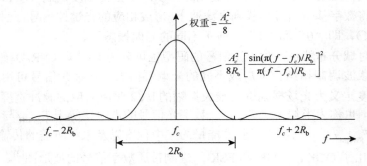

图 3.13　OOK 信号的功率谱密度（矩形脉冲调制）

信号的传输带宽等于其绝对带宽，即 $B_T = (1+r)R_b$。需指出，无论是基带信号，还是带通信号，它们的带宽都是指频谱上正频部分的相应频率范围。

　　OOK 信号最常用的解调方法是包络检波法，主要包括带通滤波器、包络检波器、抽样判决器三部分，如图 3.14 所示。输入到解调系统的信号包括传输的 OOK 信号和噪声，即

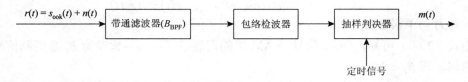

图 3.14　OOK 信号的包络检波解调方法

$$r(t) = s_{\text{OOK}}(t) + n(t) = A_c m(t)\cos(2\pi f_c t) + n(t) \tag{3.61}$$

带通滤波器的中心频率对准载波频率，用于抑制带外噪声，让 OOK 信号通过的同时也会

输出带通高斯白噪声。包络检波器可用简单的整流滤波电路实现，发送"1"和"0"时输出的包络分别服从莱斯（Rice）分布和瑞利（Rayleigh）分布。抽样判决器用于恢复单极性数据信号，定时信号由符号同步单元从包络检波器输出信号中提取。

为便于比较不同系统的误码性能，常用 E_b/N_0 表示误码率，E_b 为输入信号平均每比特能量。当 $m(t)$ 的峰值为 $A=1$ 时，对应的最佳判决门限为 $V_T \approx A_c/2$，OOK 包络检波接收系统的总平均误码率为

$$P_{eOOK}^{ED} = \frac{1}{2}\exp\left(-\frac{1}{2T_b B_{BPF}} \cdot \frac{E_b}{N_0}\right) \xrightarrow[\text{min BW}]{B_{BPF}=R_b} \frac{1}{2}\exp\left(-\frac{1}{2} \cdot \frac{E_b}{N_0}\right) \qquad (3.62)$$

式中，$E_b = A_c^2 T_b/4$ 为 OOK 信号的平均每比特能量；带通白噪声功率 $\sigma_n^2 = N_0 B_{BPF}$；$N_0/2$ 为带通白噪声的双边功率谱密度，B_{BPF} 为包络检波器前的带通滤波器的等效带宽。

注意，式（3.62）中 B_{BPF} 取了理论的最小带宽值 R_b。由于 OOK 信号的抗噪性能不强，实际中要求输入到包络检波器的信噪比足够强。

OOK 信号还可以采用相干检测方法进行解调，乘积检波器前的带通滤波器的等效带宽 $B_{BPF} = 2B$，乘积检测器后面可以采用低通滤波器（LPF，$B = R_b$）或匹配滤波器（MF），对应的误码率分别为

$$P_{eOOK}^{LPF} = Q\left(\sqrt{\frac{1}{2} \cdot \frac{E_b}{N_0}}\right), \ P_{eOOK}^{MF} = Q\left(\sqrt{\frac{E_b}{N_0}}\right) \qquad (3.63)$$

可以看出，OOK 相干检测系统的误码性能与基带单极性信号情形一致。

在光域内，光 OOK 信号的产生可由幅度或强度光调制器实现。光 OOK 信号的解调可采用非相干直接检测或光外差检测。光直接检测中，光电检测器起到了包络检波器的作用，用平方律的光电二极管（光电检测器）可实现光域到电域的转换。光外差检测的原理框图如图 3.15 所示，输入的 OOK 光场信号和本地参考光可分别表示为

$$s_{OOK}(t) = \sqrt{2P_s(t)}\cos[\omega_c t + \theta(t)] \qquad (3.64)$$

$$s_0(t) = \sqrt{2P_0}\cos(\omega_0 t + \theta_0) \qquad (3.65)$$

式中，$P_s(t)$ 和 P_0 分别为 OOK 光信号的瞬时功率和本振参考光的平均功率。则带通滤波器输出的电流信号和噪声功率分别为

$$i_s(t) = 2R\sqrt{P_s(t)P_0}\cos[(\omega_c - \omega_0)t + \theta(t) - \theta_0] \qquad (3.66)$$

$$\sigma_n^2 = 2eR(P_s + P_0)B_{BPF} + N_{eq} \qquad (3.67)$$

式中，e 为电子电荷，R 为光电检测器的响应度，N_{eq} 为接收机前置放大器输入端的总等效电噪声功率。进而可计算光外差检测系统的总平均误码率。

图 3.15　光 OOK 信号的光外差检测原理框图

3.4.2　BPSK/DPSK 信号

二进制相移键控（binary phase shift keying，BPSK）利用两种相位传输二元符号。一般地，BPSK 信号可以表示为

$$s_{\text{BPSK}} = A_c \cos[\omega_c t + D_p m(t)] \tag{3.68}$$

式中，D_p 为相移常数，表征相位调制器的相位灵敏度。当 $m(t) = \pm 1$ 为基带数据信号时，式（3.68）简化为

$$s_{\text{BPSK}} = (A_c \cos D_p) \cos \omega_c t - (A_c \sin D_p) m(t) \sin \omega_c t \tag{3.69}$$

式中，第一项为导频载波项（$D_p \neq \pi/2$），使用锁相环可提取该导频载波作为载波参考，用于 BPSK 信号的同步检测；第二项为数据调制项。另外，从增大信号传输效率的角度来讲，应尽可能增大数据调制项的功率，可取 $D_p = \pi/2$，对应的数字角度调制指数为 $h \cong 2\Delta\theta/\pi = 2D_p/\pi = 1$，其中 $2\Delta\theta$ 为符号的最大峰-峰相位偏移。通常所说的 BPSK 信号就是指这种情形，此时 BPSK 信号及其复包络分别表示为

$$s_{\text{BPSK}} = -A_c m(t) \sin \omega_c t, \quad g_{\text{BPSK}} = jA_c m(t) \tag{3.70a}$$

这是用 $\pm\pi/2$ 两种相位表示的 BPSK 信号。若用 0 和 π 两种相位表示 BPSK 信号，则有

$$s_{\text{BPSK}} = A_c m(t) \cos \omega_c t, \quad g_{\text{BPSK}} = A_c m(t) \tag{3.70b}$$

这两种 BPSK 表示方式没有本质的差别，表明 BPSK 信号也是一种 AM 型的调制，或者说 BPSK 等价于极性数据波形的载波抑制双边带（DSB-SC）调制。BPSK 信号的功率谱密度可由其复包络（极性 NRZ 信号）的 PSD 得到，如图 3.16 所示[2]，其中 $m(t)$ 的峰值为 $A = 1$，则 $s_{\text{BPSK}}(t)$ 的平均归一化功率为 $A_c^2/2$。显然，BPSK 信号的零点-零点带宽与 OOK 一样，均为 $2R_b$。

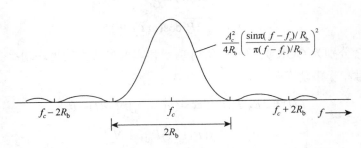

图 3.16　BPSK 信号的功率谱密度（矩形脉冲调制）

BPSK 信号的符号信息由相位体现，不反映在实包络或频率上，因此不能用包络检波或频率检波方法，只能用相干检测方法进行解调，相干检测时采用低通滤波器（LPF，$B = R_b$）或匹配滤波器（MF）的误码率分别为

$$P_{e\text{BPSK}}^{\text{LPF}} = Q\left(\sqrt{\frac{E_b}{N_0}}\right), \quad P_{e\text{BPSK}}^{\text{MF}} = Q\left(\sqrt{\frac{2E_b}{N_0}}\right) \tag{3.71a}$$

式中，$E_b = A_c^2 T_b / 2$ 为 BPSK 信号的平均每比特能量，检波器前的带通滤波器的等效带宽 $B_{BPF} = 2B$。

相干检测需要提供与传输载波相干的本地振荡参考，当信号功率谱中不存在离散载波分量时，可通过平方环和科斯塔斯（Costas）环等非线性变换方法提取相干载波。平方环方法依次通过平方、窄带滤波、限幅、分频等操作来完成载波提取，其中同步器需工作在两倍频上，很难用于光载波的提取。科斯塔斯环由同相（I）和正交（Q）两个乘积检测器组成，也称 IQ 环，如图 3.17 所示[2]。将 IQ 检波器输出的信号相乘，由低通滤波提取直流分量，并作为压控振荡器的控制电压 $V_c = K \sin 2\theta_e$，从而使压控振荡器以一个较小的相位偏差 θ_e 锁定在输入载频上，最终达到载波同步，此时的同相检波输出即为解调信号。上述两种载波同步方法的噪声性能相同，它们都存在 0 和 π 相位模糊的问题，即不能确定信号的极性，可采用差分编码的 BPSK（DPSK）加以解决。

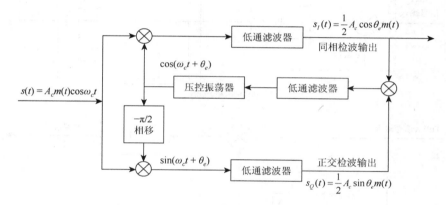

图 3.17　基于科斯塔斯环的 BPSK 检波

NRZ-DPSK 信号的产生、相干检测和差分检测的原理框图如图 3.18 所示[4]，图中 d_n 表示 "1" 或 "0" 输入数据，$e_n = d_n \oplus e_{n-1}$（模 2 加）表示差分编码数据，通过适当的电平转换驱动 BPSK 调制器，将差分数据 e_n 映射为不同的载波相位 θ_n，如图 3.18（a）所示。图 3.18（b）中，通过 BPSK 相干检测解调出载波相位 $\tilde{\theta}_n$ 并电平转换为数据 $\tilde{e}_n$，然后通过差分解码器解调出数据 $\tilde{d}_n = \tilde{e}_n \oplus \tilde{e}_{n-1}$。该 DPSK 接收系统由 BPSK 相干解调器和差分解码器组成，传输中的错误会导致差分解码出现更多的码元错误，此时的误码率约为 $P_{eDPSK} \approx 2P_{eBPSK}$。图 3.18（c）中，DPSK 信号也可采用差分检测，前一个比特周期的信号为当前比特周期的信号提供参考（此时无须本地振荡参考或载波同步电路），经乘法器和低通滤波器处理后输出的信号为 $y_n = \frac{1}{2} A^2 \cos[2\pi f_c T_b + (\tilde{\theta}_n - \tilde{\theta}_{n-1})]$，适当选择 $(f_c T_b)$ 可直接解调出相邻时隙之间的载波相位差 $\Delta \tilde{\theta}_n = \tilde{\theta}_n - \tilde{\theta}_{n-1}$（无需解调绝对相位 $\tilde{\theta}_n$），它与解调数据 $\tilde{d}_n$ 具有一一对应关系；差分检测的 DPSK 系统的误码率为

$$P_{eDPSK}^{DD} = \frac{1}{2} \exp\left(-\frac{1}{T_b B_{BPF}} \cdot \frac{E_b}{N_0} \right) \xrightarrow[\text{min BW}]{B_{BPF} = R_b} \frac{1}{2} \exp\left(-\frac{E_b}{N_0} \right) \tag{3.71b}$$

注意，式（3.71b）中 B_{BPF} 取了理论的最小带宽值 R_b。图 3.2-7（d）示出了 DPSK 信号产生和接收的数据处理过程。

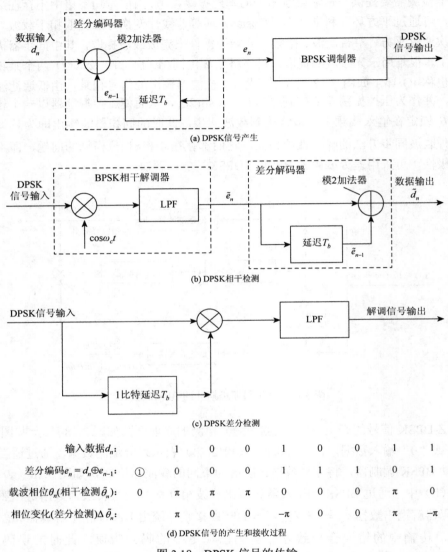

(a) DPSK信号产生

(b) DPSK相干检测

(c) DPSK差分检测

输入数据d_n:		1	0	0	1	0	0	1	1
差分编码$e_n = d_n \oplus e_{n-1}$:	①	0	0	0	1	1	1	0	1
载波相位θ_n(相干检测$\tilde{\theta}_n$):	0	π	π	π	0	0	0	π	0
相位变化(差分检测)$\Delta\tilde{\theta}_n$:		π	0	0	−π	0	0	π	−π

(d) DPSK信号的产生和接收过程

图 3.18　DPSK 信号的传输

　　NRZ-DPSK 光信号的产生和接收实现框图如图 3.19 所示[4]。BPSK 调制器由电光相位调制器实现。相应的光接收机采用 MZI 延迟干涉结构实现，MZI 两臂之间有一个比特周期的延迟，输入的相邻比特信号间同相位或反相位时会导致 MZI 两输出端口的光强出现相长或相消，平衡光电检测器输出的光电转换信号就会发生反转，从而实现 DPSK 光信号的解调。值得说明的是，若让这种 NRZ-DPSK 光信号再通过一个受电时钟脉冲信号调制的光电强度调制器，就可以产生 RZ-DPSK 光信号，这种信号格式在长距离光传输系统中更易于找到最佳的色散补偿方案。

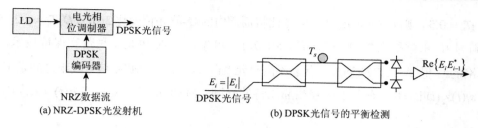

图 3.19 NRZ-DPSK 光信号的产生和接收框图

3.4.3 FSK/MSK 信号

频移键控（FSK）信号用两个不同的载波频率来表示码元"1"和"0"。FSK 可分为不连续相位和连续相位两类。不连续相位的 FSK 信号可通过开关控制两个不同的振荡器产生，输出波形在开关时刻不连续，不连续的正弦波形信号会占用更多的频带，应尽可能避免。另一种是连续相位的 FSK（CP-FSK），它可由极性 NRZ 信号 $m(t)=\pm1$ 控制下的压控振荡器（VCO）产生。CP-FSK 信号可以表示为

$$s_{\text{CP-FSK}}(t) = A_c \cos[\omega_c t + \theta(t)] = A_c \cos\left[\omega_c t + D_f \int_{-\infty}^{t} m(\lambda)\mathrm{d}\lambda\right] \quad (3.72)$$

相应的瞬时角频率为

$$\omega_{1,2} = \frac{\mathrm{d}}{\mathrm{d}t}[\omega_c t + \theta(t)] = \omega_c + D_f m(t) = \omega_c \pm D_f \quad (3.73)$$

式中，FSK 信号的相位为 $\theta(t) = D_f \int_{-\infty}^{t} m(\lambda)\mathrm{d}\lambda$（积分必定输出连续相位）；$D_f = 2\pi\Delta F$ 为角频移系数；ΔF 为相对于中心频率 f_c 的频率偏移。

FSK 信号的传输带宽可由卡森规则近似给出，即

$$B_{\text{FSK}} = 2\Delta F + 2B \quad (3.74)$$

式中，B 为基带数字调制信号的带宽（对于矩形脉冲波形，$B = R_b$）；$2\Delta F = |f_1 - f_2|$ 为 FSK 的载波频率间隔，如图 3.20 所示。当 $\Delta F \gg B$ 时称为宽带 FSK 信号，$\Delta F \ll B$ 时称为窄带 FSK 信号。

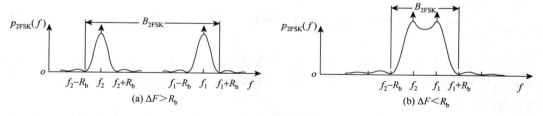

图 3.20 矩形 NRZ 数字调制的 FSK 信号功率谱

具有最小数字角度调制指数 $h = 0.5$ 的连续相位 FSK 信号，称为最小频移键控（Minimum-shift keying，MSK）。对于 MSK 信号，根据数字角度调制指数的定义，$h = 2\Delta\theta/\pi = D_f T_b/\pi =$

$2(\Delta F)T_b = 0.5$，则有 $\Delta F = R_b/4$，一个比特周期内的峰-峰相位变化 $2\Delta\theta = D_f T_b = \pi/2$（延迟半个符号），角频移系数 $D_f = 2\pi\Delta F = \pi/(2T_b)$。可见，MSK 也是一种带宽保持技术，具有恒包络特点。由式（3.72）可知，代表不同码元"1"和"0"的 MSK 信号波形之间是正交的，即 $\int_0^{T_b} s_1(t)s_2(t)\mathrm{d}t = 0$，有助于比较相邻比特的异同。MSK 信号的复包络 $g(t) = x(t) + \mathrm{j}\,y(t)$，式中

$$\begin{cases} x(t) = A_c\cos\theta(t) = \displaystyle\sum_{k=-\infty}^{+\infty} x_k\cos[D_f(t-t_{2k})] \\ \qquad = \displaystyle\sum_{k=-\infty}^{\infty} A_c m(t_{2k+1\sim2k+2})\sin\theta(t_{2k+1})\cos[D_f(t-t_{2k})] \\ y(t) = A_c\sin\theta(t) = \displaystyle\sum_{k=-\infty}^{+\infty} y_k\cos[D_f(t-t_{2k}-T_b)] \\ \qquad = \displaystyle\sum_{k=-\infty}^{\infty} A_c m(t_{2k-2k+1})\cos\theta(t_{2k})\sin[D_f(t-t_{2k})] \end{cases} \qquad (3.75)$$

式中，$D_f = 2\pi\Delta F = \pi/(2T_b)$；$t_k = kT_b$。可以看出，$x(t)$ 和 $y(t)$ 的基本波形为 $\cos(\pi t/2T_b)$ 和 $\sin(\pi t/2T_b)$ 形式，$2T_b$ 时间内的半余弦波形与调制在 $x(t)$ 和 $y(t)$ 上的数据一一对应，如图 3.21 所示。当调制数据不发生变化（无交替）时，若半余弦波形的相位连续，则称为第 I 类 MSK；反之，若半余弦波形的相位不连续，则称为第 II 类 MSK。对照偏移 QPSK（OQPSK）信号的同相和正交分量波形

$$\begin{cases} x(t) = \displaystyle\sum_{n=-\infty}^{+\infty} x_n\cos[D_f(t-nT_s)] \\ y(t) = \displaystyle\sum_{n=-\infty}^{+\infty} y_n\cos\left[D_f\left(t-nT_s-\dfrac{1}{2}T_s\right)\right] \end{cases} \qquad (3.76)$$

式中，T_s 为调制在 $x(t)$ 和 $y(t)$ 上的数据符号周期，对于 QPSK 信号，$T_s = 2T_b$。比较式（3.75）与式（3.76）可知，MSK 等价于正（余）脉冲形状的 OQPSK 信号。根据式（3.75）可以求出极性 NRZ 数字调制的 MSK 复包络的功率谱

$$p_g(f) = p_x(f) + p_y(f) = 2p_x(f) = \frac{16A_c^2 T_b\cos^2(2\pi f T_b)}{\pi^2[1-(4fT_b)^2]^2} \qquad (3.77)$$

为了进一步减小 MSK 信号功率谱的旁瓣，数据调制载波前可进行高斯低通滤波，所产生的 MSK 信号又称为 GMSK，其中高斯滤波器的转移函数为 $H(f) = \exp[-0.5\ln 2(f/B)^2]$，$B$ 为滤波器的 3 dB 带宽。

　　FSK 可视为工作在载频 f_1 和 f_2 上的两个互补 OOK 信号的组合，可分别采用平衡鉴频器或两个乘法器进行非相干或相干检测接收，调频检波通常是平衡的，如图 3.22 所示[2]。在 FSK 的非相干检测中，平衡鉴频器由上、下两个 OOK 包络检波通道组成。包络检波器是在输出端产生正比于其输入信号实包络波形的器件，可由二极管加 RC 并联电路组成，

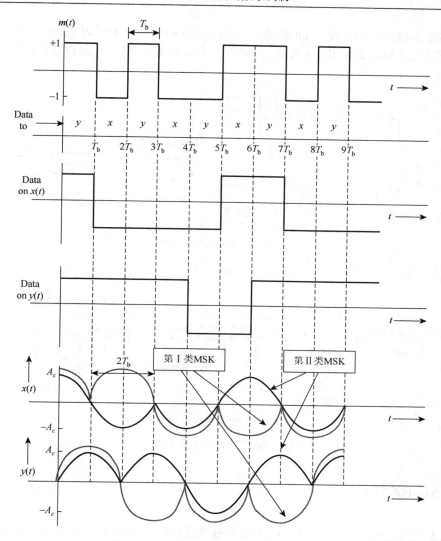

图 3.21　MSK 信号的同相/正交分量波形

其中检测的调制波形带宽 $B \ll (2\pi \mathrm{RC}) \ll f_c$（载频）。包络检波器通常用于检测 AM 信号上的调制数据。当"传号"和"空号"输入到接收机时，加法器分别输出 $r_0(t) = \pm A$，从而解调出的 f_1 和 f_2。由接收机的对称性可知，优化判决电平 $V_T = 0$。根据包络检波器的噪声分布特点，FSK 信号非相干检测系统的误码率为

$$P_{e\mathrm{FSK}}^{\mathrm{ED}} = \frac{1}{2}\exp\left[-\frac{1}{2T_b B_{\mathrm{BPF}}}\frac{E_b}{N_0}\right] \tag{3.78}$$

式中，$E_b = A_c^2 T_b / 2$ 为每比特信号的平均能量。对于 FSK 的相干检测，低通滤波器和匹配滤波器接收系统的误码率分别为

$$P_{e\mathrm{FSK}}^{\mathrm{LPF}} = Q\left(\sqrt{\frac{1}{2}\frac{E_b}{N_0}}\right), \quad P_{e\mathrm{FSK}}^{\mathrm{MF}} = Q\left(\sqrt{\frac{E_b}{N_0}}\right) \tag{3.79}$$

显然，FSK 系统的误码性能与 OOK 系统相同。当误码率小于 10^{-4} 时，FSK 信号的非相干检测仅需比相干检测高 1 dB 的 E_b/N_0。但前者无须参考信号，且接收机简装得多。

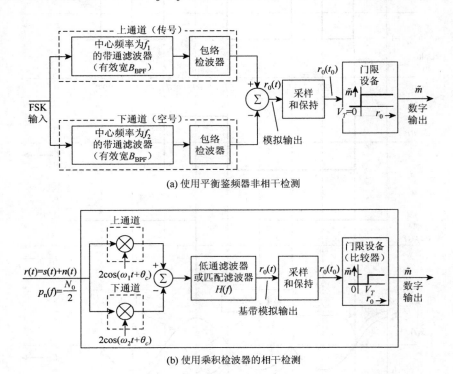

(a) 使用平衡鉴频器非相干检测

(b) 使用乘积检波器的相干检测

图 3.22　FSK 信号的非相干和相干检测

3.4.4　SC-RZ 信号

　　NRZ 光发送机设计简单，用 NRZ 电信号直接进行光强调制，即可产生 NRZ 光信号，其频带利用率比 RZ 信号高，主要用于低速光通信系统。但 RZ 光信号对光纤色散和偏振模色散（PMD）有更高的健壮性。用半码元速率的正弦波电时钟调制不同偏置点的光强调制器（脉冲成形器）可产生 RZ 光信号。光强调制器的输入输出光场复包络之间的转移函数可以表示为

$$\frac{E_o}{E_i} = \frac{1}{2}[e^{i\varphi_1(t)} + e^{i\varphi_2(t)}] \tag{3.80}$$

式中，忽略了输入与输出光场之间的附加相移 $\pi/2$，$\varphi_1(t) = \pi V_1(t)/V_\pi$ 和 $\varphi_2(t) = \pi V_2(t)/V_\pi$ 分别为调制器两臂的相移，驱动信号是数据调制信号和偏置电压的叠加，即 $V_1(t) = V_{1d}(t) + V_{1b}$ 和 $V_2(t) = V_{2d}(t) + V_{2b}$。两个臂的调制过程可用模为 0.5 的矢量图（复平面）来描述，两个臂输出电场的叠加即表示光调制器的输出，如图 3.23 所示[3]。

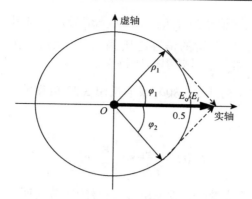

图 3.23　光调制器的矢量图描述

根据这个矢量图可分析驱动光调制器所需的偏置条件和射频（或数据）信号所达到的幅度范围，从而获得 1/2、1/3、2/3 等不同占空比的 RZ 光脉冲成形器，再经数据信号调制（第二次光调制），即可获得相应格式的光 RZ 数据信号，如图 3.24 所示。注意，两个调制器的码元速率相同。

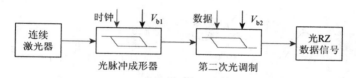

图 3.24　RZ 光信号的产生过程

由式（3.80）或矢量图 3.23 分析可知，当光强调制器两臂的偏置电压均为 V_π（调制器偏置在光强转移函数的最大点）且 RF 调制信号为 $V_{1d} = -V_{2d} = \dfrac{V_\pi}{2}\cos(2\pi f_m t)$ 时，光调制器的输出光场的包络表达式为

$$E_o(t) = \sqrt{\frac{E_b}{T_b}}\cos\left[\frac{\pi}{2}\cos\left(\frac{\pi t}{T_b}\right)\right] \qquad (3.81)$$

式中，E_b 为发送每比特的能量；T_b 为 RZ 光信号的比特周期；RF 调制信号是频率为半码元速率 $\left(f_m = \dfrac{1}{2}R_b\right)$ 的正弦波电时钟信号（幅度为 $V_\pi/2$）。

由式（3.81）可知，光调制器输出光脉冲宽度为 $T_{FWHM} = \dfrac{1}{3}T_b$，此时可产生占空比为 $\dfrac{1}{3}$ 的 RZ 光信号。由贝塞尔函数展开公式 $\cos(x\cos\varphi) = J_0(x) + 2\displaystyle\sum_{n=1}^{+\infty}(-1)^n J_{2n}(x)\cos(2n\varphi)$ 可知，式（3.81）存在直流分量 $J_0(\pi/2)$，即有载波分量存在。

在某些传输系统中，载波电平对信号恢复没有贡献，此时可采用载波抑制 RZ（CS-RZ）光信号来抑制载波电平，这有助于降低总信号功率电平，从而提高非线性门限值。CS-RZ 码与传统 RZ 码的主要区别在于，CS-RZ 光信号中相邻比特脉冲之间的光场相位差为 π，如图 3.25 所示[4]。若产生比特率为 R_b 的 CS-RZ 光信号，光强调制器的偏置条件和射频调制信号需满足如下条件：①两臂的偏置电压偏置在调制器光强转移函数的最低点，即 $V_{1b} = -V_{2b} = V_\pi/2$；②RF 调制信号频率是比特率的一半，且幅度为 $V_\pi/2$，即 $V_{1d} = -V_{2d} = \dfrac{V_\pi}{2}\sin(2\pi f_m t)$，$f_m = \dfrac{1}{2}R_b$。由式（3.80）或矢量图 3.23 可得输出 CS-RZ 光场的包络表达式为

$$E_o(t) = \sqrt{\frac{E_b}{T_b}}\sin\left[\frac{\pi}{2}\sin\left(\frac{\pi t}{T_b}\right)\right] \qquad (3.82)$$

式中，E_b 为发送每比特的能量；T_b 为 CS-RZ 信号的比特周期。

由式（3.82）可确定光调制器输出的−3 dB 光脉冲宽度为 $T_{FWHM} = \dfrac{2}{3}T_b$。可见 CS-RZ 光信号的占空比为 2/3。由贝塞尔函数展开公式 $\sin(x\sin\varphi) = 2\displaystyle\sum_{n=1}^{+\infty}J_{2n-1}(x)\sin[(2n-1)\varphi]$ 可知，式（3.82）不存在直流分量，即载波得到抑制。因此，CS-RZ 信号对光纤非线性效应和残留色度色散具有较好容忍度，还可减小 DWDM 中的四波混频。

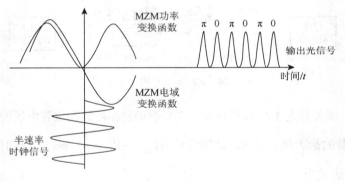

图 3.25　CS-RZ 光信号的产生过程

3.5　多进制光场调制与解调

3.5.1　QAM 信号

二进制数字基带信号经过数模转换器（DAC）转换为多电平数字基带信号，然后调制 RF 或光载波，可获得多电平的数字带通信号。正交幅度调制（QAM）信号是用振幅和相位的多种组合来携带信息的，QAM 信号及其复包络可分别表示为

$$s_{QAM}(t) = x(t)\cos\omega_c t - y(t)\sin\omega_c t \qquad (3.83a)$$

$$g_{QAM}(t) = x(t) + jy(t) = \rho(t)e^{j\theta(t)} \qquad (3.83b)$$

其中，同相分量 $x(t)$ 和正交分量 $y(t)$ 表示如下：

$$\begin{cases} x(t) = \sum_n x_n h(t - nT_s) \\ y(t) = \sum_n y_n h(t - nT_s) \end{cases}$$　　　　　　　　（3.84）

式中，$h(t)$ 为每个符号的脉冲波形，x_n 和 y_n 通常为等间隔的多电平极性码元，它们可用直角坐标系中的点 (x_n, y_n) 来表示，从而形成 QAM 信号的星座图，星座图实际上是包络信息在二维平面上的表示，每个星座点对应一种符号，判决时可按最小距离准则进行数据恢复。对于 M 进制的 QAM（MQAM）信号，$M = M_1 M_2$，M_1 和 M_2 分别为 x_n 和 y_n 的可能电平取值数目。当 $M_1 = M_2 = \sqrt{M}$ 时，星座图为正方形。

　　QAM 信号的星座图通常有圆形和矩形两种，如图 3.26 所示。多电平数字系统的误码率与星座图中相邻符号的间距密切相关，可用误差矢量幅度（error vector magnitude，EVM）来度量。误差矢量信号包括了幅度和相位的误差信息。误差矢量幅度（EVM）定义为误差矢量信号的平均功率与参考信号平均功率之比的平方根，即误差矢量信号与参考信号的均方根（Root Mean Square，RMS）之比值。EVM 越小，信号质量越好。为了减小符号错误造成的比特损失，QAM 信号的星座点可以采用二维格雷编码，使四周邻近的星座点之间只相差一个比特。QAM 信号的产生和二进制调制信号的恢复可采用正交调制和解调方案，如图 3.27 所示。串并转换是将输入的二进制串行比特数据依次按时隙 T_b 分成并行的 I 和 Q 两路数据，此时每个数据的持续时间为 $2T_b$。每路数据经 DAC 脉冲成形后调制载波，从而产生 QAM。QAM 信号的解调可由同相、正交两个乘积检波器完成，每个通道都可视为相干检测过程，相干解调所需的参考载波可由科斯塔斯环得到。

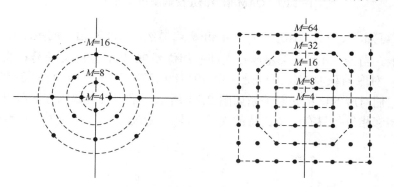

图 3.26　QAM 信号的圆形和矩形星座图

3.5.2　QPSK/DQPSK 信号

　　对于多元相移键控（MPSK）信号，不同的载波相位对应于不同的符号数据，即用 M 个载波相位 $\theta_n = n(2\pi/M)$ 来表示多电平信号（$n = 0, 1, \cdots, M-1$）。MPSK 信号可以表示为

$$\begin{aligned} s_{\mathrm{MPSK}}(t) &= A_c \sum_{n=-\infty}^{+\infty} h(t - nT_s) \cos(\omega_c t + \theta_n) \\ &= \left[\sum_{n=-\infty}^{+\infty} A_c (\cos\theta_n) h(t - nT_s) \right] \cos\omega_c t - \left[\sum_{n=-\infty}^{+\infty} A_c (\sin\theta_n) h(t - nT_s) \right] \sin\omega_c t \end{aligned}$$　　（3.85）

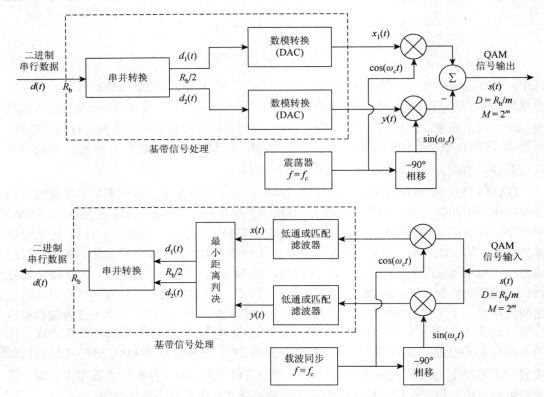

图 3.27 QAM 信号的正交调制和解调方案

由式（3.85）可知，$x_n = A_c \cos\theta_n$，$y_n = A_c \sin\theta_n$。显然，MPSK 信号的星座点分布在以 A_c 为半径的圆上。当 $M = 4$ 且相邻星座点之间的相位差 90° 时，MPSK 信号称为正交相移键控（QPSK），对应的载波相位可以是（0°,90°,180°,270°）或（45°,135°,225°,315°），其星座图以及它们对应的比特映射关系如图 3.28 所示。采用格雷编码方法可以保证噪声或干扰影响下相邻相位值只有一个比特的损失。显然，QPSK 信号可视为一种特殊的 4QAM

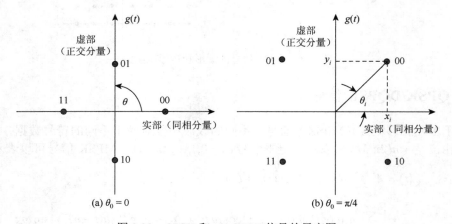

图 3.28 QPSK 和 π/4 QPSK 信号的星座图

信号，只是其包络为常数，因此 QPSK 信号的调制与解调原理与 QAM 信号类似（参见图 3.27）。QPSK 信号也可等价于两路正交（载波相位差 $\pi/2$）的 BPSK 的叠加，它可先通过一个马赫-曾德调制器产生相位 0、π，然后再通过一个相位调制器进一步引入 0、$\pi/2$ 相移来实现。

实际中，为了解决 QPSK 相干解调时由于提取的参考载波相位模糊而导致的"不确定性反相"问题，可采用差分 QPSK（DQPSK）格式。类似于 DPSK 信号，只需在 QPSK 基础上增加差分编码与解调单元即可。设 d_n 为四进制码元符号的数据"0,1,2,3"，它们分别对应于格雷编码二进制比特对"00,01,11,10"。对应的差分编码数据 $e_n = d_n \oplus e_{n-1}$（模 4），经电平转换后驱动相位调制器，使 QPSK 的载波相位 θ_n 对应于（$0°,90°,180°,270°$）或（$45°,135°,225°,315°$）等星座图。差分解码的数据 $\tilde{d}_n = \tilde{e}_n - \tilde{e}_{n-1}$（模 4）则对应于接收信号载波的相位差 $\Delta\tilde{\theta}_n = \tilde{\theta}_n - \tilde{\theta}_{n-1}$。DQPSK 信号的差分检测原理和基于马赫-曾德的光延迟干涉（MZDI）解调方案，如图 3.29 所示，其中 $\Delta\tilde{\theta}_n = \arctan(y_n/x_n)$。在 MZDI 解调方案中，对应于同相和正交分量的光电检测器的输出分别正比于 $\cos(\Delta\tilde{\theta}_n)$ 和 $\sin(\Delta\tilde{\theta}_n)$，据此可进行四元判决，从而判断当前时隙传输的符号。

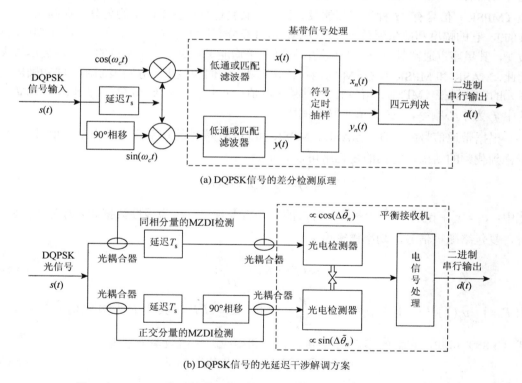

(a) DQPSK信号的差分检测原理

(b) DQPSK信号的光延迟干涉解调方案

图 3.29　DQPSK 信号的差分检测原理及其 MZDI 光延迟干涉解调方案

值得指出的是，为了减少信号的幅度调制（AM）影响，数据调制信号 $x(t)$ 和 $y(t)$ 之间还可以存在半个符号周期的时间延迟。正如前面提到的偏置 QPSK（OQPSK）信号那样，I 和 Q 分量不能同时改变，即

$$\begin{cases} x(t) = \sum_n x_n h(t - nT_s) \\ y(t) = \sum_n y_n h\left(t - nT_s - \frac{1}{2}T_s\right) \end{cases} \tag{3.86}$$

当 $h(t)$ 为正弦类脉冲时，OQPSK 对应于最小频移键控（MSK）信号，其最大的相位转换只有 $\pi/2$，从而减少了 AM 影响。还有一种减小 AM 影响的方法是交替使用相对于对方旋转 $\pi/4$ 的两个 QPSK 星座图（参见图 3.28）来产生 $\pi/4$ DQPSK 信号，即新输入的符号（2 比特）数据的星座点相对于前一个符号（2 比特）数据的星座点相位移动 $\Delta\theta = \pm\pi/4$ 或 $\pm3\pi/4$，具体取值依赖于当前输入的符号数据（差分编码）。可见，$\pi/4$ DQPSK 信号的最大相移是 $3\pi/4$。

3.5.3　多进制带通信号的传输带宽

根据前面介绍的多进制带通信号的表示，多元的幅移键控（MASK）信号的 M 种电平是等间隔的，典型取值为 $\pm1, \pm3, \cdots, \pm(M-1)$，其星座图是一维（幅度）的；$M$ 元的相移键控（MPSK）信号有 M 种等间隔的载波相位，其复包络在复平面上均匀分布在圆周上（二维的），它的幅度和能量保持不变；QAM 信号充分利用了整个二维平面，幅度和相位均可改变，其星座点通常具有原点对称性，原则上平均能量尽量小、星座点的最小距离尽量大。因此，MASK 和 MPSK 是 QAM 的两种特殊形式，它们的星座点分别限制在直线和圆周上。多元的频移键控（MFSK）信号有 M 种频率取值：$f_c \pm \Delta f/2, f_c \pm 3\Delta f/2, \cdots, f_c \pm (M-1)\Delta f/2$，其中 f_c 为中心频率，Δf 为最小频率间隔。

根据带通信号的特性，MASK、MPSK 和 QAM 信号的功率谱是相应基带信号功率谱平移到载频的结果，它们的复包络可以表示为

$$g(t) = \sum_{n=-\infty}^{\infty} c_n h(t - nT_s) \tag{3.87}$$

式中，$c_n = x_n + \mathrm{j}y_n$ 是对应于第 n 个符号的复随机变量。当 c_n 为极性数据和 $h(t)$ 为矩形脉冲时，复包络随机信号的功率谱密度为

$$p_g(f) = K\left(\frac{\sin \pi f T_s}{\pi f T_s}\right)^2 \tag{3.88}$$

由 $P = \int_{-\infty}^{\infty} p_s(f)\mathrm{d}f = 2\int_{-\infty}^{\infty} \frac{1}{4} p_g(f)\mathrm{d}f = \frac{K}{2T_s}$ 可知，$K = 2PT_s$，其中 P 为多元信号功率。由式（3.88）可知，它们的零点-零点传输带宽和相应的频谱效率分别为

$$B_T = 2D = 2R_b/m, \eta = R_b/B_T = m/2 \tag{3.89}$$

式中，$m = \log_2 M$。若基带信号采用升余弦滤波器，带限于 $B = \frac{1}{2}(1+r)D$，则其传输带宽和相应的频谱效率为

$$B_T = 2B = (1+r)D, \eta = m/(1+r) \tag{3.90}$$

此时，MASK、MPSK 和 QAM 信号的传输带宽不随 M 的增加而改变，但其频谱效率

则正比于 $m = \log_2 M$。注意，频谱效率的单位为(bit/s)/Hz；实际通信系统的频谱效率还受限于香农公式给出的结果，即 $\eta < \eta_{\max} = \log_2(1 + S/N)$。

MFSK 的信号特性与 MASK、MPSK 和 QAM 明显不同。MFSK 信号可视为 M 种载频的 OOK 信号的叠加，其传输带宽可表示为

$$B_T = (M-1)\Delta f + 2B \tag{3.91}$$

实际中，为了保证 MFSK 信号相关器接收时符号之间互不影响，要求 MFSK 信号相互正交，即

$$\int_0^{T_s} \cos(2\pi f_i t)\cos(2\pi f_j t)\mathrm{d}t = \frac{\sin[2\pi(f_i - f_j)T_s]}{4\pi(f_i - f_j)} = 0 \tag{3.92}$$

则有 $\Delta f_{ij} = |f_i - f_j| = k/(2T_s)$，其中 $k = 1,2,\cdots$。因此，FSK 信号可被分辨（正确接收）的最小频率间隔为 $\Delta f = 1/(2T_s) = \frac{1}{2}D$，此时若取 $B = \frac{1}{2}D$（最小带宽），则 MFSK 信号的理论最小带宽和相应的频谱效率分别为

$$B_T = (M+1)\frac{D}{2}, \quad \eta = \frac{2\log_2 M}{M+1} \tag{3.93}$$

显然，MFSK 信号的带宽与 M 几乎成正比，其频谱效率会随着 M 的增加而减小。

3.5.4　多进制频带传输系统的误码性能

带通信号系统的误码性能可借助于频谱下变换后的等效基带系统加以分析，包括基于包络检波器的非相干检测和基于低通滤波器（LPF）或匹配滤波器（MF）的相干检测两种方案的性能。AWGN 信道的频带传输系统的误码性能可由系统的信噪比 E_b/N_0 表示。一般而言，多元信号频带传输系统的误码性能的准确计算是不容易的。多元信号系统的误码性能用符号错误概率（SER）P_E 表示，为了便于比较也可以用比特错误概率（BER）P_e 表示，它们之间的关系也难以用统一的表达式给出。对于 MASK、MPSK 和 QAM 信号系统，它们可采用格雷编码来降低比特损失，此时有 $P_e \approx P_E/\log_2 M$。当 M 很大时，MFSK 信号系统的误码性能关系可以表示为 $P_e = \dfrac{M}{2(M-1)}P_E \approx \dfrac{P_E}{2}$。下面给出 MASK、MPSK 和 QAM信号系统的最小符号错误概率的表达式。而对于 MFSK 系统，往往需借助于数值方法计算。与 MASK、MPSK 和 QAM 不同的是，MFSK 系统的符号错误概率随着 M 的增加反而减小。

MASK 信号系统的误码性能分析与多元基带 MPAM 信号类似。当码元（符号）电平的先验概率相同时，系统的最小符号错误概率为

$$P_E = \frac{2(M-1)}{M}Q\left(\sqrt{\frac{d_{\min}^2}{2N_0}}\right) = \frac{2(M-1)}{M}Q\left(\sqrt{\frac{6m}{M^2-1}\cdot\frac{E_b}{N_0}}\right) \tag{3.94}$$

式中，$d_{\min}$ 为星座点的最小间距，$d_{\min}^2 = \left(2\sqrt{E_{\min}}\right)^2 = \dfrac{12E_s}{M^2-1} = \dfrac{12mE_b}{M^2-1}$，$E_{\min}$ 为对应于最低电平的符号能量，E_b（或 $E_s = mE_b$）为平均每比特（或符号）的能量，$m = \log_2 M$。

对于 MPSK 信号系统，当 M 和 E_s/N_0 较大时，最小符号错误概率可近似表示为

$$P_E \approx 2Q\left(\sqrt{\frac{d_{\min}^2}{2N_0}}\right) = 2Q\left(\sqrt{2m \cdot \frac{E_b}{N_0}} \sin\frac{\pi}{M}\right) \tag{3.95}$$

式中，$d_{\min} = 2\sqrt{E_s}\sin\dfrac{\pi}{M}$。

具有矩形星座图的 QAM 信号在实际通信中应用广泛，其映射与判决规则简明，信号产生与接收较容易实现。在给定 $d_{\min}$ 条件下，矩形星座图 QAM 信号的平均能量接近（稍大于）最优值，其星座图等同于两路正交的多元 ASK 信号，可根据每路多元 ASK 信号的符号错误概率公式得到 QAM 系统的最小符号错误概率，即

$$P_E = 1 - [1 - P_{E,\mathrm{ASK}}^{(\mathrm{I})}][1 - P_{E,\mathrm{ASK}}^{(\mathrm{Q})}]$$

$$\leqslant 1 - \left[1 - 2Q\left(\sqrt{\frac{3E_s}{(M-1)N_0}}\right)\right]^2 \leqslant 4Q\left(\sqrt{\frac{3E_s}{(M-1)N_0}}\right) \tag{3.96}$$

式中，$P_{E,\mathrm{ASK}}^{(\mathrm{I})}$ 和 $P_{E,\mathrm{ASK}}^{(\mathrm{Q})}$ 分别为两路正交的多元 ASK 信号的符号错误概率。对于正方形星座图 QAM 信号系统，式（3.96）可具体表示为

$$P_E \leqslant 2P_{E,\mathrm{ASK}}^{(\mathrm{I})} = 2P_{E,\mathrm{ASK}}^{(\mathrm{Q})} = \frac{4(\sqrt{M}-1)}{\sqrt{M}}Q\left(\sqrt{\frac{3m}{M-1} \cdot \frac{E_b}{N_0}}\right) \tag{3.97}$$

图 3.30 给出了 $M = 16$ 时 MASK、MPSK、MQAM 和 MFSK 系统的误码性能[1]，可以看出，它们的误码性能依次变好。事实上，它们之间的这种差别会随着 M 的增大越加明显，MFSK 的误码性能会变得更好，但带宽利用率会越小。因此，MFSK 信号适合于带宽富裕的频带传输系统。通常，QAM 信号更适合 $M \geqslant 16$ 的多元频带传输系统；对于 MPSK 系统，可采用 BPSK 和 QPSK；MASK 的误码性能最差，用得较少。

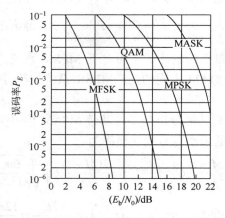

图 3.30　四种 16 进制频带调制系统的误码性能

参 考 文 献

[1]　　李晓峰. 通信原理[M]. 北京: 清华大学出版社, 2014.

[2]　　L W 库奇. 数字与模拟通信系统（第六版）[M]. 邵怀宗, 等译. 北京: 电子工业出版社, 2007.

[3]　　黎原平, 朱勇, 项鹏, 等. 数字光通信[M]. 北京: 电子工业出版社, 2011.

[4]　　DjordjevicIvan, WilliamRyan, BaneVasic. 光信道编码[M]. 白成林, 冯敏, 罗清龙, 译. 北京: 科学出版社, 2013.

第4章　光场的模拟调制

光场的模拟调制是指调制光场的调制信号取值连续（模拟）的光调制形式，调制信号可以是基带的，也可以是带通的。本章从模拟光调制的分类出发，研究模拟基带直接光强调制和光场射频调制的一般规律，重点分析光载无线（radio over fiber，ROF）和光正交频分复用（orthogonal frequency division multiplexing，OFDM）的光场调制和解调过程，包括实现原理、系统结构、关键技术及性能参数等。

4.1　模拟光调制的分类

数字化是通信系统发展的趋势，光场的数字调制显得越来越重要。然而，数字信号往往占有更多的带宽，高速的 ADC 或 DAC 器件成本也比较高。因此，现实中光场的模拟调制技术仍有其存在价值，如光纤有线电视（CATV）传输系统、光正交频分复用系统、射频信号的光纤传输等。光场的模拟调制是指调制光场幅度、频率、相位、偏振等参数的调制信号取值连续（模拟）的光调制形式，其中调制信号可以是基带的，也可以是带通的。

最简单的模拟调制技术是基带的模拟信号对光源进行直接光强调制，使输出光功率大小随模拟信号而变化，电光变换过程中光信号与信息之间保持良好的线性关系。另一种是采用预调制方式，先通过幅度调制、频率调制、相位调制等方法（或通过改变脉冲的宽度、位置、频率等参数）将基带调制信号搬移到电副载波上，再用已调的副载波对光源进行调制。由于传统意义上的载波是光载波，所以把受模拟基带信号预调制的 RF 电载波称为副载波（或子载波）。此外，从光调制的角度来看，频分复用光传输技术也是一种模拟光调制，包括：①副载波复用（SCM），即用每路（模拟/数字）基带信号分别对某个指定的射频（RF）电信号进行调幅（AM）或调频（FM），然后用混合器把多个预调 RF 信号组合成多路宽带信号，再用这种多路宽带信号对发射机光源进行光强调制。②光正交频分复用（OFDM），即采用 OFDM 信号对光载波进行调制，可分为相干检测光 OFDM（CO-OFDM）和直接检测光 OFDM（DO-OFDM）两大类。

评价模拟光传输系统的性能参数主要有信噪比（或载噪比）、带宽和非线性失真。在模拟光纤通信系统中，要求电/光转换过程中信号和信息之间保持线性关系。根据线性时不变系统无失真传输的条件，通带范围内光场的频域转移函数具有平坦的幅度响应和线性的相位关系（群时延为常数）。与数字通信系统相比，由于噪声的累积，模拟光传输系统对接收光功率要求较高，传输距离较短。因此，模拟光调制技术适合用于带宽有限且光功率预算充足的通信系统。

4.2　模拟基带直接光强调制

模拟基带直接光强调制（DIM）是用承载信息的模拟基带信号直接对发射机光源进行光强调制，使光源输出光功率随时间变化的波形与输入模拟基带信号的波形成比例。图 4.1 给出了模拟基带 DIM 光纤传输系统的框图[1]，包括光发射机、光纤线路和光接收机三个组成部分，也是一种模拟基带的强度调制-直接检测（IM-DD）光纤通信系统。其中，光发射机中的光源通常采用发光二极管（LED），光接收机采用半导体光电二极管（PIN）进行直接检测。

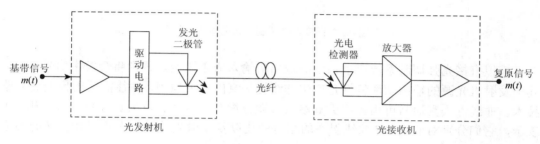

图 4.1　模拟基带直接光强调制（DIM）光纤传输系统

在模拟光强调制中，已调光信号的强度（或光功率）与调制信号呈线性关系。而直接调制则意味着输出光的强度是通过改变激光器（LD）或发光二极管（LED）的驱动电流来实现的。LED 光源通常具有较好的输入、输出线性特性，假设模拟基带调制信号为正弦信号，当驱动电流为 $I = I_b(1 + m\cos\omega t)$ 时，LED 的输出光功率可表示为

$$P = P_0(1 + m\cos\omega t) \tag{4.1}$$

式中，ω 为正弦调制信号的角频率；m 为光调制度；I_b 为偏置电流；P_0 为平均输出光功率。LED 输出的光经过光纤传输后输入到光接收机，接收光功率可表示为

$$P_{in} = P_R(1 + m\cos\omega t) \tag{4.2}$$

式中，P_R 为光接收机接收的平均光功率，P_R 的单位为 mW。

光接收机可将输入光功率变换为光电流输出，包括信号和噪声两部分组成，如图 4.2 所示。对于 PIN 光接收机，输出的正弦信号的归一化平均功率为 $\langle i_s^2 \rangle = (mRP_R)^2/2$，$R$ 为探测器响应度。输出的噪声主要包括：①信号电流和暗电流 I_d 产生的散粒噪声，其归一化功率为 $\langle i_{sh}^2 \rangle = 2e(RP_R + I_d)B_e$，$B_e$ 为等效噪声带宽；②由负载电阻 R_L 和后继放大器输入阻抗产生的热噪声，其归一化功率为 $\langle i_T^2 \rangle = 4kTF_nB_e/R_L$，其中 $k = 1.38\times10^{-23}$ J/K 为玻耳兹曼常量，T 为等效噪声温度，F_n 为放大器的噪声系数。于是，PIN 光接收机的输出信噪比为

$$SNR = \frac{\langle i_s^2 \rangle}{\langle i_{sh}^2 \rangle + \langle i_T^2 \rangle} = \frac{(mRP_R)^2/2}{2eRP_RB_e + 2eI_dB_e + (4kT/R_L)F_nB_e} \tag{4.3}$$

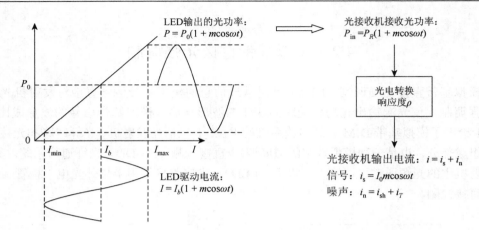

图 4.2 直接光强调制与光电检测过程

模拟直接光强调制系统要求系统的输出与输入成正比例，否则将会发生信号失真，其中发射机光源的输出功率特性是产生非线性失真的主要原因，往往需采用预失真补偿技术。非线性失真通常可由幅度失真参数（微分增益）以及相位失真参数（微分相位）表示，它们分别对应于 $P\text{-}I$ 曲线斜率的相对变化以及发射光功率 P 与驱动电流 I 的相位延迟差。

对于模拟基带 DIM 光纤传输系统，其传输距离大多受限于光纤的传输损耗。若已知发射光功率 P_t（dBm）、接收灵敏度 P_r（dBm）和光纤线路损耗系数 α（dB/km），则损耗受限系统的传输距离 L（km）为

$$L = \frac{P_t - P_r - M}{\alpha} \tag{4.4}$$

式中，α 为光纤线路（包括光纤、连接器和接头）的平均损耗系数；M 为系统余量，dBm。

实际上，光纤色散也会导致脉冲展宽，影响系统带宽或比特速率。对于工作在短波长的 LED 光源（多模光纤系统），光纤的色散包括模式色散和色度色散。受限制于模式色散的光纤线路带宽为 $B_m = B_1/L$（保守取值），其中 B_1 为光纤系统带宽与距离的乘积（容量），即单位长度光纤带宽（单位为 MHz·km）。受限于色度色散的光纤带宽为 $B_c(\text{MHz}) \approx 440/(D_c\Delta\lambda \cdot L \cdot 10^{-3})$，其中 D_c 为色度色散系数[ps/(nm·km)]，$\Delta\lambda$ 为光源 FWHM 谱线宽度（nm）。根据各种色散对总脉冲展宽的影响，可得整个光纤系统的总带宽为

$$B(\text{MHz}) = (B_m^{-2} + B_c^{-2})^{-1/2} = B_1 L^{-1}\sqrt{1 + (2.27 \times 10^{-6} D_c\Delta\lambda B_1)^2} \tag{4.5}$$

4.3 光场的射频调制

射频（RF）信号可以由数字或模拟基带信号调制射频载波得到，如数字调制的 OOK、PSK、FSK 以及模拟调制的 AM、PM、FM 等信号格式，还可以是副载波复用或正交频分复用的射频信号。理论上讲，RF 信号也可以对光场的各种参量进行调制，从而达到用光纤传输 RF 信号的目的。实际中，通常采用幅度或者光强调制的方式将 RF 信号加载到光

载波上,从而获得双边带(DSB)、单边带(SSB)和光载波抑制(OCS)的光调制格式。下面讨论如何用 MZM 光调制器获得这些调制格式,并分析群速色散对它们的影响。

一个输入光场信号 $E_{\text{in}}(t)$ 经过由 Y 分支器组成的单入单出 MZM,其输出光场可以表示为[2]

$$E_{\text{out}}(t) = \frac{1}{2} E_{\text{in}}(t)(\text{e}^{\text{j}\varphi_1} + \text{e}^{\text{j}\varphi_2}) = E_{\text{in}}(t)\cos\frac{\varphi_2 - \varphi_1}{2}\exp\left(\text{j}\frac{\varphi_1 + \varphi_2}{2}\right) \tag{4.6}$$

式中,$\varphi_i = \dfrac{\pi}{V_\pi}[v_i(t) + V_i](i = 1,2)$ 表示 MZM 上下臂引入的相位变化;$v_i(t)$ 和 V_i 分别为相应的 RF 调制信号和偏置电压。调制器两臂的直流偏置电压之差 $V_b = V_2 - V_1$,称为调制器的偏置电压。实际中,射频信号往往通过一个射频端口加载到光调制器,并使其工作在推挽(push-pull)模式下,即 $v(t) = v_2(t) = -v_1(t)$。于是,式(4.6)可化为

$$E_{\text{out}}(t) = E_{\text{in}}(t)\cos\left\{\frac{\pi}{2V_\pi}[2v(t) + V_b]\right\}\exp\left[\text{j}\frac{\pi}{2V_\pi}(V_1 + V_2)\right] \tag{4.7}$$

更一般地,在如图 4.3 所示的双臂驱动模式下,设 RF 调制信号分别为

$$\begin{cases} v_1(t) = V_m\cos(\omega_{\text{RF}}t + \theta_1) \\ v_2(t) = V_m\cos(\omega_{\text{RF}}t + \theta_2) \end{cases} \tag{4.8}$$

注意,两臂上的调制信号之间有一个相位延迟 $\Delta\theta = \theta_2 - \theta_1$,$V_m$ 为射频频率为 ω_{RF} 的调制电压信号幅度。设输入到 MZM 的光场为 CW 光场,即 $E_{\text{in}}(t) = A\text{e}^{\text{j}\omega_c t}$,则单入单出 MZM 的输出光场为

$$\begin{aligned} E_{\text{out}}(t) &= \frac{A}{2}\text{e}^{\text{j}\omega_c t}\left[\text{e}^{\text{j}\frac{V_1\pi}{V_\pi}}\text{e}^{\text{j}\frac{V_m\pi}{V_\pi}\cos(\omega_{\text{RF}}t + \theta_1)} + \text{e}^{\text{j}\frac{V_2\pi}{V_\pi}}\text{e}^{\text{j}\frac{V_m\pi}{V_\pi}\cos(\omega_{\text{RF}}t + \theta_2)}\right] \\ &= \frac{A}{2}\left[\sum_{n=-\infty}^{+\infty}\text{j}^n\text{e}^{\text{j}(n\theta_1 + V_1\pi/V_\pi)}C_n J_n\left(\frac{V_m\pi}{V_\pi}\right)\text{e}^{\text{j}(\omega_c + n\omega_{\text{RF}})t}\right] \end{aligned} \tag{4.9}$$

式中,$J_n(\cdot)$ 为 n 阶第一类贝塞尔函数,$C_n = 1 + \text{e}^{\text{j}(n\Delta\theta + \pi V_b/V_\pi)}$。显然,输出光场由一系列的 $(\omega_c + n\omega_{\text{RF}})$ 频率分量组成,分量大小与 $C_n J_n$ 成正比。经过适当的带通滤波器滤波后,可获得只包含 $\omega = \omega_c, \omega_c \pm \omega_{\text{RF}}$ 成分的光信号,即

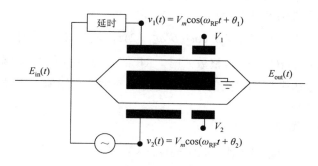

图 4.3 MZM 的双臂驱动模式

$$E_{\text{out}}(t) = \frac{A}{2}[C_0 J_0 e^{j\omega_c t} + jC_1 J_1 e^{j(\omega_c + \omega_{\text{RF}})t} - jC_{-1}J_{-1}e^{j(\omega_c - \omega_{\text{RF}})t}] \tag{4.10}$$

进一步地，改变调制器的偏置电压 $V_b = V_2 - V_1$ 或相位延迟 $\Delta\theta = \theta_2 - \theta_1$，可得到不同调制格式的光信号，如表 4.1 所示。

表 4.1　不同调制格式的光信号产生

	$\Delta\theta = \pi$，$V_b = V_\pi$	$\Delta\theta = \pi$，$V_b = V_\pi/2$	$\Delta\theta = \pi/2$，$V_b = V_\pi/2$
$n = 0$	$C_0 = 0$	$C_0 = 1+j$	$C_0 = 1+j$
$n = 1$	$C_1 = 2$	$C_1 = 1-j$	$C_1 = 0$
$n = -1$	$C_{-1} = 2$	$C_{-1} = 1-j$	$C_{-1} = 2$
调制格式	光载波抑制（OCS）	双边带（DSB）	单边带（SSB）

光调制器输出的光信号经过光纤传输后，可由光电探测器接收，并转换为光电流，其大小正比于接收到的光功率，即

$$I(t) \propto \frac{A^2}{4}\left|C_0 J_0 e^{j(\omega_c t - \beta_0 z)} + jC_1 J_1 e^{j[(\omega_c + \omega_{\text{RF}})t - \beta_1 z]} - jC_{-1}J_{-1}e^{j[(\omega_c - \omega_{\text{RF}})t - \beta_{-1}z]}\right|^2$$

$$= \frac{A^2}{4}\left\{\begin{array}{l} |C_0 J_0|^2 + |C_1 J_1|^2 + |C_{-1}J_{-1}|^2 \\ +2\,\text{Re}\left[-jC_0 J_0 C_1^* J_1^* e^{j[(\beta'\omega_{\text{RF}} + \beta''\omega_{\text{RF}}^2/2)z - \omega_{\text{RF}}t]}\right] \\ +2\,\text{Re}\left[jC_0 J_0 C_{-1}^* J_{-1}^* e^{j[(-\beta'\omega_{\text{RF}} + \beta''\omega_{\text{RF}}^2/2)z + \omega_{\text{RF}}t]}\right] \\ +2\,\text{Re}\left[-C_1^* J_1^* C_{-1}^* J_{-1}^* e^{j[(-2\beta'\omega_{\text{RF}})z + 2\omega_{\text{RF}}t]}\right] \end{array}\right\} \tag{4.11}$$

式中，β_i $(i = 0, \pm 1)$ 为相应频率分量的传播常数；β' 和 β'' 分别为 $\omega = \omega_c$ 处传播常数 β 对频率 ω 的一阶和二阶导数；z 为光信号传输距离。滤除式（4.11）中的直流和倍频分量，可得频率为 ω_{RF} 的射频电流信号，即

$$I_{\text{RF}}(t) \propto \frac{A^2}{2}\text{Re}\left\{-jC_0 J_0 J_1^* e^{j(\beta''\omega_{\text{RF}}^2/2)z}\left[\begin{array}{l} C_1^* e^{j(\beta'\omega_{\text{RF}}z - \omega_{\text{RF}}t)} \\ +C_{-1}^* e^{-j(\beta'\omega_{\text{RF}}z - \omega_{\text{RF}}t)} \end{array}\right]\right\} \tag{4.12}$$

由式（4.12），并借助于表 4.1，可得到如下结论[3,4]：

（1）对于双边带光信号（$C_1 = C_{-1}$），

$$I_{\text{RF}}(t) \propto 2A^2 J_0 J_1 \cos[(\beta''\omega_{\text{RF}}^2/2)z]\cos[\omega_{\text{RF}}(t - \beta'z)] \tag{4.13}$$

当 $(\beta''\omega_{\text{RF}}^2/2)z = (2m-1)\pi/2$（$m$ 为整数）时，RF 信号的振幅为 0，即无法恢复 RF 信号。因此，群速色散对双边带调制格式的 RF 信号传送产生严重影响，会导致信号随传输距离周期性地出现衰落现象。

（2）对于单边带光信号（$C_1 = 0$），

$$I_{\text{RF}}(t) \propto A^2 \text{Re}\{(1-j)J_0 J_1^* e^{j(\beta''\omega_{\text{RF}}^2/2)z}e^{j\omega_{\text{RF}}(t-\beta'z)}\} \tag{4.14}$$

可见，色散只对单边带光载无线信号的相位产生影响，不影响幅度。

（3）对于光载波抑制信号（$C_0 = 0$），$I_{RF}(t) = 0$，也就是说，采用光电探测器直接检测的方式，不能采用 OCS 调制格式传送 RF 信号。

上面分析中，忽略了色散对某个边带信号单独的影响。实际中，当光纤距离或基带信号速率增大到一定程度后，色散也会对光载波抑制调制格式产生影响，可根据式（4.9）进行类似分析。

4.4　光载无线（ROF）技术

4.4.1　ROF 的兴起

当电磁波频率低于 100 kHz 时，电磁波会被地表吸收，不能形成有效的传输；高于 100 kHz 的电磁波可以在空气中传播，并经大气层外缘的电离层反射，形成远距离传输能力。人们把具有远距离传输能力的高频电磁波称为射频（radio frequency，RF）。射频并没有严格的定义，可以泛指辐射到空间的电磁频率。射频技术在无线通信领域中被广泛使用。将模拟或数字的电信息源对高频电流进行调制（调幅或调频），可形成射频信号，经过天线发射到空中，远端接收后解调出原来的电信息，这一过程称为无线传输。为了进一步提高信息传输质量，并兼顾原有的无线设备，人们采用高频传输线缆（射频线）或光纤等进行射频传输。

目前，移动无线通信技术已演进到第 4 代（4G），可在 3 GHz 频段上提供 100 Mbps 的通信速率。根据通信原理知识，载波频率越高，可传输的信息带宽越大。要实现大于 1 Gbps 以上的数据通信速率，载波频率要达到几十 GHz，即毫米波频段（30～300 GHz）。由于电磁波损耗会随着工作频率增加，再用传输线方式进行毫米波的有效传输很困难，此时可采用光载无线（radio over fiber，ROF）技术。

ROF（radio over fiber）技术是一种光与微波相结合的通信技术，希望利用光纤的低损耗、高带宽特性，提升无线接入网的带宽。或者说，ROF 技术是应高速大容量无线通信需求，将光纤通信与无线通信相融合的无线接入技术，可以充分发挥光纤接入和无线接入各自的优势。利用光纤作为传输链路，具有低损耗、高带宽和防止电磁干扰的特点；而无线接入则可以给用户带来无处不在的方便快捷服务，且免去了铺设光纤的昂贵费用。正是这些优点，使得 ROF 技术在未来无线宽带通信、卫星通信以及智能交通系统等领域有着广阔的应用前景。另外，无论从技术、政策还是市场驱动上看，技术、网络和业务的融合成为今后电信业的主旋律和必然趋势。正交频分复用（OFDM）技术具有抗干扰能力强、频谱效率高、传输容量大等特点，它与 ROF 的结合，包括 OFDM 信号的产生、RF 信号的调制、光信号的产生与接收、RF 信号的恢复、OFDM 信号解调等关键技术，必将在未来的 5G 无线接入网中发挥重要作用。

ROF 应用主要包括[5, 6]：①在移动通信网络中心站（central station，CS）和远端天线单元（remote antenna unit，RAU）之间实现信号的低损耗传输和良好信噪比接收，包括移动交换中心（MSC）与基站之间，或者基站控制器（BSC）与基站收发信台（BTS）之间的传输。②ROF 技术还可以灵活地应用于室内分布系统。例如，可以将一个专用的微蜂窝基站放置在大楼里的合适位置，然后用分布天线系统完成基站到天线的射频信号传输，从而为移动用户提供无缝接入。③在智能交通系统中，利用 ROF 技术实现中心站与基站之间大量信息的传送，为移动终端提供语音、数据和多媒体服务，如高速行驶条件下的实时视频服务；还可以实时监控交通车流量，有效地避免交通事故等。

4.4.2　ROF 系统与关键技术

ROF（radio over fiber）系统就是将光纤作为传输媒质来传输无线信号的一种传输系统，其中系统的输入或输出端为射频。由于光波上承载的是射频信号，所以 ROF 也是一种模拟光传输系统，发送、传输和接收技术都是针对模拟信号的。ROF 系统主要由中心站（CS）、光纤链路和远端接入点（AP）或基站（BS）三部分组成，其基本实现结构如图 4.4 所示。中心站将无线或射频信号调制到光波上，通过光纤传播到基站，再由基站进行光电转换恢复为无线或射频信号，并通过天线发送给用户。同时，用户终端也可以通过 ROF 系统向服务提供商提出服务请求，实现双向交互通信。中心站负责整个通信系统中的路由、交换、无线资源分配及某些基带或射频信号处理等功能。中心站可以直接通过模拟调制方式将空中传播的射频信号加载到光波上，光波到达基站后只需通过光电转换器（即光电探测器）解调出原来的射频信号，然后通过射频发射单元（包括匹配电路和天线等）发送给用户。ROF 的初衷就是让复杂的射频信号处理过程在中心站进行，从而使基站部分变得十分简单、成本更低（无须本地振荡器和变频器等），这样可以布设更多的基站以支持未来移动通信网络所需的更小小区（微蜂窝或微微蜂窝）。

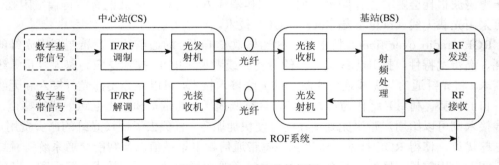

图 4.4　ROF 系统结构框图

在 ROF 光纤链路上，传输的信号可以是微波中频副载波，也可以是毫米波射频（RF）副载波。ROF 系统上行链路是指信息从无线终端到中心站的链路，下行链路中信号的流向与上行链路相反。在中频副载波方式中，要求基站从中频上变频到毫米波频率（下行）或从毫米波频率下变频为中频（上行）；在毫米波射频副载波方式中，基站设备是最为简单的，但需要毫米波电光调制器（EOM），中心站也需要进行相应的光/电（O/E）转换。与传统的数字光纤传输链路不同，ROF 系统承载的是模拟微波信号，对光器件的性能以及链路自身的色散、非线性效应等要求更为苛刻。目前，对于 ROF 技术的研究仍然集中在物理层上，例如基于微波光子学的毫米波信号源产生，光调制器、滤波器的特性分析与改进，光纤链路的色散控制，以及基站中光载波的再利用等。

RF 信号的产生主要包括上行链路中光信号的产生和下行链路中 RF 信号的产生两个方面。当 RF 信号工作的频段不高时（如 2.4 GHz 或 5 GHz 频段），一般都采用直接光调制技术，否则需采用间接光调制技术（如 60 GHz 频段）。RF 信号产生方案主要有（高频或中频）副载波调制、中频上转换、光外差拍频技术等，其中调制和光外差是 RF 信号产生技术的主流，如图 4.5 所示。由于通信是双向的，所以中心站（CS）和基站（BS）均可以采用调制技术生成 RF 信号。光外差法只能在基站（BS）内通过微波光子学方法生成 RF 信号。光外差方法是把要传输的信息调制到光载波上，并与另一路光载波耦合在一起经单模光纤传输，两个光载波的频率间隔在 RF 频率范围，最后通过外差原理产生 RF 信号。

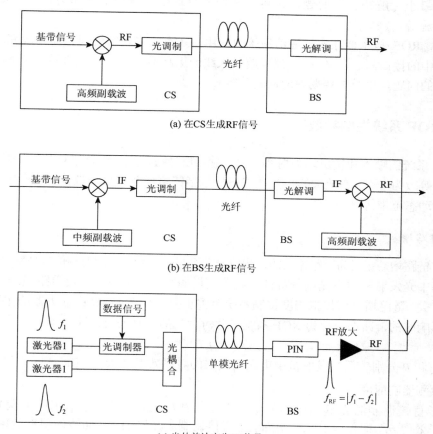

(a) 在 CS 生成 RF 信号

(b) 在 BS 生成 RF 信号

(c) 光外差法产生 RF 信号

图 4.5　几种 RF 信号产生方案

光信号的接收主要利用光检测器通过直接检测恢复 RF 信号。最常用的光检测器有两类，即 PIN 型光电二极管（PIN-PD）和雪崩光电二极管（APD）。RF 信号被恢复出来后通过放大器放大并传给天线，然后被发送到无线终端。随着微波光子学和 ROF 技术的发展，高速光电转换方面也取得了很大进展，光电探测器的速率已经达到数百吉赫兹，并具有很高的饱和增益，有助于高功率电平下微波/毫米波调制的光学信号直接转化为相应电磁波。例如，UTC-PD 探测器（uni-traveling-carrier waveguide photodiode）可实现高迁移率的电子输运，大大提高了响应速率，还可以与毫米波发射天线集成在一起。

ROF 系统中光纤的色散是影响系统性能最主要的因素。目前应用最多的 ROF 系统中，光纤链路上传输的信号大都是毫米波 RF 信号，当 RF 信号副载波频率较高时，光纤的色散对 ROF 信号传输的影响不容忽视。ROF 信号的调制方式不同，色散所导致的衰减情况也不尽一样。对于 RF 信号直接调制激光器的情形，可以采用单边带（SSB）和双边带（DSB）幅度调制两种方式。另外，ROF 通信技术又可以分别采用单波长调制和多波长调制，这样可以组合出单波长 DSB、单波长 SSB、双波长 DSB、双波长 SSB 四种调制方式。研究表明，当采用单波长 SSB 调制方式时，ROF 信号的色散所导致的衰减最小。解决色散问题，也可以采用光纤通信系统中的典型方法，比如引入色散补偿措施等。

当然，ROF 技术要在实际通信系统中应用，还有许多现实的问题需要研究。例如：网络融合中的接口问题，MAC 协议问题，天线的更高增益问题，高速移动在微微蜂窝中频繁切换的问题，以及多普勒效应问题等等。

4.4.3　ROF 系统性能参数

ROF 系统的输入和输出均为射频信号，射频信号通过光纤链路进行传输。因此，ROF 系统可以等效为一个 RF 放大器，其性能指标包括链路增益、系统带宽、噪声指数、非线性失真、动态范围等[3]。

1. 链路增益

ROF 链路增益定义为链路输出的射频信号功率与输入到链路的射频信号功率之比，它与系统链路中光发射机的电光调制特性、光接收机的光电转换效率以及电路/光路中的放大器增益有关。链路增益对模拟强度调制系统至关重要。不考虑链路中放大器的作用和光纤损耗的影响时的链路增益称为 ROF 系统（背对背）的固有增益，即

$$G_0 = \eta_S^2 R^2 \tag{4.15}$$

式中，η_S 和 R 分别表示光发射机中电光调制器的斜率效率（slope efficiency）和光接收机中光电检测器响应度。

对于直接调制激光器，在阈值电流以上，$P\text{-}I$ 曲线的斜率效率正比于激光器的外微分量子效率 η_d，即 $\eta_S = dP/dI = \eta_d h\nu/e$。直接调制激光器的 $P\text{-}I$ 曲线的斜率效率为 $0.1\sim 0.32$ W/A。有实验表明，采用激光器串联的方式可以提高斜率效率，其中加载到每个激光器的注入电流相同，级联激光器阵列的斜率效率可以看成每个激光器的斜率效率的简单叠加，级联激光器的数目受限于总阻抗的设计要求。还可以采用阻抗匹配技术，用无损耗的感性和容性电路代替传统有损耗的电阻电路，通过适当减小调制带宽来获取更大的链路增益。

2. 系统带宽

ROF 系统带宽是指系统所能传输的最大信号带宽，会随着 RF 副载波频率的增大而增大。采用 OOK 射频信号对光导波进行光强调制时，所需的 ROF 系统带宽（ROF 信号带宽）为

$$B_{\mathrm{ROF}} = 2f_{\mathrm{RF}} + B_{\mathrm{OOK}} \qquad\qquad (4.16)$$

式中，B_{OOK} 为 OOK 信号带宽，f_{RF} 为副载波频率。

ROF 系统带宽往往取决于光调制器和光电探测器的响应带宽。目前，70 GHz 响应带宽的 PIN 光电探测器已比较常见。

3. 噪声指数

总的噪声是一个随机过程，包括只有信号存在时才会被引入的乘性分量和一直存在的加性分量。在 ROF 系统中，噪声主要来源于激光器光子自发或受激随机辐射引起的相对强度噪声（Relative Intensity Noise，RIN）、由信号电流和暗电流引起的光电探测器散弹噪声、电放大器和负载电路中导体自由电子的布朗运动引起的热噪声。此外，当光链路中有光放大器时，还需要考虑自发辐射光与信号之间的差拍噪声。

实际半导体激光器发出的光信号强度随时间发生变化，其强度变化 $\delta P(t)$ 的自相关函数的傅里叶变换称为相对强度噪声（RIN），RIN 的频谱密度（单位 dB/Hz）为

$$C_{\mathrm{RIN}}(f) = \int_{-\infty}^{\infty} \frac{\langle \delta P(t) \cdot \delta P(t+\tau) \rangle}{\overline{P}^2} \mathrm{e}^{-\mathrm{j}2\pi f \tau} \mathrm{d}\tau \qquad\qquad (4.17)$$

式中，$\delta P(t) = P(t) - \overline{P}$，$\overline{P} = \langle P(t) \rangle$。RIN 是激光器谐振腔内载流子和光子密度随机起伏产生的噪声，光接收机会将这种强度噪声转变成电流噪声而叠加在散弹噪声和热噪声上，从而引起接收机灵敏度下降。与模拟基带光强调制不同，副载波复用光纤传输系统中需要考虑激光器相对强度噪声（RIN）。

若光接收机的电带宽为 B_{e}，则散弹白噪声、放大器热噪声、激光器相对强度噪声的噪声功率分别为 $\langle i_{\mathrm{sh}}^2 \rangle = 2e(RP_{\mathrm{R}} + I_{\mathrm{d}})B_{\mathrm{e}}$，$\langle i_{\mathrm{T}}^2 \rangle = 4kTF_{\mathrm{n}}B_{\mathrm{e}}/R_{\mathrm{L}}$，$\langle i_{\mathrm{RIN}}^2 \rangle = C_{\mathrm{RIN}}(RP_{\mathrm{R}})^2 B_{\mathrm{e}}$，其中 R 为光电探测器的响应度，P_{R} 为平均接收光功率，C_{RIN} 为半导体激光器的相对强度噪声系数。典型的 RIN 系数为 $-150 \sim -165$ dB/Hz。

噪声指数（Noise Figure）定义为系统信噪比的劣化，即

$$NF = 10\lg(\mathrm{SNR}_{\mathrm{in}}/\mathrm{SNR}_{\mathrm{out}}) \qquad\qquad (4.18)$$

4. 非线性失真

模拟光纤传输系统要求系统输出信号与输入信号呈线性关系，否则就会出现非线性失真。ROF 系统的非线性失真主要源于系统元器件（如电光调制器和光电检测器等）的非线性特性[7]。

设输入信号为单一频率的余弦信号 $u_{\mathrm{i}} = V_0 \cos \omega_0 t$，利用了三角函数的二倍角公式（$\cos 2\alpha = 2\cos^2 \alpha - 1$）和三倍角公式（$\cos 3\alpha = 4\cos^3 \alpha - 3\cos \alpha$），可得器件或系统的输出 u_{o} 与输入 u_{i} 之间的关系式：

$$u_o = C_0 + C_1 u_i + C_2 u_i^2 + C_3 u_i^3 + \cdots$$

$$= \left(C_0 + \frac{1}{2} C_2 V_0^2 \right) + \left(C_1 V_0 + \frac{3}{4} C_3 V_0^3 \right) \cos \omega_0 t \tag{4.19}$$

$$+ \frac{1}{2} C_2 V_0^2 \cos 2\omega_0 t + \frac{1}{4} C_3 V_0^3 \cos 3\omega_0 t + \cdots$$

式中，$C_{0,1,2,3,\cdots}$ 为泰勒级数展开系数（常数）。显然，系统输出中出现了 $2\omega_0$、$3\omega_0$ 等谐波分量，称为谐波失真。基频输入信号的电压增益为

$$g_u = \frac{u_o(\omega_0)}{u_i(\omega_0)} = C_1 + \frac{3}{4} C_3 V_0^2 \tag{4.20}$$

当 C_3 取负值时，系统增益会随着电压 V_0 的增加而减小，这对应于放大器的增益压缩或饱和现象。放大器的线性动态范围可由 1 dB 压缩点来定义，其中 1 dB 压缩点是指实际输出功率相对于理想的线性输出功率下降 1 dB 时所对应的工作点。

为了进一步说明交调/互调非线性失真，可采用双频法进行分析。设输入信号为 $u_i = V_1 \cos \omega_1 t + V_2 \cos \omega_2 t$，则系统的输出为

$$u_o = \underbrace{\left(C_0 + \frac{1}{2} C_2 V_1^2 + \frac{1}{2} C_2 V_2^2 \right)}_{\text{直流分量}} + \underbrace{\left(C_1 V_1 + \frac{3}{4} C_3 V_1^3 \right) \cos \omega_1 t + \left(C_1 V_2 + \frac{3}{4} C_3 V_2^3 \right) \cos \omega_2 t}_{\text{线性输出信号与增益饱和现象}}$$

$$+ \underbrace{\frac{1}{2} C_2 V_1^2 \cos 2\omega_1 t + \frac{1}{2} C_2 V_2^2 \cos 2\omega_2 t + \frac{1}{4} C_3 V_1^3 \cos 3\omega_1 t + \frac{1}{4} C_3 V_2^3 \cos 3\omega_2 t}_{\text{谐波分量}}$$

$$+ \underbrace{C_2 V_1 V_2 \left[\cos(\omega_1 - \omega_2) t + \cos(\omega_1 + \omega_2) t \right]}_{\text{二阶和差频分量}}$$

$$+ \underbrace{\frac{3}{2} C_3 V_1 V_2^2 \cos \omega_1 t + \frac{3}{2} C_3 V_1^2 V_2 \cos \omega_2 t}_{\text{交调产物}} \tag{4.21}$$

$$+ \underbrace{\frac{3}{4} C_3 V_1^2 V_2 \cos(2\omega_1 + \omega_2) t + \frac{3}{4} C_3 V_1 V_2^2 \cos(2\omega_2 + \omega_1) t}_{\text{三阶和频分量}}$$

$$+ \underbrace{\frac{3}{4} C_3 V_1^2 V_2 \cos(2\omega_1 - \omega_2) t + \frac{3}{4} C_3 V_1 V_2^2 \cos(2\omega_2 - \omega_1) t}_{\text{互调产物}} + \cdots$$

其中直流分量、二阶和/差频分量以及三阶和频分量在信号通带之外，可通过滤波器滤掉；三阶交调产物会使信号增益进一步压缩，三阶交调和互调产物会落在输入信号频带内，不容易被抑制，从而引起串扰失真。线性输出的平均功率曲线 $P_{\omega_1} = \frac{1}{2}(C_1 V_0)^2$ 与三阶互调转移曲线 $P_{2\omega_1 - \omega_2} = \frac{1}{2} \left(\frac{3}{4} C_3 V_0^3 \right)^2$ 的延长线交点，称为三阶截断点，它对应的输入信号电压为 $V_0 = V_T = \sqrt{\dfrac{4C_1}{3C_3}}$，三阶截断点的输出功率为 $P_T = \dfrac{2C_1^3}{3C_3}$。

需指出的是，上述分析方法具有通用性，可用于分析基带传输系统、频带传输系统和光导波系统的增益饱和（单频法）、非线性失真（双频法）特性，三种系统对应的输入信号频率分别为低频（音频）、射频或光频。

5. 动态范围

当输出信号中的噪声和非线性失真不会对原来输入信号产生太大劣化时，所对应的输入功率范围称为系统的动态范围。实际中，动态范围的低端由噪声或 SNR 所限，高端由非线性失真程度所限。当输入、输出信号功率或电压用 dB 表示时，由前面的分析可知，① 理想线性放大器的转移特性曲线斜率为 1（输出电压正比于输入电压 V_0），因此可利用线性输出功率分析输入动态范围，例如，线性动态范围也可定义为从噪声功率到 3 dB 压缩点，也可以定义 1 dB 压缩点的线性动态范围；② 三阶失真产物的转移曲线斜率为 3，其输出电压正比于输入电压 V_0 的立方（$V_1 = V_2 = V_0$）；③ 相应转移特性曲线的截距反映了线性增益和三阶失真的大小，如图 4.6 所示[8]。

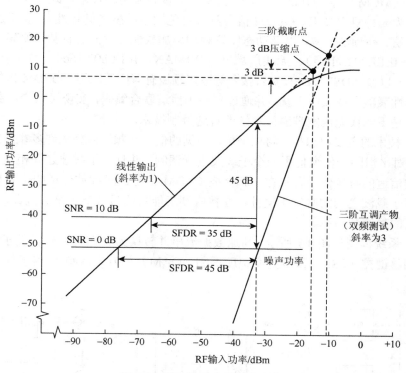

图 4.6　无杂散动态范围的定义

下面利用线性转移特性曲线分析无杂散动态范围（spur free dynamic range，SFDR）。若要求输出信号功率大于输出噪声功率，三阶失真功率小于输出噪声功率，则 SFDR 可表示为

$$\text{SFDR}_0 = 10\lg \frac{P_{\omega_1}}{P_{2\omega_1 - \omega_2}}\bigg|_{P_{2\omega_1 - \omega_2} = P_N} = \frac{2}{3} \times 10\lg\left(\frac{P_T}{P_N}\right) = \frac{2}{3}(10\lg P_T - 10\lg P_N) \qquad (4.22)$$

式中，P_N 为噪声功率；P_T 为三阶截断点的输出功率，SFDR_0 的下标"0"表示输出信噪比 $\text{SNR}_{\text{out}} \geqslant 0\,\text{dB}$。在实际应用中，若要求输出信噪比 $\text{SNR}_{\text{out}} \geqslant \alpha(\text{dB})$，则动态范围会减小 $\alpha\,\text{dB}$，即 $\text{SFDR}_\alpha = \text{SFDR}_0 - \alpha$。有时也用单位带宽上的噪声功率（噪声功率谱）来表示无杂散动态范围，即 $\text{SFDR} = (P_T/P_N)^{2/3}$，其对数单位为 $\text{dB} \cdot \text{Hz}^{2/3}$。例如，传统的直接调制器的 SFDR 可达到 $90 \sim 112\,\text{dB} \cdot \text{Hz}^{2/3}$（以 $\text{dB} \cdot \text{MHz}^{2/3}$ 单位时需减去 40）。

4.5　光正交频分复用

4.5.1　正交频分复用原理

多载波传输系统是通过把数据流分解为若干个子比特流，每个低比特率的子数据流与低速率多状态符号一一对应，再分别调制相应的子载波，从而构成多个低速率符号并行发送的传输系统。多载波传输技术包括正交频分复用（OFDM）、离散多音调制（DMT）和多载波调制（MCM）等。OFDM 作为一种特殊的多载波传输技术，既可视为一种调制技术，也可视为一种复用技术。OFDM 信号具有对色散不敏感（健壮性）、易于进行动态信道估计和补偿、高频谱效率，以及动态比特和功率加载能力等固有优势，使其在无线局域网（Wi-Fi，IEEE802.11a/g）、无线广域网（WIMAX，IEEE802.16e）、数字音/视频系统（DAB/DVB）以及 ADSL/VDSL 宽带接入等诸多领域有着广泛应用。OFDM 能够有效地对抗频率选择性衰落和载波间干扰，并通过将各子信道联合编码，实现子信道的频率分集作用，被认为是下一代无线宽带通信系统的首选调制技术。

OFDM 技术的主要思想是，将原来传输数据的信道在频域内分成许多并行传输的子信道，每个相对平坦的子信道使用一个子载波进行调制，并且各子载波之间相互正交，多个正交子载波信道的时域信号叠加在一起合成 OFDM 信号。子载波信道的信号频谱相互混叠，但由于子载波之间的时域正交性，在接收端仍能将信号分离出来。因此，OFDM 系统具有更高的频谱利用率。

OFDM 系统框图如图 4.7 所示。高速数据流串并转换为 N 路速率较低的子数据流，可分别采用相移键控（PSK）或者正交幅度调制（QAM）等方式调制 N 路子载波，合路后

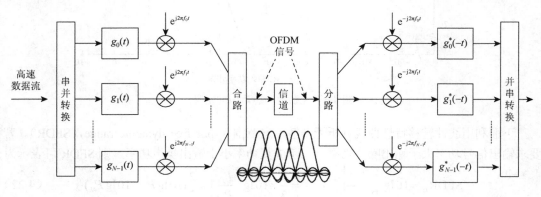

图 4.7　OFDM 系统框图

产生 OFDM 符号。一个 OFDM 符号由多个经数字调制的子载波信号叠加而成，在一个
OFDM 符号周期 T_s 内，它可以表示为如下形式：

$$s(t) = \sum_{k=0}^{N-1} g_k(t) e^{j2\pi f_k t}, \ 0 \leqslant t \leqslant T_s \tag{4.23a}$$

式中，N 为子载波数，$f_k = f_c + k/T_s$ 是第 k 个子载波的频率（$f_c = 0$ 对应于基带 OFDM 信
号），复包络 $g_k(t)$ 决定了第 k 个子载波上携带的信息。

　　注意，每个 OFDM 符号周期 T_s 内都包括整数倍个载波周期，且相邻子载波频率差可
以产生整数个载波周期，以保证多个子载波之间不存在载波间干扰（ICI），即子载波之间
具有时域正交性：

$$\delta_{kl} = \frac{1}{T_s} \int_0^{T_s} e^{j2\pi(f_k - f_l)t} dt = e^{j\pi(f_k - f_l)T_s} \frac{\sin[\pi(f_k - f_l)T_s]}{\pi(f_k - f_l)T_s} \tag{4.23b}$$

显然，当 $f_k - f_l = m/T_s$ 时子载波之间保持正交性，其中 m 为非零的整数。

　　当数字调制过程不涉及波形成形时，$g_k(t)$ 与时间 t 无关，可令 $g_k(t) = X(k)$，则式（4.23a）
重写为

$$s(t) = \sum_{k=0}^{N-1} X(k) e^{j2\pi f_k t}, \ 0 \leqslant t \leqslant T_s \tag{4.24}$$

　　若令 $t = n\tau_s$（$\tau_s = T/N$ 为采样周期，$n = 0,1,\cdots,N-1$）和 $f_k = k/T_s$，由式（4.24）可得

$$s(n\tau_s) = \sum_{k=0}^{N-1} X(k) e^{j2\pi nk/N} = \text{IDFT}\{X(k)\} \tag{4.25}$$

可见，当子载波频率间隔为 $1/T_s$ 的整数倍时，多载波已调信号的时域抽样序列 $\{s(n\tau_s)\}$ 可
以由离散逆傅里叶变换（inverse discrete fourier transform，IDFT）计算，而携带信息的序
列 $\{X(k)\}$ 恰好为多载波已调信号抽样序列 $\{s(n\tau_s)\}$ 的离散傅里叶变换（DFT）。也就是说，
当各子载波的频率 f_k 为 DFT 分辨率 $1/T_s$ 的整数倍时，可用 DFT 对信号完成解调。由以上
分析可知，为保证正确解调，$g_k(t)$ 在一个码元间隔内保持为常数是必要的，但如果子载
波的 QAM 或 MPSK 调制采用了波形成形技术（如余弦滚降波形），DFT 解调时还需要作
专门的处理。

　　由于 IDFT 和 DFT 都可以采用高效的 FFT（fast fourier transform）来实现，使得 OFDM
系统实现起来大大简化。图 4.8 给出了基于 DFT/FFT 的 OFDM 系统的典型结构[9]。在发
射端，由二进制信源来的输入数据先经过信道编码器，然后映射为某种复数符号。例如，
采用 QPSK 映射时，两位二进制比特可映射成（±1±j）中的一个；如果是 BPSK 映射，那
么每个比特映射为（±1）中的一个。接着，这些映射后的复数符号进入多载波调制系统，
其等效的离散实现采用 DFT/FFT 变换。多载波调制将信道对信号的作用变成了一个乘性
干扰（平坦衰落）和一个加性干扰（AWGN），这样前后信号之间就没有 ISI（在单载波系
统中，信号与信道是卷积过程，因此必然会有 ISI）。复数符号经过 IDFT/IFFT 处理后的数
据加上循环前缀（cyclic prefix，CP），然后经 D/A 变换和滤波器 $U(f)$ 处理，射频搬移后
送入信道进行传输。循环前缀有助于消除码间干扰，也是为了保持子载波之间的正交性，
避免子信道之间的干扰。

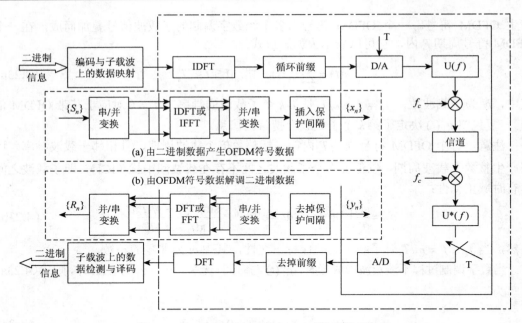

图 4.8　基于 DFT/FFT 的 OFDM 系统的典型结构

由二进制数据生成 OFDM 符号数据的具体过程如图 4.8 所示，输入的比特序列首先串并转换为 N 路子载波数据流，每路数据流依据编码方式（MPSK 或者 MQAM）和信号类型（复 OFDM、DMT 或 zero padding）进行调制，N 个数据流通过 IFFT 处理后并串变换，然后将尾部的几个变换数据作为循环前缀的内容增加到原来的数据流前面，这样就形成了整个 OFDM 符号数据。相对于原来的子载波数 N，循环前缀所占的比例定义为循环前缀的扩展系数，即 $\eta_{cp} = (N_{sc} - N)/N$，$N_{sc}$ 为整个 OFDM 符号所包括的子载波数。图 4.9（a）和（b）给出了 DMT 和补零（zero padding）两种调制类型的实现方式，其效率是复 OFDM 结构的一半；IFFT 输出后循环前缀的插入过程如图 4.9（c）所示。

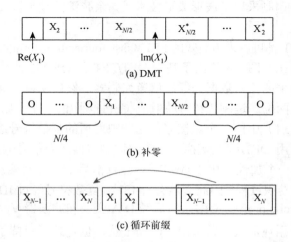

图 4.9　DMT 和补零（zero padding）调制以及循环前缀的插入过程

在接收端，数据经历的过程与上述过程相反，但接收端要比发送端复杂，多了定时、信道估计等重要部分。要从连续收到的数据流中正确解调出符号信息，就必须找到 OFDM 符号的正确位置，这就是 OFDM 的符号同步问题。符号同步的偏差会引起载波的相位旋转，频率越高，旋转角度越大，在频带的边缘，相位的旋转最大。另外，OFDM 系统要求子载波之间正交，因此 OFDM 系统对载波频率偏移更加敏感。多载波系统中，通常采用插入导频符号和循环扩展保护间隔两种方式来实现载波同步和符号定时同步。通信系统中常见的做法是利用导频符号或者训练序列的信息进行同步，一般分两步来完成：同步捕获（粗同步）和同步跟踪（细同步）。导频符号的插入需要占用一定的带宽和发射功率，故降低了系统的有效性。实际上，OFDM 系统都采用循环扩展保护间隔的方式来完全消除符号间串扰。在保护间隔内，通过对接收信号相关积分，并用逐步滑动起始时刻求最大值的方法，可实现 OFDM 符号定时，该方法能避免插入导频符号所带来的资源浪费。

与单载波系统相比，OFDM 系统的优点是：①OFDM 系统的各个子载波之间具有时域正交性，允许子载波信道的频谱相互重叠，可以最大限度地利用频谱资源；②OFDM 系统是将多个低速率符号并行发送的传输系统，可有效地减小无线信道的多径码间干扰；③采用 IDFT/IFFT 和 DFT/FFT 方法非常容易实现各个子信道的正交调制和解调；④通过使用不同数量的子信道容易实现上行和下行链路的非对称高速数据传输；⑤根据每个子信道的信噪比等性能参数，通过自适应调制和动态分配信道的方式（如选择相应的调制方式、符号比特数以及子载波功率等），可提高系统性能；⑥基于 OFDM 技术可构成 OFDMA 系统，使得多个用户可以同时利用 OFDM 技术进行信息的传递。此外，OFDM 还易于结合空时编码、分集、抑制干扰（包括 ISI 和 ICI）及智能天线等技术，可最大限度地提高物理层信息传输的可靠性。

OFDM 系统也存在一些不足：①OFDM 系统对子信道频谱之间的正交性要求严格，对频率偏差和相位噪声很敏感。发射机载波频率与接收机本地振荡器之间存在的频率偏差，以及无线信道的时变性等都会使得 OFDM 系统子载波之间的正交性遭到破坏，从而导致子信道间的信号相互干扰（ICI）；②存在较高的峰值平均功率比（PAPR）。多载波调制系统的输出是多个子信道信号的叠加，当多个信号的相位一致时，所得到的叠加信号的瞬时功率就会远远大于信号的平均功率，即峰值平均功率比（PAPR）较大，当超出发射机内放大器的线性动态范围时会使该叠加信号波形畸变、频谱发生变化，从而恶化系统性能。

4.5.2　相干检测光 OFDM 系统

随着无线与光通信技术的不断融合，光 OFDM 技术也成为新型光调制技术的研究热点。光 OFDM（Optical OFDM，O-OFDM）系统主要由 OFDM 电发射端机、光 OFDM 发射机、光纤信道、光 OFDM 接收机、OFDM 电接收端机五部分组成，如图 4.10 所示。根据 OFDM 光端机中调制/解调（检测）方式的不同，光 OFDM 系统可分为相干检测光 OFDM（CO-OFDM）和直接检测光 OFDM（DO-OFDM）两大类[10]，它们的处理对象分别为光波电场和光波光强。在 CO-OFDM 系统中，采用 IQ 调制器（如零偏置的 MZM）和平衡接收机；而在 DO-OFDM 系统中，采用直接调制的激光器（或正交偏置的 MZM 调制器）和直接检测接收机。

图 4.10　光 OFDM 系统组成

CO-OFDM 系统的主要设计目标是在 RF 和光频之间实现 OFDM 信号光场的线性变换。CO-OFDM 光发射机/光接收机可采用直接的和中频的上/下变换结构，它们分别对应于光 IQ 和射频 IQ 调制/解调技术。这样，CO-OFDM 系统应有四种设计选择，如图 4.11 所示。

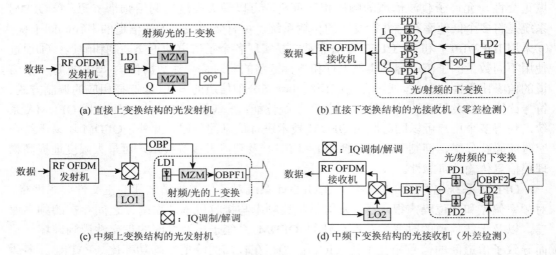

图 4.11　CO-OFDM 光发射机和光接收机的构建

在直接上变换结构 CO-OFDM 光发射机中，两个马赫-曾德调制器（MZM）组成光 IQ 调制器，分别由复基带 OFDM 信号 $s(t) = V_I(t) + jV_Q(t)$ 的实部和虚部来驱动，实现复 OFDM 信号实部和虚部的上变换，如图 4.11（a）所示。光学 IQ 调制器输出的光场信号可表示为

$$E(t) = A\left[\cos\left(\frac{\pi}{2} \cdot \frac{V_I + V_b}{V_\pi}\right) + j\cos\left(\frac{\pi}{2} \cdot \frac{V_Q + V_b}{V_\pi}\right)\right]\exp[j(2\pi f_0 t + \phi_0)] \tag{4.26}$$

式中，A 为比例系数；V_π 和 V_b 分别为半波开关电压和调制器的直流偏置电压；f_0 和 ϕ_0 分别是光发射机光载波的频率和初始相位。

当 $V_b = V_\pi$（零偏置）且有 $\left|\pi V_{I,Q}/(2V_\pi)\right| = 1$ 时，式（4.26）可近似化为

$$E(t) \approx -\frac{A\pi}{2V_\pi}s(t)\exp[j(2\pi f_0 t + \phi_0)] \tag{4.27}$$

此时，光 IQ 调制器输出的光场是基带 OFDM 信号的线性复制，OFDM 信号的中心频率被上变换到 f_0。图 4.12 给出了零偏置下单个 MZM 输出光场 $E(t)$ 随调制信号的变化曲线。为了便于比较，图中还给出了正交偏置下单个 MZM 输出的光强 $|E(t)|^2$ 曲线，它们分别对应于光场相干检测系统和光强直接检测系统[11]。

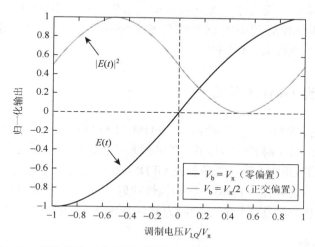

图 4.12　零偏置和正交偏置下单个 MZM 输出的光场与光强曲线

在直接下变换结构 CO-OFDM 光接收机中，采用一个光 90°混频器和两对平衡检测器实现光学 IQ 检测，光 90°混频器可由一个 90°光学移相器和两对光纤耦合器组成，如图 4.11（b）所示。相干检测的主要目的是线性恢复接收信号的 I 和 Q 分量，同时抑制或消除共模噪声。平衡相干检测光接收机的工作过程如图 4.13 所示，接收的光场由信号和噪声（如 ASE 噪声）组成，即 $E_R = E_S + E_N$，它与本地激光器的光场 E_{LO} 通过光 90°混频器输出四个光场，分别由两对光电检测器接收后差分出接收光场的 I 和 Q 分量。最后，检测输出的光电流可表示为 $\tilde{I}(t) = I_I + jI_Q = 2E_R E_{LO}^*$，它实际上是对接收复值信号的线性频率下变换。以 I 分量的解调过程为例，

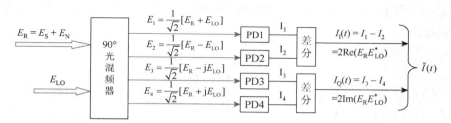

图 4.13　平衡相干检测光接收机的工作过程

$$I_I(t) = I_1 - I_2 = |E_1|^2 - |E_2|^2$$
$$= \frac{1}{2}\{|E_R|^2 + |E_{LO}|^2 + 2\operatorname{Re}(E_R E_{LO}^*)\} - \frac{1}{2}\{|E_R|^2 + |E_{LO}|^2 - 2\operatorname{Re}(E_R E_{LO}^*)\} \quad (4.28)$$
$$= 2\operatorname{Re}(E_R E_{LO}^*)$$

式中，$|E_R|^2 = |E_S|^2 + |E_N|^2 + 2\mathrm{Re}(E_S E_N^*)$，$|E_{LO}|^2 = I_0 + I_{RIN}$，$I_0$ 为本地激光器的平均光电流。可见，在平衡检测 I 和 Q 分量过程中，ASE 与 ASE 的差拍噪声项 $|E_N|^2$、信号与 ASE 的差拍噪声项 $2\mathrm{Re}\{E_S E_N^*\}$ 以及本地激光器的相对强度噪声 I_{RIN} 均匀可完全消除。

由以上分析可知，直接变换结构的 CO-OFDM 系统无须镜像抑制滤波器，对电信号的带宽要求也明显降低。而在中频变换结构中，首先需要将 OFDM 基带信号在电域上变换到中频，然后采用 MZM 将中频 OFDM 信号上变换到光域。在接收端，将光 OFDM 信号下变换到中频后再进行电 IQ 检测。

4.5.3　直接检测光 OFDM 系统

与 CO-OFDM 技术相比，直接检测光 OFDM（DO-OFDM）具有较低的成本，能够很好地抵制有线电视网络中脉冲限幅噪声，在多模光纤和短距离单模光纤传输中也有较好的应用前景。按照基带 OFDM 信号电场与光 OFDM 光场之间的映射关系，可将 DO-OFDM 分为线性映射（如单边带光 OFDM）和非线性映射（如自适应调制光 OFDM）两种，它们的共同特点是在接收端都采用直接检测方式恢复出基带 OFDM 信号。

1. 线性光场映射

线性映射 DO-OFDM 光发射机的输出光场具有如下单边带信号形式：

$$E_t(t) = [1 + \alpha \mathrm{e}^{j2\pi\Delta f t} s(t)] \mathrm{e}^{j2\pi f_0 t} = \mathrm{e}^{j2\pi f_0 t} + \alpha \mathrm{e}^{j2\pi(f_0 + \Delta f)t} s(t) \tag{4.29}$$

式中，f_0 和 Δf 分别为光载波频率和保护带宽；α 描述了 OFDM 频谱强度与主载波强度的相对大小，基带 OFDM 信号 $s(t)$ 可表示为

$$s(t) = \sum_{k=-N_{sc}/2+1}^{N_{sc}/2} c_k \mathrm{e}^{j2\pi f_k t} \tag{4.30}$$

其中 N_{sc} 为子载波数目；f_k 和 c_k 分别为第 k 个子载波的射频频率和对应的符号数据。

由式（4.29）可知，线性映射情形下，基带 OFDM 信号与光 OFDM 信号之间的频谱关系如图 4.14 所示。由于光 OFDM 的频谱只出现在主载波一边，故称为光单边带（SSB）OFDM 信号。

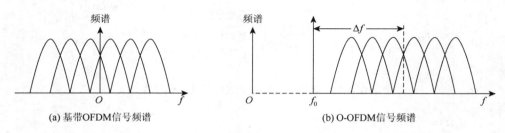

(a) 基带OFDM信号频谱　　　　　　　　　　(b) O-OFDM信号频谱

图 4.14　基带 OFDM 信号与光 OFDM 信号之间的线性映射关系

光 OFDM 信号经光纤色散链路传输后的光场近似表示为

$$E_r(t) = \left[1 + \alpha e^{j2\pi\Delta ft} \sum_{k=-N_{sc}/2+1}^{N_{sc}/2} c_k e^{j2\pi f_k(t-\Delta\tau_k)}\right] e^{j2\pi f_0(t-\tau_0)} \tag{4.31}$$

式中，τ_0 为光载频 f_0 处的光纤延迟，$\Delta\tau_k$ 为子载波频率偏移（$\Delta f + f_k$）引起的附加延迟。在接收端，平方律光电检测器输出的光电流为

$$I(t) \propto |E_r(t)|^2 = 1 + 2\alpha\text{Re}\left[e^{j2\pi\Delta ft} \sum_{k=-N_{sc}/2+1}^{N_{sc}/2} c_k e^{j2\pi f_k(t-\Delta\tau_k)}\right]$$
$$+ \alpha^2 \sum_{k_1=-N_{sc}/2+1}^{N_{sc}/2} \sum_{k_2=-N_{sc}/2+1}^{N_{sc}/2} c_{k_1} c_{k_2}^* e^{j2\pi(f_{k_1}-f_{k_2})t} e^{-j2\pi(f_{k_1}\Delta\tau_{k_1}-f_{k_2}\Delta\tau_{k_2})} \tag{4.32}$$

式（4.32）右边第二项为需要恢复的 OFDM 线性项，其他项需要滤掉。第一项为直流项，很容易通过带通滤波器滤除，关键是如何消除第三项（非线性项）的影响。消除非线性项的方法主要有：①选择足够的保护带 Δf，将线性项与非线性项的频谱分开，以便同时滤除直流项和非线性项，该方法称为偏置 SSB-OFDM。②通过减小 α 使非线性项引起的失真影响降低，称为基带光 SSB-OFDM。该方法具有较好的频谱效率，但降低了接收机灵敏度。③让第三项中子载波的拍频产物不要落在载有数据的 OFDM 子载波上，例如只在奇载波加载数据，那么它们的二阶差拍将落在偶载波上，这样就不会干扰原始信号。④通过迭代判决方法，首先通过一定数量的迭代判决从存储的光电流中估计出非线性干扰，然后从存储的光电流中减去干扰，再进一步判决，直到星座图收敛。该方法具有良好的频谱效率和接收机灵敏度，但计算复杂。

2. 非线性光场映射

非线性光场映射是指光 OFDM 光场与基带 OFDM 电场之间具有非线性映射关系，因此，非线性映射的 DO-OFDM 致力于获得基带 OFDM 信号与光强度之间的线性映射。例如，采用 DFB 激光器完成直接光强调制过程，其输出光功率可表示为

$$P(t) = P_0\{1 + \alpha\text{Re}[e^{j2\pi f_{IF}t}s(t)]\} \tag{4.33}$$

式中，$s(t)$ 为基带 OFDM 信号。于是，直接光强调制器输出的光 OFDM 信号具有如下光场形式：

$$E(t) = \sqrt{P(t)}e^{j2\pi f_0 t} \tag{4.34}$$

光 OFDM 信号经理想光纤信道传输后，光接收机直接检测输出的光电流为

$$I(t) \propto I_0\{1 + \alpha\text{Re}[e^{j2\pi f_{IF}t}s(t)]\} \tag{4.35}$$

它包含一个完整的 OFDM 信号和一个直流项。因此，对于光强调制的 DO-OFDM 系统，要通过直接检测方式恢复出基带 OFDM 信号，必须保持整个系统具有线性的输入/输出特性，它与直接光强调制激光器、光纤信道、光电检测器的特性密切相关。因此，非线性光场映射的 DO-OFDM 不适于远程传输，但它易于实现，在短距离无放大链路传输情形极具吸引力。

参 考 文 献

[1] 刘增基. 光纤通信[M]. 第 2 版. 西安: 西安电子科技大学出版社, 2008.

[2] 黎原平, 朱勇, 项鹏, 等. 数字光通信[M]. 北京: 电子工业出版社, 2011.

[3]　泽维尔 N. 费尔南多. ROF 光载无线通信: 从理论到前沿[M]. 武翼, 译. 北京: 机械工业出版社, 2015.

[4]　徐坤, 李建强. 面向宽带无线接入的光载无线系统[M]. 北京: 电子工业出版社, 2009.

[5]　赖先主, 张宝富, 徐智勇, 等. ROF 技术及其应用[C]//全国集成光学学术会议. 2007.

[6]　曹培炎. RoF 技术在无线接入网络中的应用[J]. 光通信技术, 2005, 29(10): 47-50.

[7]　蒲涛, 闻传花, 项鹏. 微波光子学原理与应用[M]. 北京: 电子工业出版社, 2015.

[8]　LW 库奇. 数字与模拟通信系统: 英文版[M]. 邵怀宗, 等译. 北京: 电子工业出版社, 2007.

[9]　谭泽富. OFDM 的关键技术及应用[M]. 成都: 西南交通大学出版社, 2005.

[10]　William Shieh, Ivan Djordjevic. 光通信中的 OFDM[M]. 白成林, 冯敏, 罗清龙, 译. 北京: 电子工业出版社, 2011.

[11]　武保剑, 邱昆. 光纤信息处理原理及技术[M]. 北京: 科学出版社, 2013.

第5章 单波长信号的全光再生

全光再生可以直接在光域处理信号以提高通信系统性能，避免了"光-电-光"信息处理方案的电子瓶颈限制，是未来智能全光网络的核心功能之一。基于光纤非线性效应的全光再生技术是目前研究最为广泛的再生方案。在现有光纤非线性效应的基础上，进一步增加磁光效应可以有效提高再生器的智能控制维度，提高全光再生技术的可控性。本章以单波长 OOK 信号的再生为例，探讨全光再生过程所涉及的主要技术难点及其解决方案。首先从全光再生系统构成出发，概述其核心单元的主要功能；进一步分析影响光纤参量振荡器（FOPO）时钟提取性能的因素，并提出闲频反馈控制方案来延长连续稳定工作的时间；然后从再生功能的角度，对比几种 FWM 光判决门方案的优缺点，验证基于时钟泵浦以及数据泵浦 FWM 效应的全光再生效果；最后提出磁光非线性理论模型，开展具有磁可调功能的全光再生实验。

5.1 全光再生系统结构

信号在经过长距离光纤传输后，其质量受到光纤非线性效应、EDFA 自发辐射噪声等因素的影响，出现幅度噪声、脉冲畸变、定时抖动等问题，因此需要通过再生技术恢复信号质量，提高信息传递距离。全光再生技术在光域直接完成信号质量的提升功能，避免了光电变换过程引入的带宽瓶颈、高能耗等问题，特别适用于海底光缆等长距离光纤通信系统。全光再生技术包括再放大、再定时和再整形功能，具体可进一步分为 2R 再生（再放大、再整形）和 3R 再生（再放大、再定时、再整形）。全光再生的结构示意图如图 5.1 所示。对于全光 2R 再生器，利用光判决门单元的非线性功率转移特性，可降低劣化信号"0"和"1"数据上的噪声。若进一步提供再定时功能，即实现 3R 再生，可解决劣化信号的定时抖动问题。再放大过程可采用 EDFA 来实现，该器件已经非常成熟，是现有光纤通信系统最重要的全光器件。因此，本书将重点探讨时钟提取、非线性光判决门两个全光再生功能的实现技术。

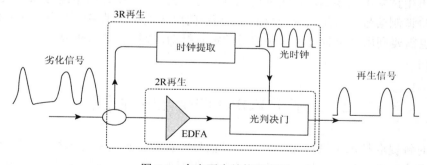

图 5.1 全光再生结构示意图

时钟提取单元直接从输入的劣化信号中提取出高质量的光时钟信号。该单元应具有如下三种工作特性：第一，对输入信号质量具有较大的容忍度。长途光纤传输导致信号质量大幅下降，包括信号的消光比降低、定时抖动增加等一系列问题，因此在实际应用中时钟提取单元必须面对劣化信号的时钟恢复需求；第二，提取的时钟信号具有较低的相位抖动和幅度噪声。时钟的相位抖动特性直接影响到再定时功能，而幅度噪声对后续光判决门性能产生影响，因此时钟质量的高低决定了系统再生性能；第三，提取的时钟信号波长需偏移数据信号波长。该功能主要满足后续光判决过程所采用的 XPM 或 FWM 非线性效应对输入信号波长的要求。

光判决门单元所具有的非线性功率转移特性（PTF）是实现信号整形的关键，在光时钟的参与下还能够提升信号定时抖动性能。实现再整形功能的示意图如图 5.2 所示。具有理想阶跃形 PTF 特性的全光再生器是人们追求的目标，该器件存在两个输出功率"保持区域"，即输出光功率不随着输入光功率的增加而变化，同时两个区域的转换区间很短，满足对"0"码和"1"码上数据噪声的抑制需求。事实上，不同非线性效应将产生各自独特的功率转换关系，这也导致了实际的光判决门器件并不能对所有类型的劣化信号都产生良好的再生效果。因此需要根据信号的劣化特性，选取最佳再生方案。

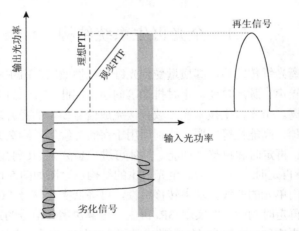

图 5.2　基于光判决门的信号再生示意图

全光再生技术不仅要满足传统强度调制信号的再生需要，也希望能够满足以 QAM 为代表的高阶调制信号的再生需求。这要求光判决门单元能够提供多电平幅度和相位再生功能，同时也需要利用再定时过程解决信号的定时抖动问题[1]，具体研究内容将在后续章节进一步探讨。

5.2　基于 FOPO 的全光时钟提取

全光时钟提取技术可以直接从输入的光信号中获得相同速率的光时钟，是全光 3R 再生过程中再定时功能的核心技术。目前全光时钟提取主要采用法布里-珀罗（F-P）滤波器、光锁相环（OPLL）、自脉动分布反馈激光器和 FOPO 等。与前面几种方案相比，FOPO 具有信号处理带宽高、时钟波长可调等优点。

5.2.1　FOPO 结构及原理

　　FOPO 利用高非线性光纤提供的参量增益实现模式锁定，可以从输入的光 RZ 信号中提取出相同速率的光时钟信号。该器件提取的时钟信号具有较大的波长可调范围、较低的信号相位抖动和幅度噪声等优点。利用 FOPO 实现全光时钟提取，需要满足两个条件：一是增益条件，即时钟信号获得的增益等于或略小于环损耗。在有源 FOPO 结构中，增益主要来自参量放大过程和环内的 EDFA。二是同步条件，即输入信号的调制频率（f）必须是环形腔自由频谱范围（FSR）的整数倍。这保证了提取的时钟信号能够持续从输入的泵浦信号中获得参量增益。

　　基于 FOPO 的全光时钟提取实验系统框图如图 5.3 所示，该系统分为信号输入和 FOPO 环形腔两个部分。信号输入部分主要实现 RZ 信号的产生、放大和偏振控制，由于 FOPO 工作特性的要求，输入信号必须具有较强的时钟分量，即采用归零码（RZ）调制格式。各个器件的功能说明如下：光 RZ 信号（波长为 λ_{in}）通过高功率光放大器（HP-EDFA）和可调衰减器（VOA）进行功率控制，隔离器（ISO）避免反向传输光对输入信号的影响，偏振控制器（PC1）用来改变 RZ 输入信号的偏振态以获得最大参量放大效果。输入的光 RZ 信号通过 99∶1 光分路器后，99% 的能量耦合进 FOPO 进行全光时钟提取，而 1% 的信号注入光功率计（PM）进行功率监控。

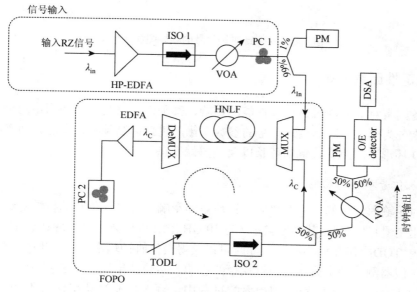

图 5.3　基于 FOPO 的全光时钟提取实验框图

　　FOPO 环形腔部分主要实现时钟提取功能，输入信号通过复用器（MUX）进入 500m 长的高非线性光纤（HNLF）。通过参量放大过程，在解复用器（DeMUX）输出端获得波

长为 λ_{C} 的时钟信号。环内 EDFA 用于克服各器件引起的损耗，通过测量获得 FOPO 开环损耗为 13 dB。环内偏振控制器（PC2）调节时钟信号偏振态，以达到最佳参量放大效果。可调延迟线（TODL）用于调节环长，用于满足 FOPO 的同步条件。隔离器（ISO2）保证光时钟信号在环内单向传输。而提取的时钟信号由 50：50 光分路器输出。在信号接收部分，使用 VOA 控制输入光电探测器的光功率，时钟质量通过示波器（DSA）进行测量。

以输入 10 Gb/s 的光 RZ 信号为例，通过调节高功率放大器、偏振控制器和可调延迟线最终获得 10 GHz 光时钟信号，其频谱和波形结果如图 5.4 所示。由频谱图可知，信号的边模抑制比高达 50 dB，这表明提取的时钟具有较高的信号质量。通过示波器可测量所提取的时钟信号的质量，其相位抖动均方值（RMS）为 0.013 UI，幅度噪声均方值（RMS）为 0.046 $\mathrm{V_{pp}}$，验证了该 FOPO 系统的时钟提取功能。相位抖动和幅度噪声分别用单位（UI）和峰峰值电压（$\mathrm{V_{pp}}$）表示。但随着测试时间的增加，受到外界环境因素扰动或输入信号不稳定的影响，提取的时钟质量逐渐降低，直至无法使用。因此，研究各类因素对 FOPO 时钟提取过程的影响，有助于改善该类型器件的连续工作性能。

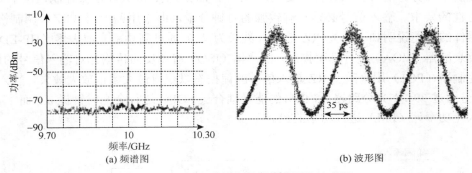

(a) 频谱图　　　　　　　　　　　　　　(b) 波形图

图 5.4　10 GHz 时钟信号的频谱图和波形图

5.2.2　稳定性因素分析

讨论各因素对 FOPO 时钟提取性能的影响，其关键仍然是增益和同步两个基本条件。将影响因素分为两类：一是输入信号的参数变化，包括调制频率、泵浦光功率和偏振态；二是 FOPO 环形腔的改变，包括环长以及腔内偏振态。

1. 输入信号参数的影响

首先讨论输入信号的速率变化对时钟质量的影响。为降低信号随机性对结果的干扰，实验中采用全"1"信号，其调制频率 f 为 10 GHz，并优化泵浦光功率达到 12.5 dBm，通过调节环内 TODL 满足同步条件，此时可以获得最佳时钟输出。进一步改变信号调制频率，通过示波器测量频率偏移对时钟质量的影响，实验结果如图 5.5 所示，横坐标基准频率为 10 GHz。在改变信号调制频率的过程中，输入泵浦光功率保持不变。为增加实验结果的可比性，被测试信号光功率维持在 −8 dBm。由该结果可以看出，随着输入信号频率偏移量的增大，使其与环形腔出现频率失谐，导致提取的时钟信号相位抖动和幅度噪声变大。若以相位抖动（RMS）达到 0.025 UI 为界，基于 FOPO 的时钟提取可以容忍输入信号的调制频率变化范围为 8.2 kHz，小于国际电信联盟远程通信标准化组织（ITU-T）对速率为 9.953 28 Gb/s 同步数字体系（SDH）10 Gb/s 传输系统所允许的 ±20 ppm 频率偏移。因此，还需要采用其他动态补偿技术，进一步提高 FOPO 对输入信号频率变化的容忍度。

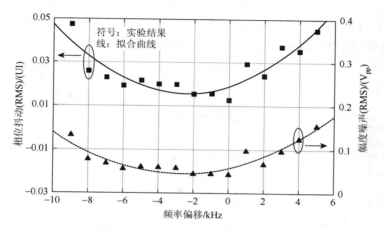

图 5.5　频率偏移对时钟质量的影响

　　保持信号调制速率不变，通过调节泵浦光功率考察时钟质量对注入光功率的依赖特性，结果如图 5.6 所示。可以看出，FOPO 对于泵浦光功率具有一定的容忍度，在适当的泵浦光功率变化范围内，时钟信号的相位抖动和幅度噪声相对较低。仍以 0.025 UI 的相位抖动（RMS）为界，泵浦光功率的优化工作区间在 9.4～14.3 dBm（约 5 dB）。当泵浦光功率较低时，提取的时钟信号无法获得足够的参量增益，使其光信噪比变差，时钟的相位抖动和幅度噪声提高；但过高的泵浦光功率会激发起受激布里渊散射，导致部分泵浦光在腔内反向传输，也会影响时钟信号质量。因此，在系统输入部分采用具有自动功率控制（APC）功能的 HP-EDFA，可以有效降低 FOPO 对输入信号功率的敏感度。

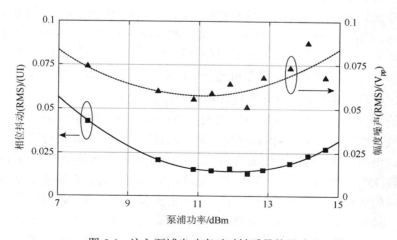

图 5.6　注入泵浦光功率对时钟质量的影响

保持信号调制频率和泵浦光功率不变,调节信号注入端的偏振控制器考察时钟质量对信号偏振态的依赖关系。实验中先将泵浦信号调节为线偏振光,利用偏振分析仪测得其方位角为−90°,然后通过调节 FOPO 环内可调延迟线和偏振控制器,使其工作在最佳时钟提取状态。接着改变线偏振泵浦光的方位角,测量其对时钟质量的影响,结果如图 5.7 所示。由于参量增益的偏振相关性,随着输入泵浦光方位角偏离−90°,时钟信号获得的参量增益会逐渐降低,光信噪比下降,最终劣化时钟信号质量。同样以相位抖动(RMS)达到 0.025UI 为界,时钟信号能够容忍的泵浦光方位角变化约为 20°。

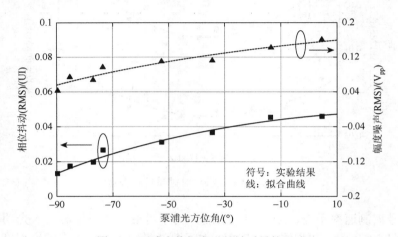

图 5.7　泵浦光偏振态对时钟质量的影响

2. FOPO 环形腔参数的影响

外界环境温度等因素的扰动会使环形腔内光纤折射率发生变化,影响 FOPO 时钟提取的性能。通过调节 FOPO 腔内的可调光延迟线,能够模拟光纤环长的变化。下面讨论 FOPO 环形腔参数变化对时钟质量的影响,其中输入信号调制频率、泵浦光功率以及偏振态均保持不变。首先利用 TODL 调节环长,使 FOPO 满足同步条件,进一步控制延迟时间记录其对时钟质量的影响,测量结果如图 5.8 所示。以相位抖动(RMS)达到 0.025 UI 为界,在 3.4～10.3 ps(对应于环长变化约 2mm)延迟范围内,可得到较好的时钟提取效果。根据光纤长度随温度变化关系 $\Delta L = L \cdot (\delta n / \delta T) \cdot \Delta T$ 可知[2],上述环长变化对应的温度改变约为 0.37℃,其中硅基玻璃折射率随温度变化 $\delta n / \delta T = 1.1 \times 10^{-5} (1/℃)$。可见,要实现稳定的全光时钟提取,需要对 FOPO 环长进行精确的补偿控制。

下面讨论 FOPO 腔内导波光偏振态对时钟质量的影响。先将 FOPO 腔内的偏振控制器换为由钇铁石榴石(YIG)晶体和螺线管磁场加载装置构成的在线可调装置。通过调节螺线管的驱动电流,最大可以产生 $B=370$ Gs 的直流磁场,在该磁场范围内 YIG 晶体引起光方位角旋转 45°,而损耗变化小于 1 dB。这样,可以通过调节磁场考察腔内导波光偏振态对时钟质量的影响,结果如图 5.9 所示。当磁感应强度 $B=0$ Gs 时,调节输入信号参数、FOPO 腔长,得到最佳的时钟输出,并将此时的偏振态方位角记为 0°。仍以相位抖动(RMS)达到 0.025 UI 为界,提取的时钟信号可以承受腔内信号方位角变化约 14°。由于参量放大

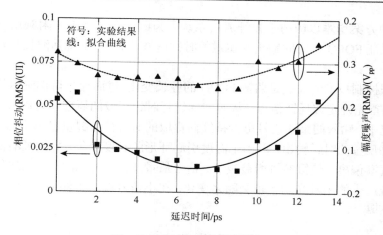

图 5.8　环长对时钟质量的影响

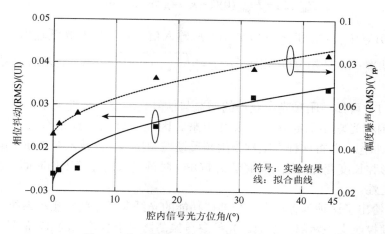

图 5.9　腔内信号方位角对时钟质量的影响

的偏振相关性，腔内信号的偏振态变化将降低时钟信号所获得的参量增益，从而导致时钟的相位抖动和幅度噪声有所增加。而时钟信号对泵浦和腔内信号方位角的容忍度差异，主要来自 YIG 引入的额外损耗。

5.2.3　闲频反馈控制技术

从上一节关于稳定性因素的讨论可知，光纤参量振荡器仅能够容忍 0.37℃的室温变化。实验过程中，通过调整环形腔和输入信号状态虽然可以获得高质量的时钟信号，但在室温条件下只能工作数分钟。因此，如何延长该器件的连续工作时间，是实现商业化应用必须解决的关键问题之一。目前能够提高 FOPO 工作稳定性的方案主要有两种：色散稳定技术[3]和再生锁模技术[4]。前者利用光纤的色散特性将温度引起的腔长变化转化为工作波长变化，即提取的时钟信号波长随温度扰动改变；后者则是把腔长变化转化为时钟频率的变化，该方案主要用于光纤激光器，但不满足通信系统对时钟提取技术的要求。

因此，这两种方案均难以应用于光纤通信系统。为此，本书提出了闲频反馈控制技术，该技术能够保证 FOPO 长时间输出高质量的时钟信号，同时也维持其波长和重复频率等参数的稳定性。

闲频反馈控制技术的关键是监测 FOPO 的腔长变化，进而通过可调延迟线进行动态补偿，因此需要首先确定该反馈信号。从 FOPO 进行时钟提取的原理中可以看出，在同步条件满足的情况下，输入的泵浦信号可以持续向提取的时钟信号提供参量增益，进而满足增益条件获得高质量的时钟输出。但由于温度引起环形腔长度变化，导致泵浦信号与时钟信号在时域上逐渐偏离，使得参量增益减少、信号质量变差。与此同时，上述信号之间通过四波混频效应产生的闲频光功率也会随之变化。在小信号近似条件下，光纤中的四波混频功率关系如下[5]：

$$\begin{cases} P_{\text{signal}}(L) = P_{\text{signal}}(0)[1+(1+\kappa^2/4g^2)\sinh^2(gL)] \\ P_{\text{idler}}(L) = P_{\text{signal}}(0)(1+\kappa^2/4g^2)\sinh^2(gL) \end{cases} \qquad (5.1)$$

式中，$P_{\text{signal}}(0)$、$P_{\text{signal}}(L)$ 和 $P_{\text{idler}}(L)$ 分别对应输入信号功率以及光纤输出端（$z=L$）的信号和闲频光功率；κ 是相位匹配因子；$g = \sqrt{\Phi_{NL}^2 - (\kappa/2)^2}$；$\Phi_{NL}$ 是泵浦信号引起的非线性相移。

由式（5.1）可知，闲频光所获得的增益与信号光增益呈线性关系，即提取的时钟信号质量会以闲频光功率的起伏形式表征出来。因此，可以闲频光作为反馈信号来稳定 FOPO 的工作状态，并将这种方案称为闲频反馈控制技术。该技术在本质上解决了温度扰动引起的环形腔长度变化问题，能够延长 FOPO 时钟提取的连续工作时间，并保持时钟信号参数的稳定性。

图 5.10 给出了这种具有动态腔长补偿功能的光纤参量振荡器实验系统，它由 FOPO 和闲频光反馈控制支路两部分组成。光纤参量振荡器用于从输入的 RZ 信号中提取时钟，实现全光时钟提取功能。反馈支路通过检测闲频光功率实现腔长的动态监控和补偿，以实现稳定光纤参量振荡器工作状态的目的。反馈支路的工作过程为：由于反馈光信号功率较低，先通过 EDFA 进行功率补偿（为获得线性放大效果，需要注意输入光信号的功率范围）；放大后的光信号注入光电探测器进行光电变换，再由数据采集卡实现模/数转换；在信号处理/控制单元中提取其低频分量以消除时钟引入的幅度抖动，将该低频信息作为反馈电信号，驱动 TODL 实现动态腔长补偿。

具体实验过程描述如下：注入的 10 Gb/s 光 RZ 信号通过波分复用器进入 FOPO 之中，该信号的波长 λ_{In}=1555.7 nm、脉冲宽度为 50 ps，提取的时钟信号波长 λ_{C}=1550.9 nm；闲频反馈控制信号来自 FWM 过程，其波长为 λ_{F}=1560.5 nm。FOPO 中产生的 FWM 光谱如图 5.10 中插图所示。FOPO 的整体开环损耗为 13.5 dB，环内 EDFA 增益要低于 FOPO 振荡阈值。环内偏振控制器用于调节时钟信号偏振态以获得最佳参量增益。FOPO 中的可调延迟线具有两个功能：一是用于调节 FOPO 环形腔长度以满足同步条件；二是在反馈控制过程中用于补偿腔长。提取的时钟信号通过 50：50 分光器输出，并使用序列分析仪和电频谱仪测量时钟质量。

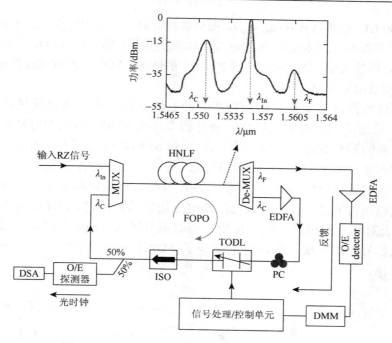

图 5.10　具有动态腔长补偿功能的光纤参量振荡器

实验首先考察无反馈控制时 FOPO 的时钟提取性能。输入伪随机光 RZ 信号作为泵浦光，将"1"码概率（即"1"信号在伪随机序列中所占的比重）分别设为 MR=1、7/8 和 3/4，对应的优化泵浦光平均功率分别为 17.68 dBm、17.51 dBm 和 16.66 dBm，提取的时钟信号光功率保持 7.27 dBm。实验中，调节 TODL 使环形腔的长度接近同步条件，此时 TODL 的延迟时间对应于图 5.11 中"0 ps"的位置。继续调节 TODL，并测量时钟信号的相位抖动和幅度噪声，结果如图 5.11 所示。从实验结果可以看出，只有当 FOPO 环形腔长度满足同步条件时，才能够获得高质量的时钟信号。由于输入信号的质量非常高（相

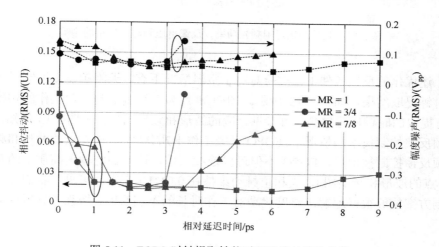

图 5.11　FOPO 时钟提取性能对环形腔长度的依赖

位抖动=0.009 UI、幅度噪声=0.02 V_{pp}），而提取的时钟信号受到环内 EDFA 自发辐射噪声的影响，质量有所下降，实际测量的相位抖动和幅度噪声分别为 0.012 UI 和 0.04 V_{pp}。"1" 码概率越低，即输入信号更容易出现长连"0"的情况，FOPO 时钟提取性能对腔长变化越敏感，码型效应越明显。

下面通过监控时钟质量和闲频功率对腔长的依赖关系来确定反馈信号的工作范围，图 5.12 给出了相应的实验结果。通过调节环内 TODL 引入相对延迟时间来模拟温度扰动引起的腔长变化。实验表明，在 2～6 ps 的时延范围内，闲频光功率与相对时延呈线性关系，且时钟信号的相位抖动也很小，该范围将作为反馈控制信号的工作区域，用于实现 FOPO 的动态补偿。在该闲频光反馈控制实验中，我们将工作点选择在反馈电压为 612～617 mV，当反馈电压超出该范围时，FOPO 内的 TODL 会以 0.1 ps 的步长对环形腔进行补偿。实验中同时避开了 6～8 ps 的时延区域，在该范围内虽然反馈信号更加灵敏，但同时也减少了 FOPO 自身的容错能力，不利于其长时间的稳定工作。

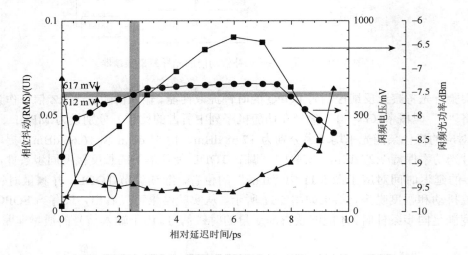

图 5.12　腔长变化对闲频光功率、反馈电压和时钟质量的影响

在上述优化的反馈条件下，实验对比了室温情况下有、无闲频反馈控制时光纤参量振荡器时钟提取结果，如图 5.13 所示。图中 A 点为系统调节到正常工作的初始状态时刻，此时提取的时钟质量较高，可参见相应的波形和频谱结果。由图 5.13 可知，在没有采用闲频反馈控制技术的情形下，FOPO 只能工作十几分钟（参见 B 点的波形和频谱图）；采用闲频反馈控制技术后，FOPO 不但可以连续工作，还能稳定输出高质量的时钟信号（参见 C 点的波形和频谱图），其相位抖动维持在 0.011UI 左右。可见，我们提出的闲频反馈控制方案能够很好地解决温度扰动对工作时长的不利影响，增强了该器件的实际应用能力。

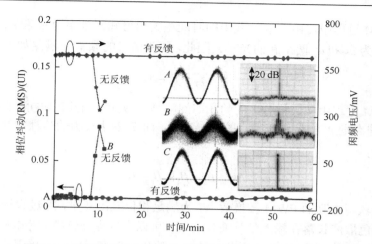

图 5.13　闲频反馈控制技术对光纤参量振荡器工作状态的影响

5.3　基于 FWM 的非线性光判决门

非线性光判决门作为再整形单元的核心器件，提供非线性的功率转移特性，利用该特性可以抑制信号的幅度噪声、提升消光比等功能。目前通过光纤科尔非线性效应的 SPM、XPM 或 FWM 均可获得非线性光判决门，其中基于 FWM 效应的再生器件具有扩展为 3R 再生或多通道再生的潜力，因此本节主要介绍 FWM 光判决门。

5.3.1　光纤 FWM 效应

为了便于理解 FWM 光判决门再生方案并分析其相关实验结果，本节首先回顾光纤中导波光的 FWM 效应[5]。下面以标量情形下的 FWM 模型为例，探讨 FWM 效应所依赖的相位匹配条件和波长转换过程。FWM 效应包括两路泵浦光、信号光和闲频光之间的相互作用，总电场 E 可表示为

$$E = \frac{1}{2} \sum_{j=1}^{4} E_j \exp[\mathrm{i}(\beta_j z - \omega_j t)] + c.c. \tag{5.2}$$

式中，$E_j (j=1\sim4)$ 为各路导波光的电场；β_j 和 ω_j 分别为导波光的传播常数和角频率。光纤中导波光的三阶极化强度 P_{NL} 的表达式为

$$P_{NL} = \varepsilon_0 \chi^{(3)} \vdots EEE \tag{5.3}$$

式中，ε_0 为真空中的介电常数；$\chi^{(3)}$ 为第三阶极化率。以第 4 路信号为例，将式（5.2）代入式（5.2）可得三阶极化强度 P_4 表示为

$$P_4 = \frac{3\varepsilon_0 \chi^{(3)}_{xxxx}}{4} \left[|E_4|^2 E_4 + 2\left(|E_1|^2 + |E_2|^2 + |E_3|^2\right)E_4 + 2E_1 E_2 E_3^* \exp(\mathrm{i}\theta_-) + \cdots \right] \tag{5.4}$$

式中，$\theta_- = (\beta_1 + \beta_2 - \beta_3 - \beta_4)z - (\omega_1 + \omega_2 - \omega_3 - \omega_4)t$。式（5.4）描述了多路信号之间的科尔非线性效应，前四项分别对应 SPM 和 XPM 过程，第 5 项是与相位匹配 θ_- 相联系的 FWM

效应。在 FWM 过程中，由 θ_- 表达式中的时间相关项可知，频率为 ω_1 和 ω_2 的两个光子湮灭后产生频率为 ω_3 和 ω_4 两个新的光子。因此，4 路信号的频率 f_j 满足如下关系：

$$f_1 - f_3 = f_4 - f_2 \tag{5.5}$$

该式说明 FWM 过程中相邻信号之间的频率间隔是一致的。因此，WDM 光纤通信系统中 FWM 引起的非线性产物是系统噪声的重要来源。而 θ_- 表达式中的传播常数部分则给出了相位匹配条件：

$$\Delta k = \beta_3 + \beta_4 - \beta_1 - \beta_2 \tag{5.6}$$

当 $\Delta k = 0$ 时可获得更高的 FWM 转换效率。为满足相位匹配要求，通过设计 HNLF 的色散曲线，使其零色散波长落在输入信号波长之间，可以大幅提高转换效率。同时，为获得更大的工作带宽，还需减少 HNLF 零色散波长处的色散斜率。因此，采用色散平坦 HNLF 有助于获得更大的 FWM 带宽。

将四路信号和非线性极化强度带入到波动方程，可得到光纤中 FWM 耦合模方程：

$$\begin{cases} \dfrac{\mathrm{d}A_1}{\mathrm{d}z} = \mathrm{i}\gamma\left[\left(\left|A_1\right|^2 + 2\sum_{k\neq1}\left|A_k\right|^2\right)A_1 + 2A_2^*A_3A_4\exp(\mathrm{i}\Delta kz)\right] \\[2mm] \dfrac{\mathrm{d}A_2}{\mathrm{d}z} = \mathrm{i}\gamma\left[\left(\left|A_2\right|^2 + 2\sum_{k\neq2}\left|A_k\right|^2\right)A_2 + 2A_1^*A_3A_4\exp(\mathrm{i}\Delta kz)\right] \\[2mm] \dfrac{\mathrm{d}A_3}{\mathrm{d}z} = \mathrm{i}\gamma\left[\left(\left|A_3\right|^2 + 2\sum_{k\neq3}\left|A_k\right|^2\right)A_3 + 2A_4^*A_1A_2\exp(-\mathrm{i}\Delta kz)\right] \\[2mm] \dfrac{\mathrm{d}A_4}{\mathrm{d}z} = \mathrm{i}\gamma\left[\left(\left|A_4\right|^2 + 2\sum_{k\neq4}\left|A_k\right|^2\right)A_4 + 2A_3^*A_1A_2\exp(-\mathrm{i}\Delta kz)\right] \end{cases} \tag{5.7}$$

式中，A_j 为各路信号沿光纤轴向的复振幅；γ 为非线性系数。

上述过程中，有一种特殊情况，即输入的泵浦光 $\omega_1 = \omega_2$ 和信号光 ω_3 将产生新频率的闲频光 ω_4，称为简并 FWM；相比之下，对于 $\omega_1 \neq \omega_2$ 的一般情形，则称为非简并 FWM。在全光波长变换的应用中，通常采用简并 FWM 结构用于支持多波长工作需求。在后续章节讨论多电平相位再生时，基于相敏放大的高阶调制信号再生需要使用非简并 FWM 效应。

为给出耦合模方程的近似解，通常需要对参与 FWM 过程的条件进行限定。假定 FWM 过程中，泵浦光功率远高于其他信号，因此可以忽略式（5.7）前两个方程中的 FWM 产物；同时，假定泵浦光功率在上述非线性过程中保持不变，即不考虑泵浦消耗的影响。于是，两路泵浦光的近似解为

$$\begin{cases} A_1(z) = \sqrt{P_1}\exp[\mathrm{i}\gamma(P_1 + 2P_2)z] \\ A_2(z) = \sqrt{P_1}\exp[\mathrm{i}\gamma(P_2 + 2P_1)z] \end{cases} \tag{5.8}$$

式中，P_j 为入射光功率。式（5.8）表明泵浦光仅受到 SPM 和 XPM 效应的影响。将式（5.8）代入式（5.7），得到信号和闲频光的耦合模方程：

$$
\begin{cases}
\dfrac{\mathrm{d}A_3}{\mathrm{d}z} = 2\mathrm{i}\gamma[(P_1 + P_2)A_3 + \sqrt{P_1 P_2}\exp(-\mathrm{i}\theta)A_4^*] \\[2mm]
\dfrac{\mathrm{d}A_4^*}{\mathrm{d}z} = -2\mathrm{i}\gamma[(P_1 + P_2)A_4^* + \sqrt{P_1 P_2}\exp(\mathrm{i}\theta)A_3]
\end{cases}
\tag{5.9}
$$

式中，$\theta = [\Delta k - 3\gamma(P_1 + P_2)]z$。通过引入 $B_j = A_j \exp[-2\mathrm{i}\gamma(P_1 + P_2)z]$，化简式（5.9）可以得到通解：

$$
\begin{cases}
B_3(z) = (a_3 \mathrm{e}^{gz} + b_3 \mathrm{e}^{-gz})\exp(-\mathrm{i}\kappa z/2) \\[2mm]
B_4^*(z) = (a_4 \mathrm{e}^{gz} + b_4 \mathrm{e}^{-gz})\exp(\mathrm{i}\kappa z/2)
\end{cases}
\tag{5.10}
$$

式中，系数 a_3，b_3，a_4 和 b_4 由边界条件来确定；参量增益系数 $g = \sqrt{(\gamma P_0 r)^2 - (\kappa/2)^2}$；总泵浦功率 $P_0 = P_1 + P_2$；$r = 2\sqrt{P_1 P_2}/P_0$；相位失配因子 $\kappa = \Delta k + \gamma(P_1 + P_2)$。

由式（5.10）可知，泵浦信号引起的非线性相移也参与了 FWM 转换过程，使得最大转换效率并非出现在 $\Delta k = 0$。此外，闲频光相位与信号光相位呈现共轭关系，该效应已广泛应用于非线性噪声的全光补偿[6]。需要指出的是，本节仅给出了四路信号之间的相互作用，随着注入光功率的提升，信号之间的作用过程会变得非常复杂，不仅会产生闲频光，还将进一步获得高阶 FWM 产物。

5.3.2　FWM 再生方案对比

由上述非线性耦合模理论可以看出，FWM 过程伴随着多路信号之间的相互作用，同时还产生新频率的光。高功率的泵浦光和低功率的探测光通过简并光纤 FWM 作用，可以获得到闲频光和高阶四波混频光。数据信号、连续光/时钟信号可以作为泵浦光以及探测光，闲频光或高阶四波混频光则作为再生信号，这样可有四种再生方案，如表 5.1 所示。泵浦光功率 P_{pump}、探测光功率 P_{probe} 和闲频光功率 P_{Idler} 满足如下关系[7]：

$$
P_{\mathrm{Idler}} = \eta \gamma^2 P_{\mathrm{pump}}^2 P_{\mathrm{probe}} \exp(-\alpha L)\left\{\frac{[1 - \exp(-\alpha L)]^2}{\alpha^2}\right\}
\tag{5.11}
$$

式中，转换系数 η 与光纤损耗 α 和色散有关；L 为 HNLF 长度。

由式（5.11）可以看出，闲频光功率与泵浦光功率的平方成正比，与探测光功率的一次方成正比。对于数据泵浦 FWM 再生方案（I），再生信号的消光比将是输入信号的两倍，即实现消光比提升效果。根据方案的对称性，再生方案（IV）也具有类似的效果。而对于其他两种方案，其消光比保持不变。在实验过程中，为获得较高的转换效率，HNLF 的色散和色散斜率均需要精确设计，才可能在较大带宽范围内获得足够的功率转换特性。

表 5.1　基于简并 FWM 的四种再生方案

方案	泵浦光	探测光	再生信号
I（CDI）	数据	连续光/时钟	闲频光
II（CDH）	数据	连续光/时钟	高阶四波混频光
III（DCI）	连续光/时钟	数据	闲频光
IV（DCH）	连续光/时钟	数据	高阶四波混频光

　　为进一步说明 FWM 转换特性对再生性能的影响，图 5.14 给出了上述四种再生方案所对应的功率转移函数。从四种功率转移曲线来看：再生方案（I）和（IV）与理论预期一致，在对数单位坐标系中功率转移函数的斜率达到 2，可实现消光比提升功能，前者的输出消光比更大；方案（II）和（III）虽然不能改善信号消光比，但后一种方案可提供更佳的"0"和"1"码幅度噪声抑制能力。再生方案的选择除考虑上述因素外，还需要对再生条件和要求进行考虑。例如，当系统需要支持多通道再定时功能时，时钟泵浦 FWM 方案与数据泵浦方案相比，大幅节省所需的时钟信道数量，简化再生器结构。

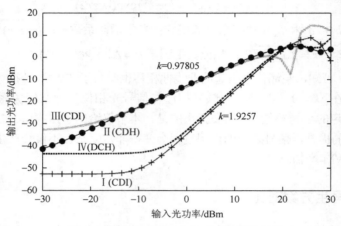

图 5.14　四种再生方案的功率转移特性

5.3.3　再生性能分析

　　下面以最具代表性的再生方案（I）和（III）为例，分析由 FOPO 和 FWM 构成的全光 3R 再生系统性能。该系统主要由劣化信号的产生、基于 FOPO 的时钟提取、基于 FWM 的光判决门以及光信号接收四个部分组成，如图 5.15 所示。WDM 光源产生的连续光通过两次强度调制后获得光 RZ 信号，其序列长度为 2^7-1、速率为 12.5 Gb/s。信号劣化主要通过调节马赫-曾德尔调制器（MZM）的偏置电压、射频信号增益以及码型发生器的电延迟时间等方法实现，劣化效果包括降低信号消光比、增加定时抖动和幅度噪声。信号产生单元中的 EDFA 一方面补偿功率损耗，另一方面也引入 ASE 噪声降低光信噪比，起到信号劣化的效果。首先通过高功率放大器控制注入的劣化信号光功率，并使用滤波器滤除带外噪声。劣化信号由 50：50 光分路器（OS）分为两个部分，一部分输入 FOPO 进行全光时钟提取，另一部分进入 FWM 光判决门。基于 FOPO 的时钟提取单元由 FOPO 环形腔和闲频反馈控制支路两部分组成，提取的时钟信号波长与输入的劣化信号波长不同，便于后续发生 FWM 过程，而反馈控制支路可保证系统长时间稳定工作。劣化信号和光时钟信号通过复用器耦合进入 1000 m 长的 HNLF，由于提取出的时钟信号功率有限，在进入 FWM 光判决门之前需要对其功率进一步优化。另外，由于两路信号经过了不同的光路，因此需要 TODL 来实现时隙对准。再生信号由光接收系统接收，并由示波器和误码仪测量信号质量，其中光接收系统由前置放大器、光滤波器和光/电转换等器件组成。

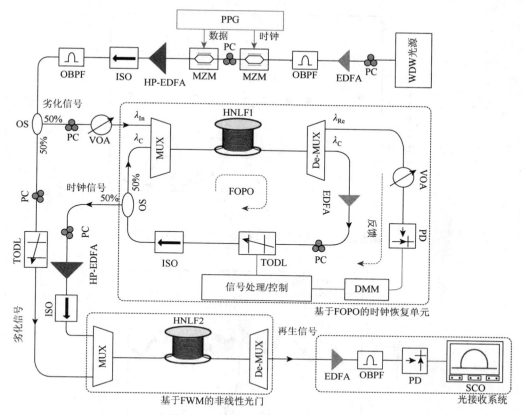

图 5.15　全光 3R 再生实验系统框图

1. 数据泵浦再生实验

当非线性光判决门采用再生方案（Ⅰ）时，可提供消光比提升效果。可通过调节 MZM 的偏置电压和射频放大器的增益，获得消光比劣化信号，用于分析数据泵浦 FWM 光判决门的再生能力。全光 3R 再生功能中的再定时过程依赖于 FOPO 时钟提取单元所能提供的光时钟质量，具体与劣化信号的消光比密切相关。图 5.16 给出了提取的光时钟相位抖动对注入信号消光比的依赖关系。实验结果表明，当输入信号的消光比在 4～14 dB 内变化时，提取的时钟信号相位抖动（RMS）维持在 1.1 ps 左右，即 FOPO 单元对信号消光比的依赖性较低。

在数据泵浦 FWM 再生实验中，输入的数据信号、提取的时钟信号以及再生信号的波长分别对应于 WDM 信道 Ch23、Ch21 和 Ch25，测量得到的 FWM 光谱如图 5.17 所示，可以看出，泵浦信号和光时钟均具有较强的时钟信息，为获得良好的再生效果需要调节数据信号端的 TODL，实现信号的时隙对准。数据泵浦 FWM 过程在 HNLF2 中产生，通过后续解复用器滤出相应的再生信号。图 5.18 给出了实验测量得到的消光比转移曲线。在消光比测量过程中，需要保持被测信号功率的一致性，以避免探测器的非线性功率响应影响测量结果。实验结果表明，输入输出消光比呈线性依赖关系，数据泵浦 FWM 再生可明显提升输入信号的消光比。例如，当输入信号消光比为 6.23 dB 时，再生信号消光比可达

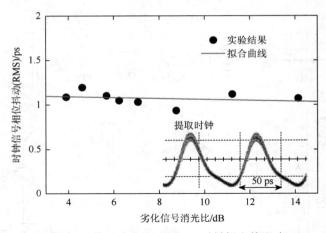

图 5.16　信号消光比对 FOPO 时钟提取的影响

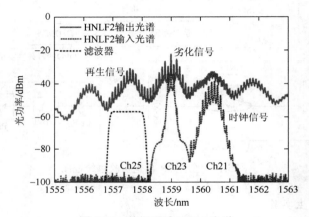

图 5.17　数据泵浦 FWM 光谱

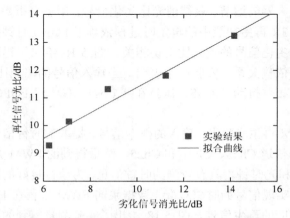

图 5.18　劣化信号和再生信号的消光比对应关系

到 9.28 dB，可提升约 3 dB。然而，当输入信号自身具有较高的消光比时，由于探测器存在固有噪声，可能无法获得消光比提升的效果。

图 5.19 给出了再生信号、劣化信号和背靠背信号的测试结果，以及相应的信号眼图。实验表明，光判决门方案（I）不仅可以提升劣化信号消光比约 3 dB，其再定时过程还可以减少 10% 的定时抖动。该全光 3R 再生系统最终可获得 6.67 dB 的接收机灵敏度改善。另外，再生信号与背靠背信号的灵敏度仅相差 1 dB，表明上述再生系统具有良好的信号恢复能力。从信号眼图来看，该再生过程并未获得抑制峰值抖动的效果。为了进一步提升该类再生器的工作性能，还需要优化泵浦光功率使其工作在增益饱和区域。否则，较大斜率的功率转移函数还可能会进一步劣化信号的幅度噪声。

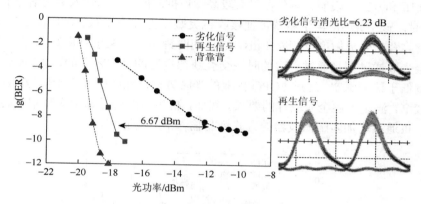

图 5.19　系统误码率以及眼图效果

2. 时钟泵浦再生实验

长距离光纤传输过程中，由于受到光纤色散等因素的影响，信号定时抖动大、脉冲畸变明显，此时可通过再定时过程实现全光时域取样效果，获得信号的幅度和相位再生功能。下面利用非线性光判决门方案（III）的再定时功能实现信号再生。实验中通过调节码型发生器产生的数据与时钟之间的延迟时间，可获得定时抖动劣化信号。首先实验测量 FOPO 时钟提取单元对该劣化信号的容忍程度，如图 5.20 所示，可以看出，FOPO 对注入信号的相位抖动具有极大的抑制作用。当输入信号的相位抖动（RMS）为 7.89 ps 时，提取的时

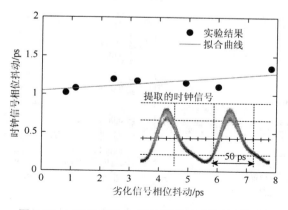

图 5.20　FOPO 对输入信号相位抖动的抑制作用

钟信号相位抖动（RMS）仅有 1.35 ps。因此，FOPO 的再定时功能可为后续的光信号处理过程提供高质量的时钟信号。

图 5.21 给出了时钟泵浦情形下 HNLF2 中产生的 FWM 光谱图，其中输入的数据信号、提取的时钟信号以及再生信号波长分别对应于 WDM 的 Ch21、Ch23 和 Ch25 通道。虽然该再生方案无法提升信号消光比，但通过优化信号与时钟的时隙位置，该全光取样过程也可以提升信号质量。图 5.22 为该全光 3R 再生系统的相位抖动和幅度噪声转移函数，其中幅度噪声相对于平均信号幅度进行了归一化处理。实验测得的相位抖动和幅度噪声转换斜率分别为 0.16 和 0.27，表明该再生器具有较高噪声抑制能力。当输入劣化信号的相位抖动为 7.89 ps 时，该全光 3R 再生系统可使接收机灵敏度提升约 4.7 dB，如图 5.23 所示。再生信号与背靠背信号灵敏度仅相差 1 dB，这说明时钟泵浦方案也有良好的信号恢复能力。该方案的全光取样过程是通过有限的时域交叠获得良好的再生效果的，即 FWM 过程中时钟泵浦脉宽低于信号脉宽。通过 FOPO 提取的光时钟频谱宽度明显大于信号，表明光时钟脉冲宽度较窄，满足上述全光取样的要求。然而，再生后的信号脉宽变窄却不利于后续长距离传输，可通过增加匹配滤波器的方式恢复输入信号的脉宽。

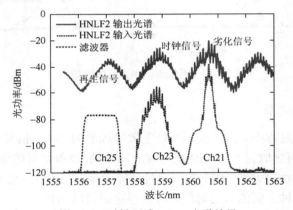

图 5.21　时钟泵浦 FWM 光谱结果

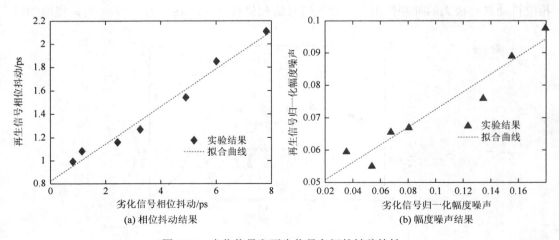

(a) 相位抖动结果　　　　　　　　　　　(b) 幅度噪声结果

图 5.22　劣化信号和再生信号之间的转移特性

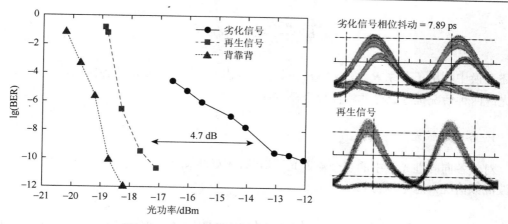

图 5.23　误码率测量结果以及再生前后眼图对比

5.4　磁控全光再生技术

光纤的磁光效应已应用到磁场和电流传感技术中[8, 9]，进一步将其与科尔非线性效应相结合，可实现磁可调节的非线性过程。本节将从磁光非线性耦合模理论入手，分析磁光效应如何有效影响 FWM 转换效率，并提出测量 HNLF 磁光系数的全光纤磁光萨萨纳克干涉仪方案，进一步实现磁控全光 3R 再生。

5.4.1　磁光非线性理论模型

磁光光纤中的非线性效应是指该光纤除了具有科尔非线性效应以外，还具有磁光效应。因此该理论模型包括 SPM、XPM 和 FWM 等三阶非线性效应以及磁光法拉第效应。磁光非线性耦合模理论揭示了光纤非线性效应与磁光法拉第效应共同作用下的导波光传播特性，为研究磁控光纤再生器件提供了重要理论依据。

无论是科尔非线性效应还是磁光效应，引起的折射率变化均较小。根据微扰理论，可将上述两类效应引起的非线性电极化强度 P_{per} 视为线性电极化强度 P_L 的微扰项，并满足如下形式的矢量波动方程[5]：

$$\nabla^2 \mathbf{E} - \frac{1}{c^2}\frac{\partial^2 \mathbf{E}}{\partial t^2} = \mu_0 \frac{\partial^2 \mathbf{P}_L}{\partial t^2} + \mu_0 \frac{\partial^2 \mathbf{P}_{per}}{\partial t^2} \tag{5.12}$$

式中，$\mathbf{E}$ 为矢量电场；c 为真空中的光速；μ_0 为真空中的磁导率。对于磁光光纤而言，$\mathbf{P}_{per} = \mathbf{P}_{NL} + \mathbf{P}_{MO}$，其中 $\mathbf{P}_{NL}$ 为科尔非线性微扰，$\mathbf{P}_{MO}$ 为磁光微扰。仅考虑三阶极化率的情况下，科尔非线性微扰可采用式（5.3）的表达形式，但需将其电场换为矢量场。磁光微扰 $\mathbf{P}_{MO} = \varepsilon_0 \varepsilon_{MO} \cdot \mathbf{E}$，其中磁光电极化率张量 ε_{MO} 可以用如下形式表示[10]：

$$\varepsilon_{MO} = \begin{bmatrix} 0 & if_1 M_z & -if_1 M_y \\ -if_1 M_z & 0 & -if_1 M_x \\ if_1 M_y & if_1 M_x & 0 \end{bmatrix} \tag{5.13}$$

傅里叶变换后，进一步得到频域的波动方程：

$$\nabla^2 \tilde{E} + \frac{n^2 \omega^2}{c^2} \tilde{E} = -\mu_0 \omega^2 \tilde{P}_{\mathrm{per}} \tag{5.14}$$

上述变换中利用了关系 $P_L = \varepsilon_0 \chi^{(1)} \cdot E$，其中 $n = \sqrt{1 + \chi^{(1)}}$。下面将从各向同性光纤和双折射光纤两种情况推导磁光非线性耦合模方程。

1. 各向同性光纤

对于各向同性光纤中的多个输入光波情形，不妨将输入光波数量设定为 4 以便于分析四波混频情况，总电场可表示为

$$E(x, y, z, t) = \frac{1}{2} \sum_{l=1}^{4} \{ F_l(x, y) A_l(z, t) \exp[\mathrm{i}(\beta_{0l} z - \omega_l t)] + c.c. \} \tag{5.15}$$

式中，$l = 1 \sim 4$ 分别对应四波混频中的两个泵浦光、探测光和闲频光；$F_l(x, y)$ 为横向电场分布；$A_l(z, t)$ 为沿光纤轴向的矢量电场分布，通常可以表示为 $p = x$ 和 $p = y$ 的两个正交电场；β_{0l} 为传播常数。在各向同性光纤中只需考虑单一偏振态情况，但为获得通用的表达形式，仍用带下标 p 来表征不同偏振状态。将式（5.15）代入式（5.14），可得到如下关系：

$$\left(\frac{\partial^2 F_l}{\partial x^2} + \frac{\partial^2 F_l}{\partial y^2} \right) \tilde{A}_{l,p} + F_l \left\{ \frac{\partial^2 \tilde{A}_{l,p}}{\partial z^2} + 2\mathrm{i}\beta_{0l} \frac{\partial \tilde{A}_{l,p}}{\partial z} + [\tilde{\beta}_l^2(\omega) - \beta_{0l}^2] \tilde{A}_{l,p} \right\}$$
$$+ [n_l^2 k_{0l}^2 - \tilde{\beta}_l^2(\omega)] F_l \tilde{A}_{l,p} = -2\mu_0 \omega_l^2 \tilde{P}_{\mathrm{per}} \big|_{l,p} \exp(-\mathrm{i}\beta_{0l} z) \tag{5.16}$$

利用关系 $\left(\frac{\partial^2 F_l}{\partial x^2} + \frac{\partial^2 F_l}{\partial y^2} \right) \tilde{A}_{l,p} + [n_l^2 k_{0l}^2 - \tilde{\beta}_l^2(\omega)] F_l \tilde{A}_{l,p} = 0$，以及慢变包络近似，式（5.16）可进一步简化为

$$\frac{\partial \tilde{A}_{l,p}}{\partial z} - \mathrm{i} \sum_{n=1}^{\infty} \frac{\beta_n}{n!} (\omega - \omega_l)^n \tilde{A}_{l,p} = \mathrm{i} \frac{\mu_0 \omega_l^2}{\beta_{0l} F_l} \tilde{P}_{\mathrm{per}} \big|_{l,p} \exp(-\mathrm{i}\beta_{0l} z) \tag{5.17}$$

推导式（5.17）的过程中，利用了传播常数的泰勒级数展开式 $\beta_l(\omega) = \sum_{n=1}^{+\infty} \frac{\beta_n}{n!} (\omega - \omega_l)^n$。

将非线性和磁光微扰带入式（5.17），并进行傅里叶反变换后得到如下形式：

$$\frac{\partial A_{l,p}}{\partial z} + \sum_{n=1}^{+\infty} \frac{\mathrm{i}^{n-1} \beta_n}{n!} \frac{\partial^n A_{l,p}}{\partial t^n} = \mathrm{i} \frac{\omega_l \chi_{xxxx}^{(3)}}{n_l F_l c} \{ (E \cdot E) E \}_{l,p} \exp[-\mathrm{i}(\beta_{0l} z - \omega_l t)] + \mathrm{i} \frac{\omega_l \varepsilon_{\mathrm{MO},p}}{2 n_l c} A_{l,\bar{p}} \tag{5.18}$$

四波混频过程中包括四个电场分量、两种正交偏振态，因此 $(E \cdot E) E$ 的计算非常繁杂。这里引入算符 $[a, b, c] = \frac{1}{3} [(a \cdot b) c + (b \cdot c) a + (c \cdot a) b]$ 来简化上述计算过程[11]。各向同性光纤

中磁光四波混频的演化过程满足如下方程：

$$\frac{\partial A_{l,p}}{\partial z} + \sum_{n=1}^{\infty} \frac{i^{n-1}\beta_n}{n!} \frac{\partial^n A_{l,p}}{\partial t^n} + \frac{\alpha}{2} A_{l,p} = i\gamma R_{l,p} + \kappa_{l,p} A_{l,\bar{p}} \tag{5.19}$$

式中，非线性系数 $\gamma = \dfrac{3\omega_l \chi_{xxxx}^{(3)}}{8n_l c A_{\mathrm{eff}}}$；有效横截面积 $A_{\mathrm{eff}} = F_l^{-2}$；$\alpha$ 为光纤损耗。当 $p = x$ 时，

$\varepsilon_{MO,x} = if_1 M_z$，$\kappa_{l,x} = -\dfrac{k_l f_1 M_z}{2n_l} = -V_{l,B}B$；当 $p = y$ 时，$\varepsilon_{MO,y} = -if_1 M_z$，$\kappa_{l,x} = V_{l,B}B$。下面分别

给出双泵浦和单泵浦情况下 R_l 的表达式。

对于双泵浦情况，非线性项可以表示为

$$R_l = [A_l, A_l^*, A_l] + 2\sum_{j\neq l=1}^{4} [A_j, A_j^*, A_l] + 2[A_m, A_n, A_k^*]\exp(i\Delta\beta_{mnkl}z) \tag{5.20}$$

式中，相位匹配 $\Delta\beta_{mnkl} = \beta_{0m} + \beta_{0n} - \beta_{0k} - \beta_{0l}$。对于泵浦光 $l = 1,2$，则 $k = 3-l$，$m = 3$，$n = 4$；而对于信号和闲频光 $l = 3,4$，则 $k = 7-l$，$m = 1$，$n = 2$。式（5.20）中第一项对应于 SPM 效应，表示光场对自身的影响；第二项对应于 XPM 效应，表示其他光场引入的额外相移；第三项对应于 FWM 效应，可产生新频率的光。

对于单泵浦情形，泵浦光非线性项表示为

$$R_1 = [A_1, A_1^*, A_1] + 2\sum_{j\neq l=1}^{4} [A_j, A_j^*, A_1] + 2[A_3, A_4, A_1^*]\exp(i\Delta\beta_{3411}z) \tag{5.21}$$

式中，$\Delta\beta_{3411} = \beta_{03} + \beta_{04} - 2\beta_{01}$，下标 $j = 3,4$。而对于探测光和闲频光，非线性项为

$$R_l = [A_l, A_l^*, A_l] + 2\sum_{j\neq l=1}^{4} [A_j, A_j^*, A_l] + 2[A_1, A_1, A_k^*]\exp(-i\Delta\beta_{3411}z) \tag{5.22}$$

式中，$l = 3,4$，$k = 7-l$。

2. 双折射光纤

当考虑光纤中的双折射效应时，导波光的演化需用一个更加通用的磁光非线性耦合模方程描述。此时，电场复包络中引入双折射引起的相位变化，即 $A_l = \sum_{p=x}^{y} \hat{p} B_{l,p} \exp\left(\dfrac{is\Delta\beta_{l,xy}z}{2}\right)$，

$\Delta\beta_{l,xy} = \Delta n \dfrac{2\pi}{\lambda_l}$ 为双折射，它与波长相关。当 $p = x$ 时，$s = 1$；当 $p = y$ 时，$s = -1$。将双折射光纤中的电场复包络表达式代入公式（5.19），可以得到双折射磁光光纤耦合模方程：

$$\frac{\partial B_{l,p}}{\partial z} + \sum_{n=1}^{+\infty} \frac{i^{n-1}\beta_n}{n!} \frac{\partial^n B_{l,p}}{\partial t^n} + \frac{\alpha}{2} B_{l,p} = i\gamma \bar{R}_{l,p} + \kappa_{l,p} B_{l,\bar{p}}\exp(-is\Delta\beta_{l,xy}z) - i\frac{s\Delta\beta_{l,xy}}{2} B_{l,p} \tag{5.23}$$

根据式（5.20）～（5.22），可分别给出双折射光纤中双泵浦和单泵浦情况下非线性项的具体表达形式。对于双泵浦情况，非线性耦合项 $\bar{R}_{l,p}$ 为

$$
\begin{aligned}
\bar{R}_{l,p} = {}& \mathrm{i}\gamma \sum_{j\neq l=1}^{4} \left\{ 2\left|B_{j,p}\right|^2 B_{l,p} + \frac{2}{3}\left|B_{j,\bar{p}}\right|^2 B_{l,p} + \frac{2}{3}B_{j,p}B_{j,\bar{p}}^{*}B_{l,p}\exp[\mathrm{i}s(-\Delta\beta_{l,xy}+\Delta\beta_{j,xy})z] \right. \\
& \left. + \frac{2}{3}B_{j,p}^{*}B_{j,\bar{p}}B_{l,\bar{p}}\exp[-\mathrm{i}s(\Delta\beta_{l,xy}+\Delta\beta_{j,xy})z] \right\} \\
& + \mathrm{i}\gamma\left\{ \left|B_{l,p}\right|^2 B_{l,p} + \frac{2}{3}\left|B_{l,\bar{p}}\right|^2 B_{l,p} + \frac{1}{3}B_{l,\bar{p}}^{2}B_{l,p}^{*}\exp(-2\mathrm{i}s\Delta\beta_{l,xy}z) \right\} \\
& + \mathrm{i}\gamma\left\{ 2B_{m,p}B_{n,p}B_{k,p}^{*}\exp(\mathrm{i}\Delta\beta_{mnkl,pppp}z) + \frac{2}{3}B_{m,\bar{p}}B_{n,\bar{p}}B_{k,p}^{*}\exp(\mathrm{i}\Delta\beta_{mnkl,\bar{p}\bar{p}pp}z) \right. \\
& \left. + \frac{2}{3}B_{m,p}B_{n,\bar{p}}B_{k,\bar{p}}^{*}\exp(\mathrm{i}\Delta\beta_{mnkl,p\bar{p}\bar{p}p}z) + \frac{2}{3}B_{m,\bar{p}}B_{n,p}B_{k,\bar{p}}^{*}\exp(\mathrm{i}\Delta\beta_{mnkl,\bar{p}p\bar{p}p}z) \right\}\exp(\mathrm{i}\Delta\beta_{mnkl}z)
\end{aligned}
$$
$$(5.24)$$

式中相位失配项 $\Delta\beta_{mnkl,pppp} = \Delta\beta_{m,p} + \Delta\beta_{n,p} - \Delta\beta_{k,p} - \Delta\beta_{l,p}$。对于单泵浦情况,泵浦信号的非线性项为

$$
\begin{aligned}
\bar{R}_{1,p} = {}& \mathrm{i}\gamma \sum_{j\neq l=1}^{4} \left\{ 2\left|B_{j,p}\right|^2 B_{1,p} + \frac{2}{3}\left|B_{j,\bar{p}}\right|^2 B_{1,p} + \frac{2}{3}B_{j,p}B_{j,\bar{p}}^{*}B_{1,p}\exp[\mathrm{i}s(-\Delta\beta_{1,xy}+\Delta\beta_{j,xy})z] \right. \\
& \left. + \frac{2}{3}B_{j,p}^{*}B_{j,\bar{p}}B_{1,\bar{p}}\exp[-\mathrm{i}s(\Delta\beta_{1,xy}+\Delta\beta_{j,xy})z] \right\} \\
& + \mathrm{i}\gamma\left\{ \left|B_{1,p}\right|^2 B_{1,p} + \frac{2}{3}\left|B_{1,\bar{p}}\right|^2 B_{1,p} + \frac{1}{3}B_{1,\bar{p}}^{2}B_{1,p}^{*}\exp(-2\mathrm{i}s\Delta\beta_{1,xy}z) \right\} \\
& + \mathrm{i}\gamma\left\{ 2B_{3,p}B_{4,p}B_{1,p}^{*}\exp(\mathrm{i}\Delta\beta_{3411,pppp}z) + \frac{2}{3}B_{3,\bar{p}}B_{4,\bar{p}}B_{1,p}^{*}\exp(\mathrm{i}\Delta\beta_{3411,\bar{p}\bar{p}pp}z) \right. \\
& \left. + \frac{2}{3}B_{3,p}B_{4,\bar{p}}B_{1,\bar{p}}^{*}\exp(\mathrm{i}\Delta\beta_{3411,p\bar{p}\bar{p}p}z) + \frac{2}{3}B_{3,\bar{p}}B_{4,p}B_{1,\bar{p}}^{*}\exp(\mathrm{i}\Delta\beta_{3411,\bar{p}p\bar{p}p}z) \right\}\exp(\mathrm{i}\Delta\beta_{3411}z)
\end{aligned}
$$
$$(5.25)$$

式中相位 $\Delta\beta_{3411} = \Delta\beta_{03} + \Delta\beta_{04} - 2\Delta\beta_{01}$,而 $j=3,4$。探测光和闲频光的非线性项为

$$
\begin{aligned}
\bar{R}_{l,p} = {}& \mathrm{i}\gamma \sum_{j\neq l=1}^{4} \left\{ 2\left|B_{j,p}\right|^2 B_{l,p} + \frac{2}{3}\left|B_{j,\bar{p}}\right|^2 B_{l,p} + \frac{2}{3}B_{j,p}B_{j,\bar{p}}^{*}B_{l,p}\exp[\mathrm{i}s(-\Delta\beta_{l,xy}+\Delta\beta_{j,xy})z] \right. \\
& \left. + \frac{2}{3}B_{j,p}^{*}B_{j,\bar{p}}B_{l,\bar{p}}\exp[-\mathrm{i}s(\Delta\beta_{l,xy}+\Delta\beta_{j,xy})z] \right\} \\
& + \mathrm{i}\gamma\left\{ \left|B_{l,p}\right|^2 B_{l,p} + \frac{2}{3}\left|B_{l,\bar{p}}\right|^2 B_{l,p} + \frac{1}{3}B_{l,\bar{p}}^{2}B_{l,p}^{*}\exp(-2\mathrm{i}s\Delta\beta_{l,xy}z) \right\} \\
& + \mathrm{i}\gamma\left\{ B_{1,p}^{2}B_{k,p}^{*}\exp(\mathrm{i}\Delta\beta_{11kl,pppp}z) + \frac{1}{3}B_{1,\bar{p}}^{2}B_{k,p}^{*}\exp(\mathrm{i}\Delta\beta_{11kl,\bar{p}\bar{p}pp}z) \right. \\
& \left. + \frac{2}{3}B_{1,p}B_{1,\bar{p}}B_{k,\bar{p}}^{*}\exp(\mathrm{i}\Delta\beta_{11kl,p\bar{p}\bar{p}p}z) \right\}\exp(-\mathrm{i}\Delta\beta_{3411}z)
\end{aligned}
$$
$$(5.26)$$

式中 $l=3,4$,$k=7-l$。

根据上述结果可以看出,一方面磁光效应引起不同偏振态的导波光之间发生耦合,另

一方面 FWM 转换效率与导波光的偏振特性相关，从而能够实现磁可控的全光非线性过程，可为后续开展磁控全光 3R 再生提供有效的理论工具。

5.4.2　全光纤磁光萨格纳克干涉仪

开展磁光非线性效应实验研究的关键是要求材料同时具有科尔非线性效应和磁光效应。通过掺杂稀土元素、优化纤芯尺寸等方法制备的高非线性光纤具有较高的科尔非线性效应，已成为全光再生实验的材料基础。相对而言，光纤通信具有良好的抗电磁干扰特性，但光纤本身仍具有磁光法拉第效应。1996 年，Cruz 等通过向标准光纤加载轴向磁场的方法测量了光纤的等效费尔德常数，如图 5.24 所示[12]。根据该测量结果，可估算出费尔德常数 V_{eff}，它对光频 ν 的依赖关系为

$$V_{\mathrm{eff}} = (0.142 \pm 0.004) \times 10^{-28} \nu^2 \tag{5.27}$$

由公式（5.27）可计算出 1550 nm 通信波长处光纤的等效费尔德常数为 0.53rad/(T·m)。总体来说，光纤的磁光效应还是比较弱的，往往需要通过增加作用距离提升磁控效果。为此，我们提出了全光纤磁光萨格纳克干涉方案，测量高非线性光纤的费尔德常数，并提升磁控性能。

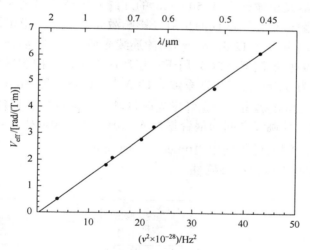

图 5.24　通信光纤的等效费尔德常数随光波频率的变化

全光纤磁光萨格纳克干涉仪（AFMOSI）实验结构如图 5.25 所示，其工作原理如下：将被测高非线性光纤置入萨格纳克干涉仪中，利用光纤的磁光效应，通过测试透射光强随磁场的依赖关系，从而测量光纤的费尔德常数。磁光萨格纳克干涉仪的透射率 T 可表示为[8]

$$T = F_\alpha \left\{ 1 - \xi_R \left[\begin{array}{l} \cos^2(\kappa L_F) \cos^2\left(\dfrac{\Delta\beta_{\mathrm{PC}} L_{\mathrm{PC}}}{2}\right) \\ + \dfrac{\Delta\beta_F^2}{4\kappa^2} \sin^2(\kappa L_F) \sin^2\left(\dfrac{\Delta\beta_{\mathrm{PC}} L_{\mathrm{PC}}}{2}\right) \end{array} \right] + (2 - \xi_R)\dfrac{\Delta\beta_F}{4\kappa}\sin(2\kappa L_F)\sin(\Delta\beta_{\mathrm{PC}} L_{\mathrm{PC}}) \right\} \tag{5.28}$$

式中，损耗系数 $F_\alpha = \exp\left(-\dfrac{\alpha_{all}}{2}\right)$；耦合系数 $\xi_R = 4\rho(1-\rho)$，ρ 为耦合器的耦合比；$\kappa =$

$\sqrt{\dfrac{\Delta\beta_F^2}{4} + \kappa_m^2}$；$\Delta\beta_F = \dfrac{2\pi \cdot \Delta n_F}{\lambda}$ 为磁光光纤双折射；Δn_F 为其双折射系数；磁光耦合系数 $\kappa_m =$

$V_B \cdot B$；费尔德常数可以表示为 $V_B = \dfrac{K}{\lambda^2 - \lambda_t^2}$[13]；$\lambda_t$ 为跃迁波长；K 是与输入波长无关的

常数；B 为加载在光纤上的磁通量；偏振控制器用光纤双折射 $\Delta\beta_{PC} = \dfrac{2\pi \cdot \Delta n_{PC}}{\lambda}$ 等效；Δn_{PC}

为光纤的双折射系数；L_F 为磁光光纤长度；L_{PC} 为偏振控制器等效的光纤长度。

　　考虑到实验中所需的磁场强度以及高非线性光纤的宏观弯曲损耗，我们对高非线性光纤的磁场加载装置——螺绕环进行了设计。首先，将被测光纤缠绕在不同尺寸的线盘上，测试了传输损耗随光纤弯曲半径的变化关系，实验表明，当线盘直径大于 7cm 时被测高非线性光纤的传输损耗增加可控制在 0.6 dB 以内[14]。综合考虑实验所需磁场大小、高非线性光纤的宏弯曲损耗、磁光单元连续工作时间等因素，最终确定螺绕环内托盘直径为 9.2cm，该装置可沿光纤轴向产生最大 180 Gs 的磁场。实验具体参数以及操作如下：激光器发出波长为 1550.9 nm 的连续光经环行器进入偏振分析仪，该环形器的作用是防止萨格纳克干涉仪的反射光影响激光器工作的稳定性。在偏振分析仪的输出端口测得光功率为 -6.12 dBm，输出的连续光通过 3 dB 耦合器进入全光纤磁光萨格纳克干涉仪。偏振控制器（PC）用于补偿环内双折射并控制透射光功率。被测高非线性光纤的长度为 30 m，其非线性系数为 $10\ \text{W}^{-1}/\text{km}$、双折射 $\Delta\beta \approx 0.084\ \text{m}^{-1}$、1550 nm 处的传输损耗为 1.224 dB/km。全光纤磁光萨格纳克干涉仪的总损耗为 8 dB，包括高非线性光纤和单模光纤跳线之间的耦合损耗 6.7 dB，因此 $10\lg F_\alpha = -8$ dB。透射光功率由偏振分析仪测量，测试过程使用"timed measurement"功能——每一个测量点会在 10 秒内连续记录 100 次以提高准确性。

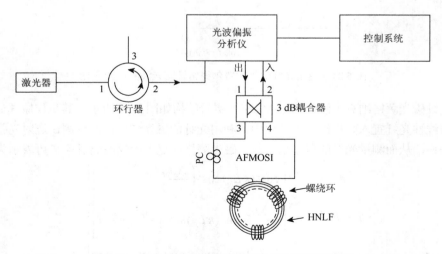

图 5.25　全光纤磁光萨格纳克干涉仪实验系统框图

确定被测光纤的费尔德常数之前，需要计算出 3 dB 耦合器的精确耦合比。根据式（5.28）可计算出无磁场情况下（$\kappa = 0\,\text{m}^{-1}$）干涉仪透射率与耦合比 ρ 的关系，结果如图 5.26 所示。从仿真结果可以看出，耦合比在 0.5 附近时透射率急剧减小。实验中，通过调节偏振控制器用于补偿全光纤磁光萨格纳克干涉仪的线双折射，以获得最小透射光功率为−49.59 dBm，并由此计算出 3 dB 耦合器的精确耦合比为 $\rho = \dfrac{1}{2} + \dfrac{\sqrt{T/F_\alpha}}{2} = 0.508$。在此基础上，沿光纤轴向加载磁场，通过测量透射光功率随磁场强度的变化，可以最终确定高非线性光纤的等效费尔德常数。当磁感应强度 B=180 Gs 时，全光纤磁光萨格纳克干涉仪的透射光功率为−40.03 dBm。根据式（5.28），可以计算出高非线性光纤的等效费尔德常数为 0.09 rad/(T·m)，低于普通单模光纤的费尔德常数。两者有差别的原因，除了两类光纤材料的特性不同外，实验中被测高非线性光纤缠绕进螺绕环的过程中，光纤绕线方向与磁场之间存在夹角，使得实际加载到高非线性光纤的磁场强度低于 180 Gs，也导致计算出的费尔德常数低于实际值。

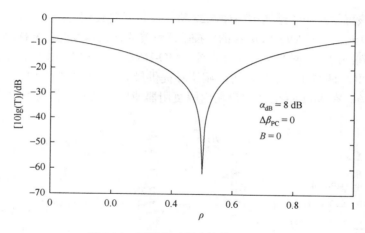

图 5.26　透射率对耦合比的依赖关系

将高非线性光纤置于萨格纳克干涉仪中，测量其磁光系数的同时，也从实验层面印证了全光纤磁控光开关的可行性。图 5.27 给出了不同双折射偏置情况下磁光响应的实验和理论曲线，其中理论结果由式（5.28）计算得到。当偏置点达到最优化时，磁致透射光功率变化约为 10 dB。进一步研究表明，利用该器件的偏置特性，能够获得温度不敏感的磁场测量效果[8]。上述磁光非线性效应实验也揭示了磁光效应对科尔非线性效应的控制机理，为进一步开展磁控全光再生实验提供了理论基础，也就是说，利用磁光萨格纳克干涉仪中光纤科尔非线性效应制作的磁控光判决门单元，可以实现磁可调的智能信号再生功能。

5.4.3　磁控 3R 再生器结构

磁控全光 3R 再生器沿用了 5.3 节的实验系统结构，利用 FOPO 时钟提取单元获得高质量的光时钟信号，与劣化信号一起注入磁光非线性光环镜（MO-NOLM），完成磁可调

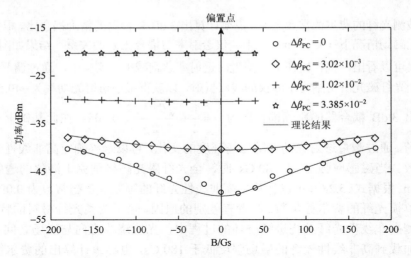

图 5.27　不同双折射偏置下全光纤磁光萨格纳克干涉仪的磁场响应曲线

的再生功能。该再生系统的结构框图如 5.28 所示，包括劣化信号产生单元、基于 FOPO 的全光时钟提取单元、基于 MO-NOLM 的磁控非线性光判决门以及光信号探测单元四个部分。MO-NOLM 光判决门中的磁光高非线性光纤（MO-HNLF）由绕制在螺绕环内的一根 1000 m 长的 HNLF 提供。调节直流电源，可向螺绕环提供最大 6.4 A 的驱动电流，产生约 200 Gs 的轴向直流磁场。在 MO-NOLM 输出端由解复用器滤出闲频光，作为再生信号。

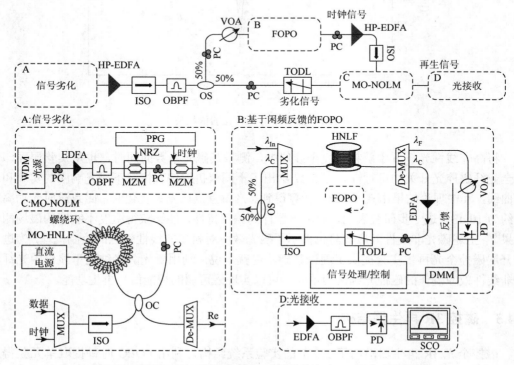

图 5.28　基于 FOPO 和 MO-NOLM 的磁控全光 3R 再生实验框图

全光再生器的磁可调性依赖于 MO-NOLM 的磁场响应。为此，注入光 RZ 泵浦信号和探测光以实现数据泵浦 FWM 过程，在干涉仪透射端观察磁场对闲频光功率的影响。根据图 5.27 所示的磁场响应曲线，当干涉仪处于"关"状态时磁控光开关的效果最好，即 MO-NOLM 透射光的磁场灵敏度最高。实验中，首先在没有泵浦和探测光输入的情况下，调节偏振控制器使干涉仪的初始透射率处于最低状态，利用宽谱光源测量的初始状态光谱如图 5.29 所示。然后，在上述初始状态下，输入泵浦和探测光信号，并调节它们的偏振态以获得最大的 FWM 转换效率，记录此时的透射闲频光功率为 –20.97 dBm，数据泵浦 FWM 的光谱如图 5.29 所示。进一步地，调节磁场强度可获得透射闲频光随磁场的变化曲线。调节 MO-NOLM 的双折射偏置并重复上述过程，可比较磁光非线性对双折射偏置大小的依赖特性，如图 5.30 所示。可以看出，透射闲频光功率与磁感应强度呈线性关系，

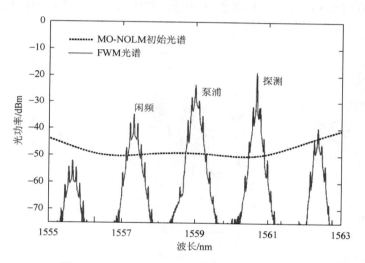

图 5.29　MO-NOLM 初始状态以及 FWM 光谱

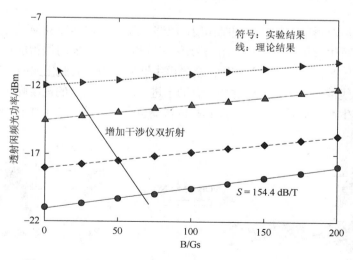

图 5.30　双折射偏置对 MO-NOLM 透射闲频光功率的影响

磁场灵敏度可以达 154.4 dB/T。干涉仪内双折射的增加，整体提高了透射功率水平，但同时也降低了其磁场灵敏度。在后续磁控全光 3R 再生实验中，MO-NOLM 的内部双折射偏置在干涉仪的"关"状态。

5.4.4　磁场对再生性能的影响

波长为 1558.98 nm 的 12.5 Gb/s 伪随机光 RZ 信号，经过消光比和相位抖动劣化后注入上述磁控 3R 再生系统，一部分光进入 FOPO 进行全光时钟提取，获得相位抖动（RMS）为 1.1 ps、波长为 1560.61 nm 的光时钟信号；另一部数据泵浦光与提取的时钟信号一起耦合进入 MO-NOLM 单元，实现磁控全光再生，再生信号波长为 1557.36 nm。MO-NOLM 单元输出的数据泵浦 FWM 光谱如图 5.31 所示，图中虚线为干涉仪初始状态的透射谱。

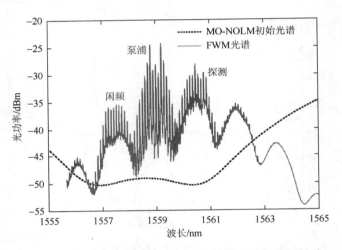

图 5.31　MO-NOLM 数据泵浦 FWM 光谱以及初始透射谱

利用磁光效应对透射闲频光的控制作用，能够有效调节 MO-NOLM 光功率转移特性，进而达到磁可调的再生效果。图 5.32 给出了劣化信号和 B=200 Gs 时测得的再生信号眼图，信号的幅度噪声和定时抖动明显得到抑制。全光再生性能随磁场的变化如图 5.33 所示，可以看出，通过对高非线性光纤加载轴向磁场，有助于进一步抑制信号的幅度噪声。与无磁场情形相比，其幅度再生性能提升了 20%，而其相位抖动也有所改善，从 1.78 ps 下降到 1.43 ps。

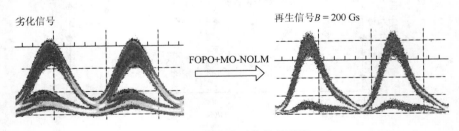

图 5.32　劣化和再生信号眼图

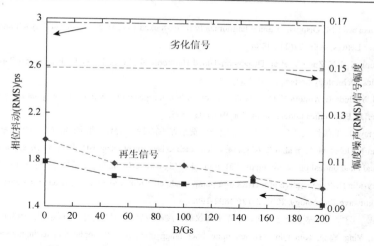

图 5.33 磁场对再生信号相位抖动和幅度噪声的影响

图 5.34 给出了有/无磁场情况下磁控全光 3R 再生系统的误码率测试结果，当 $B=0$ Gs 时，该再生系统可使接收机灵敏度提升约 1.3 dB；将磁场增加到 200 Gs 时，该再生系统的接收机灵敏度会进一步提升 1.7 dB，也就是说，磁控全光 3R 再生系统可使接收机灵敏度提升 3 dB。与理想信号的背靠背测试结果相比，磁控 3R 再生器对接收机灵敏度的劣化在 0.5 dB 以内，说明该再生器具有良好的信号恢复能力。总之，我们利用 MO-NOLM 单元的磁场调节功能构建了磁控全光 3R 再生系统，实验表明了全光再生器的磁可控性以及利用磁光效应提高再生效果的可行性，可为智能全光网络提供新型的信息处理器件。

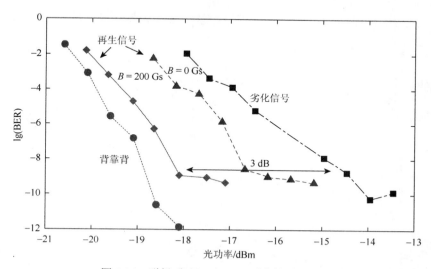

图 5.34 磁场对 MO-NOLM 再生性能的影响

参 考 文 献

[1] Perentos A, Fabbri S, Sorokina M, et al. QPSK 3R regenerator using a phase sensitive amplifier[J]. Optics Express, 2016, 24(15): 16649.

[2]　Tamura K, Nakazawa M. Dispersion-tuned harmonically mode-locked fiber ring laser for self-synchronization to an external clock[J]. Optics Letters, 1996, 21(24): 1984.

[3]　Yang S, Cheung K K Y, Zhou Y, et al. Dispersion-Tuned Harmonically Mode-Locked Fiber-Optical Parametric Oscillator[J]. IEEE Photonics Technology Letters, 2010, 22(8): 580-582.

[4]　Nakazawa M, Yoshida E, Kimura Y. Ultrastable harmonically and regeneratively modelocked polarisation-maintaining erbium fibre ring laser[J]. Electronics Letters, 1994, 30(19): 1603-1605.

[5]　Govind P, Agrawal. 非线性光纤光学原理及应用[M]. 贾东方, 余震虹, 等译. 北京: 电子工业出版社, 2010.

[6]　Ellis A D, Tan M, Iqbal M A, et al. 4 Tb/s Transmission reach enhancement using 10×400 Gb/s super-channels and polarization insensitive dual band optical phase conjugation[J]. Journal of Lightwave Technology, 2016, 34(8): 1717-1723.

[7]　Bogris A, Syvridis D. Regenerative properties of a pump-modulated four-wave mixing scheme in dispersion-shifted fibers[J]. Journal of Lightwave Technology, 2003, 21(9): 1892-1902.

[8]　文峰, 武保剑, 李智, 等. 基于全光纤萨格纳克干涉仪的温度不敏感磁场测量[J]. 物理学报, 2013, 62(13): 130701-5.

[9]　Bao-Jian Wu, Ying Yang, Kun Qin. Magneto-optic fiber bragg gratings with application to high-resolution magnetic field sensors[J]. 电子科技学刊, 2008, 6(4): 423-425.

[10]　刘公强. 磁光学[M]. 上海: 上海科学技术出版社, 2001.

[11]　Marhic M E. Fiber Optical Parametric Amplifiers, Oscillators and Related Devices[M]. Cambridge University Press, 2008.

[12]　Cruz J L, Andres M V, Hernandez M A. Faraday effect in standard optical fibers: dispersion of the effective Verdet constant.[J]. Applied Optics, 1996, 35(6): 922-7.

[13]　Rubinstein C B, Berger S B, Uitert L G V, et al. Faraday rotation of rare-earth(III)borate glasses[J]. Journal of Applied Physics, 1964, 35(8): 2338-2340.

[14]　文峰, 武保剑, 李智, 等. 非线性光纤器件的损耗性能测量[C]//中国光学学会 2010 年光学大会论文集. 2010.

第 6 章　多波长全光再生技术

为有效提高单根光纤的信息传输容量，商用光纤通信系统广泛采用了 WDM 技术，也要求全光再生技术适应多波长信号传输的应用需求，以有效降低每个波长的信息处理成本。因此，在单一非线性器件中支持多路信号的全光再生成为人们研究的重点。实现多波长再生的技术难点在于如何有效抑制信道间的非线性串扰。本章首先介绍多波长再生系统的结构，介绍三种主要的串扰抑制技术；然后从时钟泵浦和数据泵浦再生方案出发，分析多波长全光再生性能；最后探讨进一步提高再生通道数量的方法。

6.1　多波长再生系统结构

目前，大多数全光再生技术是针对单一波长信号的再生而设计的。理论上讲，面对波分复用信号的再生需求，可以直接采用图 6.1 所示的并行再生方案，首先将波分复用信号通过解复用器分为多路单一波长信号，再通过针对单一波长的全光 3R 再生器分别对这些信号进行独立处理，再生后的信号由复用器重新耦合进光纤进行传输，从而实现多波长信号的全光再生过程。上述方案的优点是可直接利用容易得到的单一波长再生器实现多波长信号的再生，信号解复用过程隔离了多波长信号间的干扰，并能够针对各路信号噪声特性分别优化再生器参数，有助于提升整个再生系统的性能。该方案的缺点也非常明显，所需再生器数量与信道数量成正比，增加了系统的复杂程度和信息处理成本。当面对更加密集的信道复用技术，例如超信道（super channel，SC）时，信号的解复用难度将大幅提高[1]，也使得并行方案难以提供良好的再生能力。

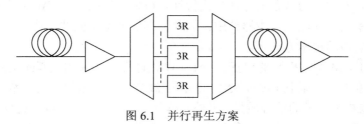

图 6.1　并行再生方案

人们总是预想，全光多波长再生器的最佳工作方式应该与 EDFA 类似，可以利用单一器件同时为多路信号提供再生功能。然而，当波分复用信号注入同一根高非线性光纤时，伴随着入射光功率的逐渐提升，信道间串扰将严重影响信号质量，这也是波分复用光纤通信网络所面对的主要噪声来源。因此，人们利用高非线性光纤效应实现多波长再生的同时，如何降低波分复用信号之间的非线性串扰，是多波长再生方案的关键所在。目前，共享再生方案成为多波长再生的研究热点，如图 6.2 所示[2]。在该方案中波分复用信号首先进入信道预处理单元，该单元根据串扰抑制技术的要求，对注入信号进行时隙、偏振或传播方向的优化，优化后的信号输入到共享的全光再生器，其输出信号再经信道恢复单元获得与输入端模式相同的波分复用再生信号。共享再生方案能够在单一非线性器件中实现多波长信号的同时再生，有效降低了信号处理成本，在全光交换节点中必将扮演重要角色。共享再生方案的信号再生性能严重依赖于串扰抑制技术，同时单一器件的共享也降低了再生过程的灵活性。信道预处理单元能够一定程度上降低波分复用信号之间的时域和频域交叠，有助于抑制共享再生方案中串扰的产生。下面主要介绍目前应用最为广泛的三种串扰抑制方案。

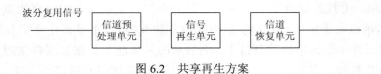

图 6.2   共享再生方案

6.2   串扰分类及其抑制技术

6.2.1   串扰分类

首先分析串扰的来源及其分类，为抑制方案提供技术参考。在共享再生方案中，波分复用信号共用单根高非线性光纤，可产生多种科尔非线性效应，也是劣化信号质量的噪声来源。不同的信道传输方式也将在再生方案中引入不同的串扰噪声，根据多波长再生过程中串扰来源的不同，串扰可分为如下三类：

第一类是光信号 SPM 以及它们之间的 XPM 效应引起的串扰。与 FWM 过程不同，这类串扰无须满足特定的相位匹配条件，会始终存在于整个多波长再生过程。有效降低这类噪声的方法是限制信号功率，例如在基于光纤参量放大的多波长全光再生中，通过减少信号功率的方式可避免非线性噪声问题[3]。实际中，信号光功率的选取，同样依赖于所采用的再生方案。例如，为改善信号消光比特性，可采用数据泵浦 FWM 的全光再生方案，必然要求高功率信号光注入再生器件中。因此，彻底消除不同波长信号之间的时域交叠，才是消除此类噪声的根本方法。

第二类是 FWM 产物引起的串扰。由于 FWM 过程依赖于相位匹配条件，通过相位失配手段一定程度上可以限制 FWM 噪声，但由于波分复用信道间隔比较窄，仍然有可观的 FWM 产物影响相邻信道的信号质量。另外，基于 FWM 的多波长再生过程中，高阶 FWM 或信道间的 FWM 产物会落在再生信道上，从而影响再生效果。图 6.3 给出了基于数据泵浦的双波长再生示意图，数据泵浦 1 和 2 的四波混频产物会对再生信号 3 产生影响，而数据泵浦光 1 与探测光产生的高阶 FWM 产物，正好落在数据泵浦光 2 的再生信号 4 的波长上，同样会劣化再生信号质量。FWM 噪声在波分复用信道间的分布并不均匀，主要集中在中间的波分复用信道上，同时，伴随着波长间隔的逐渐增大，其串扰噪声会逐步减少。因此，除了进一步增强相位失配因子外，优化信号波长分布、避免 FWM 产物落入再生信道也是有效降低 FWM 噪声的方法。

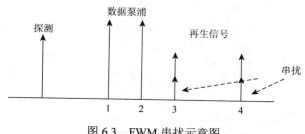

图 6.3　FWM 串扰示意图

第三类是散射效应和功率泄漏引起的串扰。双向对传方法可降低信道间 FWM 串扰，但该方法也会引入散射噪声问题。双向对传再生方案中，光纤中的瑞利散射、受激布里渊散射会导致一部分光发生反射，反射信号将影响相向传输信号质量。因此，在双向对传方案中，需要使用环行器（CIR）分离两路反向传播信号，但由于环行器隔离度有限，正向输入信号的泄漏光也会影响到反向再生信号形成串扰，这两种串扰如图 6.4 所示。因此，采用高质量的光环行器可以降低泄漏串扰，同时恰当的波长分配也可以明显改善再生性能。

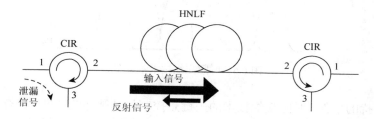

图 6.4　双向对传方案中散射与功率泄漏的影响

对于不同的再生方案，信号之间的串扰程度也不同。总体而言，使用数据信号作为泵浦光的再生方案会产生更强的串扰。但从信号再生性能的角度考虑，数据泵浦 FWM 可以有效提升信号消光比，通过饱和效应还能够抑制幅度噪声。总之，采用有效的串扰抑制技术，而不是限制再生方案的选取，才是解决共享再生技术难题的关键。

6.2.2　串扰抑制方案

本节主要介绍时隙交织、偏振复用和双向对传三种主要的串扰抑制方案，并通过实验探讨各方案的有效性以及工作条件，实验系统框图如图 6.5 所示。实验采用了数据泵浦 FWM 再生过程，两路泵浦信号的波长间隔为 200 GHz、信号速率为 12.5 Gb/s。对于双向对传方案，其系统结构和信号波长会略有不同[4]。

1. 时隙交织技术

利用光延迟技术，将同向传输的多波长短脉冲信号按照时分复用的方式排列起来，可形成时隙交织信号，如图 6.6 所示。由于各路信号之间在时域上没有交叠，消除了信道间

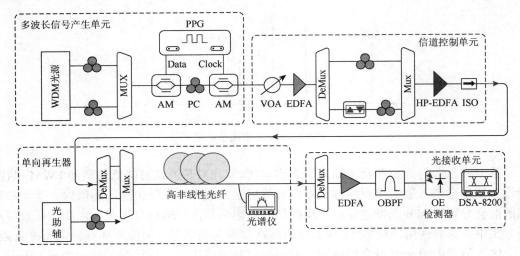

图 6.5   串扰抑制方案的实验系统结构

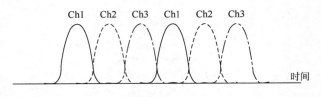

图 6.6   时隙交织技术示意图

产生非线性串扰的条件。时隙交织技术的关键是控制信号脉冲的宽度，只有在时域上完全隔离才能降低串扰噪声。但过窄的脉冲信号会导致其频谱宽度的明显增加，信号间的频域交叠也会作为噪声转移到再生信号上，从而影响再生性能。因此，时隙交织技术需要仔细优化信号脉宽或占空比，以达到最佳再生效果。

通过调节两路泵浦信号的相对时延可以观察出信号时域交叠对再生性能的影响，实验结果如图 6.7 所示。实验结果表明，40 ps 的相对时延使得信号间呈现时域正交状态，即一路信号的峰值功率点对应于另一路信号的最低功率点，进而减少了脉冲交叠的有效面积，使得再生信号质量达到最佳。为进一步减少信号间的交叠，需要在信道预处理单元中采用脉冲压缩技术获得窄脉冲信号，如果还需恢复到原始的脉冲宽度则需经信道恢复单元处理。

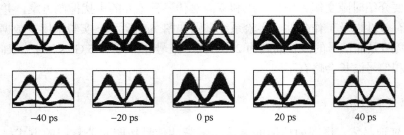

−40 ps	−20 ps	0 ps	20 ps	40 ps

图 6.7   相对时延对再生信号质量的影响

2. 偏振复用技术

根据 XPM 和 FWM 等三阶非线性效应的偏振相关性，适当调节信号之间的偏振态可一定程度上抑制相应串扰的产生。例如，数据信号 1 和 2 偏振正交，可以避免数据信号之间的 FWM 作用。而探测光为 45°线偏振光，则保证了两路数据泵浦光分别与探测光进行FWM，用于获得再生信号，如 6.8 所示。一方面，该方案需要对各路信号的偏振态进行精确控制；另一方面需要使用高双折射光纤作为非线性介质，以完全隔离信道间的串扰。因此，实验中若采用普通 HNLF，仅可以抑制部分串扰噪声，也有助于提升再生效果。

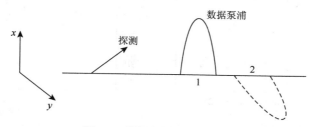

图 6.8　偏振复用方案示意图

为实验测试偏振复用技术对信道间串扰的抑制效果，首先调节光纤延迟线将两路泵浦信号完全重合，此时泵浦间的 FWM 作用达到最大。再进一步优化输入信号的偏振态，使得两路信号偏振正交。当没有辅助光（Aux）注入的时候，泵浦信号间的非线性作用已经明显降低；进一步输入辅助光（Aux）能够获得清晰且独立的两路再生信号 R_1 和 R_2，两种情形下输出的光谱结果如图 6.9 所示。实验表明，偏振复用技术能够使接收机灵敏度提升 3 dB 以上。

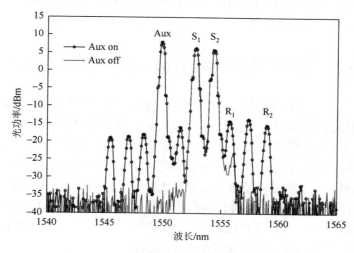

图 6.9　偏振复用技术对 FWM 光谱的影响

3. 双向对传技术

对于脉冲信号而言，双向对传方案减少了信道间的有效重叠时间，也能抑制非线性串扰噪声，其结构示意图可参加 6.4。在单根高非线性光纤中，仅采用双向对传技术，仍可实现两路信号的再生功能，图 6.10 给出了输入信号和再生信号的误码率测试结果。与单通道再生情况相比，信道 2 的再生信号明显受到了第三类串扰源的影响，再生效果有一定的劣化。

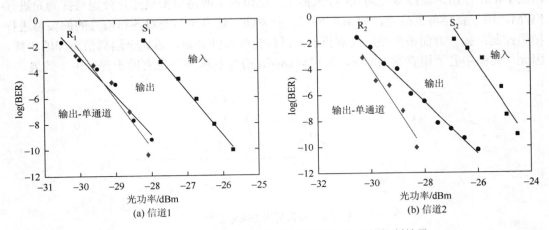

图 6.10　双向对传技术对信道 1 和信道 2 的串扰抑制效果

　　由以上分析可知，就三种串扰抑制技术而言，首先利用时隙交织技术，通过优化信号占空比和波长分配，可增加单向传输的再生通道数量；而偏振复用技术则可以在单向传输再生器所支持的再生通道数量上增加一倍；若再利用双向对传方案，再生通道数量又可进一步翻倍。因此，实现多波长信号再生的关键是，利用时隙交织技术，优化信号脉宽，最大限度地提升单向传输再生器所支持的再生信道数量，然后再辅助偏振复用和双向对传技术将再生信道数量提升再生容量。

6.3　基于时钟泵浦 FWM 效应的多波长再生

　　数据信号在长距离光纤链路传输过程中，色散效应将导致信号畸变和脉冲展宽，严重时会造成相邻信道之间的串扰。传统上，主要使用色散补偿光纤（DCF）或者光纤 Bragg 光栅（FBG）等进行色散补偿方案[5,6]。但在实际的传输系统中，由于无法事先确定光脉冲传输通道，传统的固定色散补偿方案难以满足灵活光网络的需求。另外，波分复用系统的多波长传输特性，要求色散补偿器件需要在大带宽范围内进行色散补偿。如果采用类似图 6.1 所示的并行方案，对每一路波长的信号进行单独色散补偿，会极大地增加系统成本和复杂程度。本节利用时钟泵浦 FWM 方案，通过再定时过程，来改善群速度色散（GVD）导致的信号畸变，并仿真实现了八波长信号的同时再生。

6.3.1　再生系统结构

　　基于时钟泵浦 FWM 方案的 8×12.5 Gb/s 再生系统，如图 6.11 所示。具体实施过程如下：①波长为 λ_0=1557.36 nm（频率 f_0=192.5 THz）的 12.5 Gb/s 光时钟，经高功率放大器放大到平均功率约 20 dBm，即为时钟泵浦信号。②通过两次调制获得的 8 路 12.5 Gb/s 光 RZ 信号作为探测光，其频率满足关系 $f_i = f_0 - (10 + 2 \times i) \times 0.2\,\text{THz}$，其中 $i=1\sim8$；然后使用 8 根 DCF 光纤分别对这 8 路信号进行 GVD 劣化，对应于探测波长 λ_i 的 DCF 光纤的色散 D_i；最后，劣化信号通过 EDFA 将光功率放大到 8 dBm，并调整光延迟线使八路信号保持同步，即为多波长探测光（劣化信号）。③泵浦光和探测光通过 50：50 光耦合器进入 HNLF，泵浦光波长与 HNLF 零色散波长一致，以便获得较高的 FWM 转换效率；同时，较低的 HNLF 斜率也有利于得到均衡的再生效果，HNLF 光纤的参数如表 6.1 所示。④将解复用器输出的闲频光作为再生信号，其频率满足 $f_{-i} = f_0 + (10 + 2 \times i) \times 0.2\,\text{THz}$。⑤由 EDFA、光滤波器和光电探测器组成光信号接收系统，并用示波器和误码仪来测量再生信号质量。

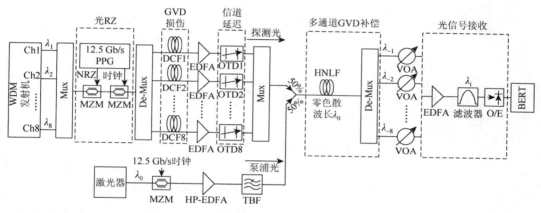

图 6.11　具有 GVD 补偿功能的八波长再生器

表 6.1　HNLF 参数

参数	取值
零色散波长 λ_0	1557.36 nm
色散斜率 S	$0.016(\text{ps/nm}^2)/\text{km}$
非线性系数 γ	$10\,\text{W}^{-1}/\text{km}$
光纤损耗 α	0.9 dB/km
光纤长度 L	500 m

6.3.2　再定时性能分析

在一个可重构的光网络中，信号传输通道是不同的，这将导致各路信号的 GVD 损伤也有所不同。在系统仿真过程中，通过将各个支路的 DCF 光纤色散设置成不同的值来模拟上述过程。八路信号的残留色散 $\text{RD}_i = D_i \times L_{\text{DCF}}$（$L_{\text{DCF}} = 1000\,\text{m}$）分别为 RD_1=500 ps/nm@λ_1、

RD_2=450 ps/nm@λ_2、RD_3=400 ps/nm@λ_3、RD_4=350 ps/nm@λ_4、RD_5=300 ps/nm@λ_5、RD_6= 200 ps/nm@λ_6、RD_7=100 ps/nm@λ_7 和 RD_8=0 ps/nm@λ_8。由于仅考虑 GVD 损伤导致的信号劣化，因此输入 DCF 光纤的探测光信号功率保持在−10 dBm。

　　通过 GVD 单元劣化探测信号的消光比和相位抖动，劣化后的信号光与时钟泵浦共同注入 HNLF，然后利用时钟泵浦 FWM 效应改善信号的定时抖动。时钟泵浦 FWM 方案的功率转移函数斜率近乎为 1，因此无法提升信号的消光比。图 6.12 给出了 8 路劣化信号与再生信号性能的仿真结果，可以看出，时钟泵浦 FWM 再定时过程可使定时抖动大幅减少，而消光比基本保持不变，与上面的分析一致。

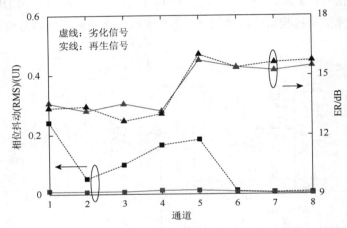

图 6.12　再生前后 8 个波长信号的相位抖动和消光比

　　图 6.13 给出了 8 波长信号再生的误码率和眼图，8 路信号接收机灵敏度分别提高了 1.45 dB、1.69 dB、1.56 dB、2.38 dB、1.99 dB、1.4 dB、1.27 dB 和 1.46 dB。对于通道 1～ 6，残留色散 RD 大，因此劣化信号的脉冲较宽，通过再定时过程，信号的眼图改善明显。而对于通道 7 和 8，信号质量的提升主要是提高了光信噪比。由于通道 4 的再生信号更好地抑制了相位抖动并具有较高的消光比，因此接收机灵敏度改善最大。而对于通道 1，虽然其相位抖动抑制最大，但由于幅度噪声的影响使其再生信号质量略低。在时钟泵浦 FWM 再生方案中，可以提高泵浦光功率来抑制信号幅度噪声。但对于多通道信号同时再生的情况，高泵浦光功率会增强信道之间的串扰，劣化了再生性能。通过仿真发现，输入 HNLF 的泵浦光功率小于 20 dBm 时信道间串扰可忽略。

　　下面将进一步讨论时钟泵浦 FWM 方案的色散补偿范围，以及通道间隔 Δf、泵浦光与探测光频率间隔 ΔF 对再生效果的影响。通过监控信号灵敏度的改善情况，可以确定时钟泵浦 FWM 方案的色散补偿范围。仿真表明，多波长 2R 再生器可以处理 GVD 损伤小于 500 ps/nm 的劣化信号。当残留色散 RD＞500 ps/nm 时，将无法获得无误码再生信号。图 6.14 给出了不同残留色散情况下各个通道的接收机灵敏度改善情况。可以看出，当残留色散 RD=342 ps/nm 时，可获得最大的灵敏度改善，该结论与图 6.13（d）结果一致。由于仿真过程中优化了频率间隔和输入光功率，信道之间的串扰很小，因此所有信道都可以对 GVD 损伤小于 500 ps/nm 的劣化信号进行色散补偿。

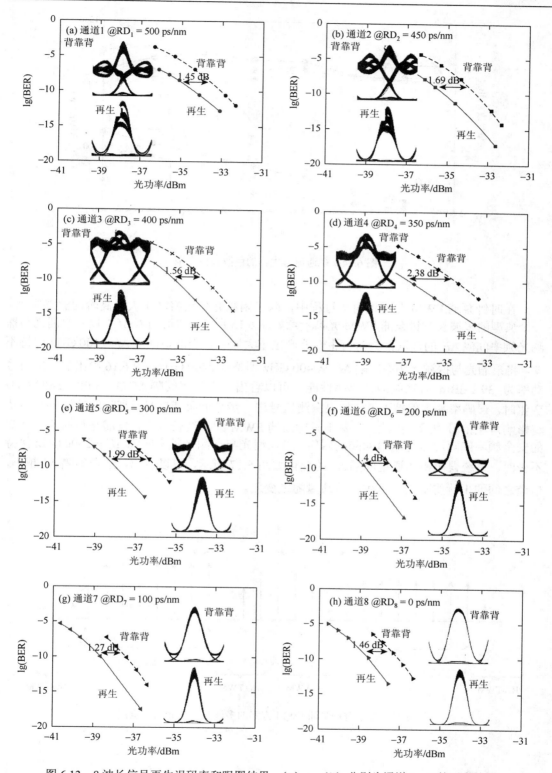

图 6.13　8 波长信号再生误码率和眼图结果，（a）～（h）分别为通道 1～8 的再生结果

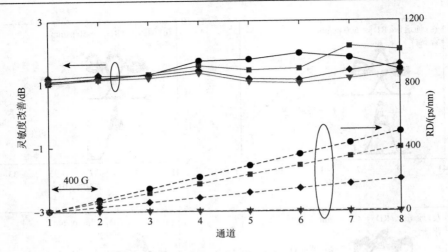

图 6.14　多通道再生器的色散补偿范围

　　在时钟泵浦 FWM 多通道再生过程中，除了闲频光外还将产生大量高阶四波混频光。一个典型的多波长时钟泵浦 FWM 光谱示意如图 6.15 所示。通道间隔 Δf，以及泵浦光与探测光频率间隔 ΔF 的选取，会对再生性能产生重大影响。当通道间隔 $\Delta f = 400\,\text{GHz}$ 保持不变，将泵浦光与探测光频率间隔 ΔF 从 400 GHz 调整到 2400 GHz，图 6.16 给出了再生信号功率为 –39.1 dBm 时系统的误码率性能。可以看出，当频率间隔 ΔF 在 2000～2400 GHz 变化时，误码率基本保持不变。如果探测信号进一步靠近泵浦信号，高阶四波混频光串扰将影响再生信号质量。因此，对基于时钟泵浦 FWM 的多波长再生，泵浦光与探测光之间的安全频率间隔应该是通道间隔的四倍。当泵浦光与探测光频率间隔 $\Delta F = 2400\,\text{GHz}$ 保持不变时，系统误码率随通道间隔 Δf 的变化如图 6.17 所示，可以看出，通道间隔 Δf 越小，信道之间的干扰将变大，再生信号质量随之变差。

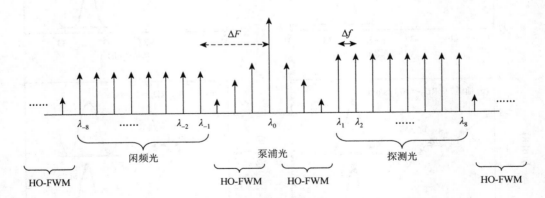

图 6.15　基于时钟泵浦 FWM 方案的多波长再生光谱示意图

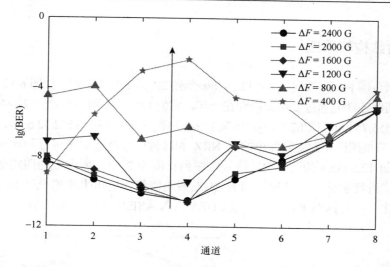

图 6.16 泵浦光与探测光频率间隔 ΔF 对再生信号质量的影响

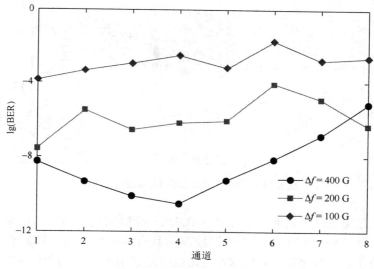

图 6.17 通道间隔 Δf 对再生信号质量的影响

6.4 基于数据泵浦 FWM 效应的多波长再生

上一节讨论基于时钟泵浦 FWM 效应的多波长全光再生时,通过优化 WDM 信号的注入光功率可降低信道间串扰,同时限制时钟泵浦功率,避免高阶四波混频产物对再生性能的影响,其中并未使用专门的串扰抑制方案来提升再生效果。尽管时钟泵浦 FWM 再生器提供了再定时功能,但无法提高消光比或抑制幅度噪声。本节讨论数据泵浦 FWM 的多波长信号再生,探索其非线性功率转移特性。

6.4.1　实验结构与原理

基于数据泵浦 FWM 效应的 4×12.5 Gb/s 全光 2R 再生实验系统，如图 6.18 所示。WDM 光源产生的四路连续光通过复用器耦合在一起，它们的波长分别为 Ch25（λ_{25}=1557.36 nm）、Ch27（λ_{27}=1555.75 nm）、Ch29（λ_{29}=1554.13 nm）和 Ch31（λ_{31}=1552.52 nm），信道间隔为 200 GHz。然后采用码型发生器发出的电 NRZ 和时钟信号对连续光进行两次调制，获得占空比为 50% 的 12.5 Gb/s 伪随机 RZ 信号，序列长度为 2^7-1。所产生的四路数据信号采用如下两种方式进行劣化：一是通过调节 M-Z 调制器偏置电压来模拟光纤非线性效应导致的消光比劣化；二是四路 RZ 信号通过 EDFA 引入 ASE 噪声，以劣化信号的光信噪比。

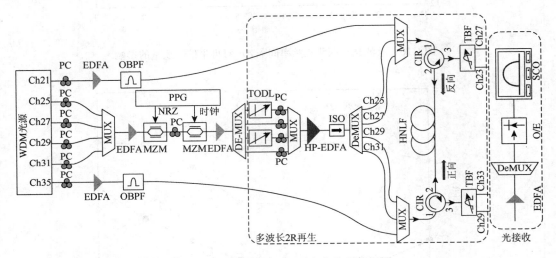

图 6.18　四波长全光 2R 再生实验系统框图

实验时，首先通过可调光纤延迟线（TODL）控制同向信道之间的延迟时间，利用时隙交织技术降低信道间干扰。由于四波混频具有偏振相关性，还需要调节信号光偏振态以获得最大的转换效率。4 路 RZ 劣化信号经过 HP-EDFA 放大后作为高功率数据泵浦信号，其输出平均光功率可到 28 dBm。4 路数据泵浦分为两组，分别从 1000m 的高非线性光纤两端注入，其中 Ch29 和 Ch31 为正向数据泵浦信道，Ch25 和 Ch27 为反向数据泵浦信道，它们对应的正向和反向探测光分别为 Ch35（λ_{35}=1549.32 nm）和 Ch21（λ_{21}=1560.61 nm），经放大后两路探测光的功率可到 17 dBm。通过环行器和带宽为 0.4 nm 的可调滤波器（TBF）可获得相应的再生信号，它们的波长分别为 Ch23（λ_{23}=1558.98 nm）和 Ch27，Ch29 和 Ch33（λ_{33}=1550.92 nm）。再生信号的质量可通过光接收系统、示波器和误码仪进行接收测量，其中光接收系统由 EDFA、解复用器和光电探测器组成。实验中复用器和解复用器的带宽均为 1.2 nm，再生系统的波长分布示意图如图 6.19 所示，可以看出，信道 Ch25 和 Ch31 的再生信号波长与相向输入的信道 Ch29 和 Ch27 波长一致，这有助于提高带宽利用率。

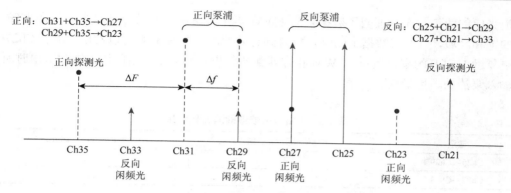

图 6.19　四波长再生系统的波长分布示意图

由图 6.19 可以看出，对于符合 WDM 频率栅格的再生系统，数据泵浦光与探测光之间的最小波长间隔 ΔF 应为频率栅格 Δf 的 N 倍，即 $\Delta F = N \times \Delta f$，其中 N 为同向传输波长个数。当每路的劣化数据信号占空比达到 50% 时，在相同传播方向上可以容纳两路时隙交织信号。当然，要实现更多波长信号的时隙交织再生，输入的数据信号占空比需要进一步减小。此外，可再生的波长信道数还受到四波混频转换效率的限制，这与 HNLF 的色散特性和信号波长分布密切相关。

6.4.2　再生性能与讨论

系统的输入/输出功率转移函数可作为优化全光再生器工作状态的重要参考，一定程度上还可以用于评价再生器的性能。理想的全光再生器功率转移函数应具有阶跃型，可同时抑制"0"码和"1"码数据上的噪声。针对上述 4 路信号，实验测量得到的功率转移曲线如图 6.20 所示，可以看出，在线性区域内，功率转移函数的斜率接近于 2，与理论分析结果吻合。表 6.2 对比了 4 路信号再生前后的消光比，再生信号的消光比约为输入劣化信

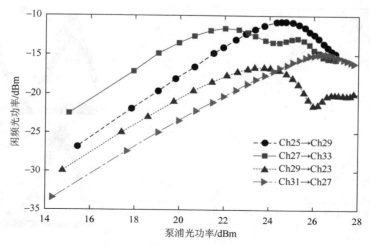

图 6.20　四个通道的泵浦到闲频光的功率转移函数

号消光比的两倍，充分证明了数据泵浦 FWM 再生方案能够有效提升消光比。在 PTF 曲线的饱和区域，"1" 码数据上的噪声将得到有效抑制。由图 6.20 可以看出，由于 Ch27 通道更靠近 HNLF 的零色散点，FWM 相位匹配条件更容易满足，因此达到饱和输出时所需的输入泵浦功率也最低。

表 6.2　4 路再生信道的消光比结果

通道	劣化信号消光比/dB	再生信号消光比/dB
Ch25→Ch29	6.4	11.2
Ch27→Ch33	6.4	12.3
Ch29→Ch23	5.9	12.4
Ch31→Ch27	5.8	11.5

在多波长 FWM 再生过程中，必须抑制信道之间的相互作用。我们采用双向对传和时隙交织技术降低信道之间的串扰，实验方案如图 6.21 所示。实验中，由于每路信号的占空比为 0.5，因此需要严格控制同向传输的时隙交织信号之间的延迟时间 $\Delta\tau$。以反向传输的 FWM 再生为例，图 6.22 给出了数据泵浦信道 Ch25 和 Ch27 之间的延迟时间对

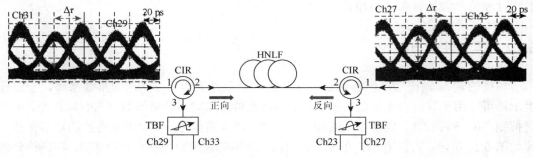

图 6.21　双向对传和时隙交织串扰抑制技术

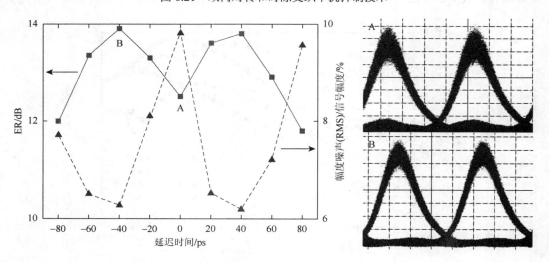

图 6.22　通道间相对时延对再生信道 Ch29 性能的影响

再生信道 Ch29 性能的影响，其中幅度噪声（RMS）对信号幅度进行了归一化处理。可以看出，当两路泵浦信号的重叠时间最小时，信道间的干扰降到最低，再生信号质量最好。因此，在下面的实验中，为了获得最佳的再生效果，同向传输信号脉冲之间的时间延迟 $\Delta\tau$ 均设置为 40 ps。

当四路数据泵浦和两路探测光从 HNLF 两端注入时，除了产生所需的再生信号外，还会产生其他频率分量，相应的四波混频光谱如图 6.23 所示，可以看出高阶四波混频产物分布于输入信号和再生信号两侧。实验中采用双向对传方案，有效减少泵浦信号之间的 FWM 作用，但同时也会引入散射串扰。当再生信号波长与相向输入的泵浦信号波长相同时，增加了频谱利用率和再生波长数量，但散射串扰也会劣化再生器性能。为进一步提高再生器性能，我们提出偏移滤波法来减少波长重叠导致的串扰影响。

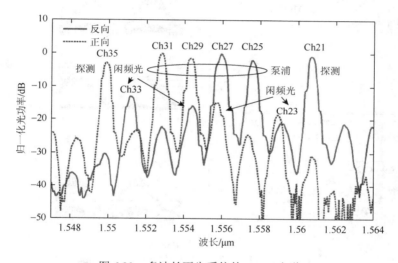

图 6.23　多波长再生系统的 FWM 光谱

研究表明，散射效应和功率泄漏导致的串扰主要集中在中心频率附近。另外，FWM 再生过程中信号频谱发生展宽，也为偏移滤波（offset filtering, OF）创造了条件。实验结果表明，调节可调滤波器的中心频率，使其稍微偏离闲频光信号的中心波长，可有效改善再生系统的性能。例如，对于再生通道 Ch29 和 Ch27，滤波器偏移波长分别为–0.17 nm 和 0.22 nm，这两路再生通道的误码率和眼图结果如图 6.24（a）和（d）所示。可以看出：①在没有偏移滤波情况下，再生通道 Ch27 受到相同波长泵浦光的影响，其再生信号质量低于输入的劣化信号；适当偏移滤波器后，再生通道 Ch27 的信号质量明显改善，与没有偏移滤波的情况相比，接收机灵敏度提升了 4.05 dB。②对于再生通道 Ch29，采用偏移滤波后，可使接收机灵敏度提升 2.05 dB。可见，偏移滤波法能够有效解决双向对传方案中的串扰问题，这样可以在有限的 FWM 带宽范围内实现更多波长通道的再生，提高再生容量。对于再生通道 Ch33 和 Ch23，由于这两路再生信号波长与输入泵浦波长不同，不存在散射串扰，因此无须采用偏移滤波法提升再生性能。图 6.12（b）和（c）给出了再生通道 Ch33 和 Ch23 的测量结果，接收机灵敏度可分别提升 2.53 dB 和 3.57 dB。

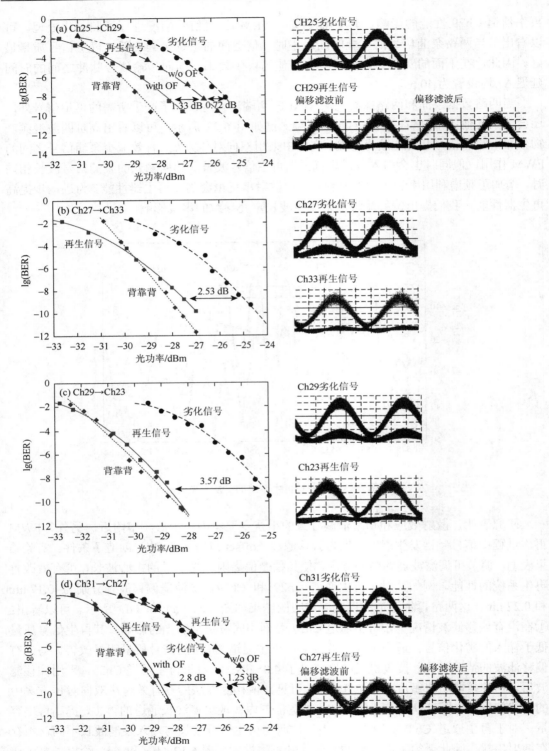

图 6.24　4 波长 2R 再生系统的误码率和眼图结果，（a）～（d）分别对应劣化信号 Ch25、
Ch27、Ch29、Ch31 的再生结果

6.5　再生波长数量的提升

通过时钟泵浦或数据泵浦 FWM 多波长全光再生过程, 实验分析了串扰抑制技术在提升再生系统性能方面所起的作用。如何进一步增加再生波长数量, 像 EDFA 那样同时支持更多的波分复用通道, 是全光再生技术研究的热点之一。本节从占空比优化和色散管理两个方面探讨增加可再生波长数的有效方法。

6.5.1　占空比优化

减小信道间串扰的关键是降低信号在时域和频域上的交叠, 优化占空比可以有效提升再生器可支持的再生波长数量。理论上讲, 对于 N 个时隙交织的信号, 只要脉冲宽度小于 T_b/N 就可以抑制时域串扰, 但实际中还会受到信号频谱的限制。下面用交调参数（IM）来研究不同波长数情形下时隙交织信号占空比对串扰抑制性能的影响。图 6.25 给出了仿真系统的框图[7], 输入的多波长数据泵浦光为 10 Gb/s 的 RZ 信号, 波长信道间隔为 200 G。为仿真最大串扰情形, 信号的数字序列设为全 "1", 改变泵浦数量（由 2 个变化到 6 个）, 可以得到占空比的优化结果。

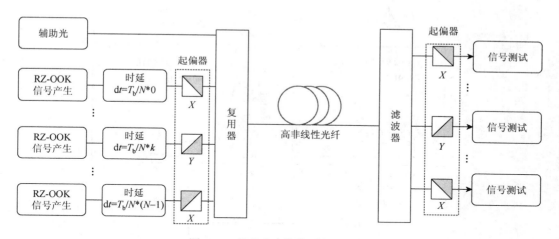

图 6.25　优化占空比的系统仿真图

交调参数 IM 与占空比的依赖特性如图 6.26 所示, 图中标出了每种情况的波长配置, 辅助光功率均为 14 dBm。由图 6.26 可知, 占空比的下限为 0.05～0.06, 对应的最小脉冲宽度 $T_p^{\min}$ 由信道频率间隔、泵浦功率等确定。占空比很小时, 信道间虽然不会直接发生时域非线性串扰, 但信号本身会占据更宽的频谱, 这样会导致更多的串扰分量落在再生信道内, 即频谱交叠导致串扰增加。因此, 信号光的脉宽要大于 $T_p^{\min}$ 才能有效抑制串扰, 即 $T_0 = d_c/R_b \geqslant T_p^{\min}$, 其中 T_0 为数据脉冲的半极大值全宽, d_c 为占空比, R_b 为比特率。占空比的上限随波长数变化，波长数为 2~6 时对应的占空比分别为 0.25、0.16、0.12、0.1、0.08，约等于 0.5/N，N 为时隙交织的波长数。因此，有

$$T_0 / T_b' < 0.5 \qquad\qquad (6.1)$$

式中，$T_b' = T_b/N$ 为多波长时隙交织信号的等效比特周期，即相邻脉冲的时间间隔；T_b 为比特周期。

　　一般地，式（6.1）左边代表了脉冲交叠的程度，应小于某个值 δ，这里称 δ 为"脉冲交叠因子"，高功率情况下 $\delta \approx 0.5$。由于串扰的功率依赖性，降低输入信号的功率，能够容忍更多的时域交叠。综上所述，要有效抑制非线性串扰，脉冲占空比应满足如下关系：

$$T_p^{\min} R_b \leqslant d_c \leqslant \delta/N \qquad\qquad (6.2)$$

式中，最小脉冲宽度 $T_p^{\min}$ 和脉冲交叠因子 δ 几乎不依赖于波长数。

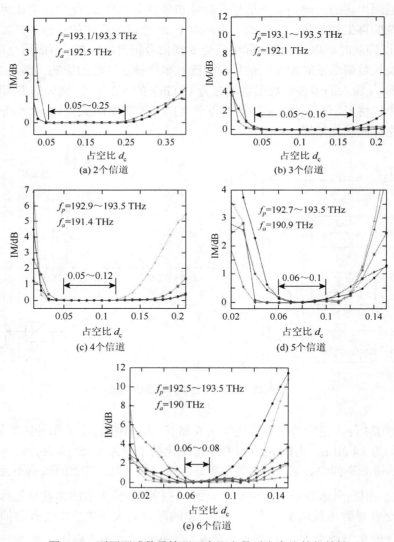

图 6.26　不同泵浦数量情形下交调参数对占空比的依赖性

在优化占空比基础上，采用时隙交织和偏振复用方案，对 8 个波长的数据泵浦 FWM 再生系统进行了仿真，如图 6.27 所示。8 个输入信道的频率从 192.9 THz 到 193.6 THz，信道间隔为 100 GHz，信号速率为 10 Gb/s。闲频光频率为 191.4 THz，与最近输入信道的频率间隔为 1.5 THz。相邻输入信道间具有正交的偏振态，光纤双折射设置为 60 ps/km 以抑制偏振间串扰。为了进一步抑制 4 个同偏振信道的串扰，将脉冲的占空比设置为 0.1。由仿真结果可以看出，每个再生信道的 Q 值都提升了近一倍，数据 "0" 和 "1" 码上的噪声均得到抑制。

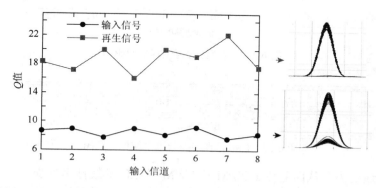

图 6.27　8 路再生 Q 值结果以及眼图示意图

由以上分析可知，脉冲占空比是影响时隙交织系统中串扰抑制性能的主要因素，其下限取决于最小的脉冲宽度，它与输入脉冲频率间隔和输入功率有关；其上限取决于脉冲交叠因子 δ，主要与功率有关，高功率情况下 $\delta \approx 0.5$。将式（6.1）进一步改写为

$$NR_b \leqslant 0.5 / T_p^{min} \tag{6.3}$$

式中，NR_b 正是多波长时隙交织信号再生系统的总容量；T_p^{min} 主要取决于信道频率间隔，与 N 和 R_b 近似无关。

式（6.3）表明，当信号的速率连续可变时，存在一个与输入波长数几乎无关的再生容量：

$$C = 0.5 / T_p^{min} \tag{6.4}$$

当输入信号频率间隔为 200 GHz 时，信号占空比与信道速率的关系如图 6.28 所示。可以看出，不采用偏振复用时，再生容量约为 100 Gb/s；若进一步采用偏振复用技术，再生容量可提升到 500 Gb/s，总再生容量提高了 4 倍以上。

6.5.2　色散管理

利用串扰抑制方案可以有效克服多波长全光再生中非线性噪声的影响，需要信道预处理单元对各路信号进行精确控制，一定程度上增加了系统的复杂程度。另一种实现波分复用信号全光再生的方法是色散管理方案，它利用信道间的走离特性来降低非线性噪声，如图 6.29 所示[8]。在色散管理方案中，周期性群延迟器件（PGDD）提供高本地色散，使波

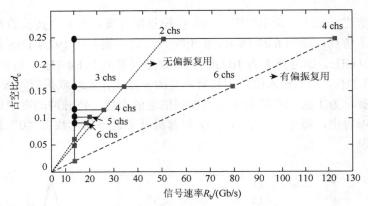

图 6.28 占空比对再生容量的影响

图 6.29 色散管理多波长再生结构示意图

分复用信号快速走离，从而避免了 XPM 和 FWM 导致的非线性串扰噪声；另外，通过优化 PGDD 和高非线性光纤色散曲线，使每个信道内的总色散保持一致，消除色散导致的脉冲畸变，其色散分布如图 6.30 所示。基于色散管理的再生方案可使多路波分复用信号共享单一的非线性器件，以达到降低再生成本的目的。然而，该色散管理方案需要精确设计整个系统的色散分布，会增加系统的复杂度。

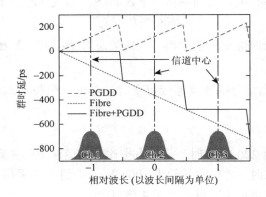

图 6.30 再生器色散分布

色散管理多波长再生器的核心仍然是基于自相位调制的马梅舍夫再生器，需要注入较高功率的光信号。借助于 SPM 效应导致的频谱展宽，通过后置的偏移滤波器可滤除"0"码信号噪声。伴随着注入光功率的进一步提高，偏移滤波器输出的信号达到功率饱和，利用这种饱和效应可对数据"1"码上的噪声进行抑制，从而实现多波长全光再生。采用这种再生方案已实现了 C 波段 16 路波分复用信号的同时再生，如图 6.31 所示，由眼图结果可以看出，信号的幅度抖动明显得到了改善，接收机灵敏度可提升约 3 dB。

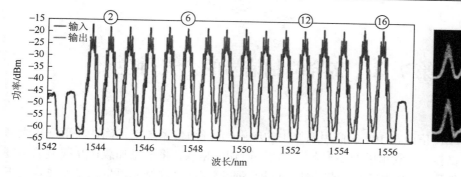

图 6.31　16 路再生信号的光谱和信号眼图

参 考 文 献

[1]　Sygletos S, Fabbri S, Giacoumidis E, et al. Numerical investigation of all-optical add-drop multiplexing for spectrally overlapping OFDM signals[J]. Optics Express, 2015, 23(5): 5888-97.

[2]　武保剑, 文峰, 周星宇, 等. 光交换节点中的全光再生技术研究[J]. 应用光学, 2013, 34(4): 711-717.

[3]　Tan M, Stephens M F C, Doran N J, et al. In-line and cascaded DWDM transmission using a 15 dB net-gain polarization-insensitive fiber optical parametric amplifier[J]. Optics Express, 2017, 25(20): 24312.

[4]　Zhou X Y, Wu B J, Wen F, et al. Investigation of crosstalk suppression techniques for multi-wavelength regeneration based on data-pump FWM[J]. Optics Communications, 2013, 308(11): 1-6.

[5]　Painchaud Y, Mailloux A, Chotard H, et al. Multi-channel fiber Bragg gratings for dispersion and slope compensation[C]// Optical Fiber Communication Conference and Exhibit. IEEE, 2003: 581-582.

[6]　Lu H H. Performance comparison between DCF and RDF dispersion compensation in fiber optical CATV systems[J]. IEEE Transactions on Broadcasting, 2002, 48(4): 370-373.

[7]　Zhou X Y, Wu B J, Wen F, et al. Total date rate of multi-wavelength 2R regenerators for time-interleaved RZ-OOK signals.[J]. Optics Express, 2014, 22(19): 22937-51.

[8]　Li L, Patki P G, Kwon Y B, et al. All-optical regenerator of multi-channel signals[J]. Nature Communications, 2017, 8(1).

第 7 章　高阶调制信号的全光再生

伴随着 QPSK 信号在 100 G 商用系统中的应用,光纤通信系统正式确认其下一代光网络采用相干通信技术,利用以 QAM 为代表的高阶调制格式,将信息加载在光载波的强度和相位之上,进而大幅提升信道容量。针对这种高阶调制信号的全光再生也是在该背景下快速发展起来的。设计出能够在光域直接压缩信号幅度和相位噪声的非线性光学器件,是该类全光再生器的研究热点。传统幅度再生器主要采用 SPM 或 XPM 效应实现频谱展宽,并通过后续偏移滤波获得再生信号,该方案将带来信号频谱和相位信息的畸变,因此无法应用于高阶调制信号的全光再生。为此人们探索了利用非线性光环镜(NOLM)以及相位敏感放大效应(PSA)实现的多阶幅度和相位再生技术,以满足新型通信系统的需求。本章首先从这两个核心器件出发,介绍了如何设计优化 NOLM 器件实现多电平幅度再生,以及基于 PSA 效应的相位再生原理和应用,进一步探索了同时实现相位、幅度再生的系统结构;然后从波分复用光网络的实际应用出发,研究针对多波长相位调制信号的再生方案;最后介绍利用硅光子集成技术实现的全光时钟提取和相敏再生功能。

7.1　基于 NOLM 的多电平幅度再生

在萨格纳克干涉仪结构中考虑科尔非线性效应,进而实现光控光开关特性,即构成非线性光环镜。该器件所具有的独特非线性功率转移特性,适用于全光幅度再生[1]。当在单一传播方向上引入非线性相移实现高速光开关效应时,其可实现全光取样、码型变换等多种信息处理功能[2, 3]。理论研究表明,随着注入功率的逐渐增加,NOLM 结构可获得多重开关效果,而开关效率也逐渐降低,这一特性在最初的研究中被认为是该器件的缺陷之一。然而伴随着高阶调制信号的商业化应用,在寻找高阶幅度再生方案时,这种多重开关特性,特别是开关效率逐渐减少的特点被应用于多电平的幅度再生。本节通过介绍 NOLM 理论探索其实现高阶幅度再生的原理,从工作点的确定及再生性能两个角度分析其在新型光纤通信网络中的应用潜力。

7.1.1　NOLM 再生原理

NOLM 再生器利用其非线性的功率转移特性实现多电平的幅度再生,其核心是图 7.1 所示的萨格纳克干涉结构。该器件主要包括三个部分:光耦合器(OC)、功率调控器(PT)和高非线性光纤。在此首先介绍从 NOLM 的两个端口分别注入信号光 E_s 和泵浦光 E_p 情况下所获得的标量理论模型,随后在该通用模型的基础上进一步简化出多电平幅度再生的相关结论。信号输入端口处还放置了环行器(CIR),在幅度再生器中该器件用于获取信号的反射光。通过 OC 后,两路输出信号的电场 E_1 和 E_2 可以表示为

$$\begin{bmatrix} E_1(0) \\ E_2(0) \end{bmatrix} = T_{oc} \begin{bmatrix} E_s \\ E_p \end{bmatrix} = \begin{bmatrix} \sqrt{1-\beta}E_s + i\sqrt{\beta}E_p \\ i\sqrt{\beta}E_s + \sqrt{1-\beta}E_p \end{bmatrix} \tag{7.1}$$

式中，β 为 OC 的耦合比。进入 HNLF 之前，信号 E_1 还将通过 PT 进行功率控制，其输出电场表示为

$$E_1(PT) = (\sqrt{1-\beta}E_s + i\sqrt{\beta}E_p)\exp(s\delta) \tag{7.2}$$

式中，δ 是功率调控系数；$s = +/-$ 分别对应功率的放大或衰减。在 HNLF 中考虑 SPM 效应获得额外的非线性相移，它满足如下关系：

$$\frac{dE}{dz} = i\gamma|E|^2 E - \frac{\alpha}{2}E \tag{7.3}$$

式中，γ 是 HNLF 的非线性系数；α 为损耗系数。式（7.3）的解可以表示为

$$E(L) = A(L)\exp\left[\left(i\gamma|E_0|^2 - \frac{\alpha}{2}\right)L\right] \tag{7.4}$$

式中，L 为 HNLF 长度；$A(L)$ 是输出信号的复振幅，$|E_0|^2$ 是信号注入 HNLF 的初始功率。因此在 HNLF 的输出端，两个相向传输信号为

$$\begin{bmatrix} E_1(L) \\ E_2(L) \end{bmatrix} = \begin{bmatrix} (\sqrt{1-\beta}E_s + i\sqrt{\beta}E_p)\exp(s\delta)\exp(i\gamma|E_1(0)|^2 L)\exp\left(-\frac{\alpha}{2}L\right) \\ (i\sqrt{\beta}E_s + \sqrt{1-\beta}E_p)\exp(i\gamma|E_2(0)|^2 L)\exp\left(-\frac{\alpha}{2}L\right) \end{bmatrix} \tag{7.5}$$

式中，信号 $E_2(L)$ 将通过 PT 进行相同的功率控制，在 PT 输出端可获得

$$E_2(PT) = (i\sqrt{\beta}E_s + \sqrt{1-\beta}E_p)\exp(s\delta)\exp(i\gamma|E_2(0)|^2 L)\exp\left(-\frac{\alpha}{2}L\right) \tag{7.6}$$

由此可以看出两路信号具有对称性。在式（7.5）中还需要进一步确认注入 HNLF 前的光功率 $|E_{1,2}(0)|^2$。对于顺时针传输的信号 E_1：

$$|E_1(0)|^2 = E_1(PT) \times E_1(PT)^* = C_{PT}(P_1 - P_\varphi) \tag{7.7}$$

式中，参数 $C_{PT} = \exp(2s\delta)$；$P_1 = (1-\beta)P_s(0) + \beta P_p(0)$，$P_\varphi = 2\sqrt{\beta(1-\beta)P_s(0)P_p(0)}\sin(\varphi_{p0} - \varphi_{s0})$；$P_s(0)$ 和 $P_p(0)$ 分别是信号光 E_s 和泵浦光 E_p 的初始注入光功率，而 φ_{s0} 和 φ_{p0} 则是其初始相位。对于逆时针传输的信号 E_2：

$$|E_2(0)|^2 = E_2(0) \times E_2(0)^* = P_{in} - P_1 + P_\varphi \tag{7.8}$$

式中 $P_{in} = P_s(0) + P_p(0)$。

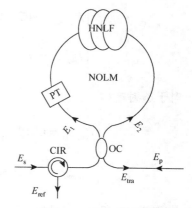

图 7.1　NOLM 结构图

最终 $E_1(L)$ 和 $E_2(PT)$ 信号重新在 OC 中进行干涉，获得 NOLM 的反射电场 E_{ref} 为

$$E_{ref} = \exp\left(s\delta - \frac{\alpha}{2}L\right) \times \left\{ \begin{array}{l} i\sqrt{\beta(1-\beta)}E_s[\exp(i\gamma LC_{PT}(P_1 - P_\varphi)) + \exp(i\gamma L(P_{in} - P_1 + P_\varphi))] + \\ E_p[-\beta\exp(i\gamma LC_{PT}(P_1 - P_\varphi)) + (1-\beta)\exp(i\gamma L(P_{in} - P_1 + P_\varphi))] \end{array} \right\}$$

$$\tag{7.9}$$

而对应的透射电场 E_{tra} 可表示为

$$E_{\text{tra}} = \exp\left(s\delta - \frac{\alpha}{2}L\right) \times \left\{\begin{array}{l} E_s[(1-\beta)\exp(i\gamma LC_{\text{PT}}(P_1 - P_\varphi)) - \beta\exp(i\gamma L(P_{\text{in}} - P_1 + P_\varphi))] \\ +i\sqrt{\beta(1-\beta)}E_p[\exp(i\gamma LC_{\text{PT}}(P_1 - P_\varphi)) + \exp(i\gamma L(P_{\text{in}} - P_1 + P_\varphi))] \end{array}\right\}$$

(7.10)

根据上述两个公式可以探讨基于 NOLM 的非线性功率和相位转换关系。对于本节分析的多电平幅度再生情况，仅有单一信号光 E_s 输入，因此可以忽略 E_p 相关项，相应的功率表达式为

$$\begin{cases} P_{\text{ref}} = 2C_P\beta(1-\beta)(1+\cos\Phi_\beta)P_{\text{in}} \\ P_{\text{tra}} = C_P[1-2\beta(1-\beta)(1+\cos\Phi_\beta)]P_{\text{in}} \end{cases}$$

(7.11)

式中功率系数 $C_P = \exp(2s\delta - \alpha L)$，相位系数 $\Phi_\beta = \gamma L[\exp(2s\delta)(1-\beta) - \beta]P_{\text{in}}$，$P_{\text{in}}$ 为注入信号光功率。由式（7.11）可以看出，NOLM 的透射和反射功率均是入射光功率的周期函数，即表现为周期振荡特性，该特性成为实现多电平幅度再生的关键。下面从如何选取合适的再生端口出发，探讨 NOLM 再生器工作特性。

7.1.2　工作点的确定

为有效降低 NOLM 开光功率，通常采用非对称 OC 增加腔内相向传输的两路光之间的相位差，而该结构也使得 NOLM 的反射和透射端口具有不同的响应曲线。可以通过求解表达式 $1 + \cos\Phi_\beta$ 的最值，近似确定式（7.11）的局部最值及其对应的输入光功率。对于反射端口，其结果为

$$\begin{cases} P_{\text{out,max}}^{\text{ref}} = 4C_P\beta(1-\beta)P_{\text{in,max}}^{\text{ref}} \qquad P_{\text{in,max}}^{\text{ref}} = \dfrac{2m\pi}{\gamma L[\exp(2s\delta)(1-\beta) - \beta]} \\ P_{\text{out,min}}^{\text{ref}} = 0 \qquad\qquad\qquad\quad P_{\text{in,min}}^{\text{ref}} = \dfrac{(2m+1)\pi}{\gamma L[\exp(2s\delta)(1-\beta) - \beta]} \end{cases}$$

(7.12)

对于透射端口：

$$\begin{cases} P_{\text{out,max}}^{\text{tra}} = C_P P_{\text{in,max}}^{\text{tra}} \qquad\qquad\quad P_{\text{in,max}}^{\text{tra}} = \dfrac{(2m+1)\pi}{\gamma L[\exp(2s\delta)(1-\beta) - \beta]} \\ P_{\text{out,min}}^{\text{tra}} = C_P[1-4\beta(1-\beta)]P_{\text{in,max}}^{\text{tra}} \qquad P_{\text{in,min}}^{\text{tra}} = \dfrac{2m\pi}{\gamma L[\exp(2s\delta)(1-\beta) - \beta]} \end{cases}$$

(7.13)

其中 $P_{\text{out,max}}^i$ 和 $P_{\text{out,min}}^i$ 是输出局部最大和最小值（i=ref 或 tra），而 $P_{\text{in,max}}^i$ 和 $P_{\text{in,min}}^i$ 则是对应的输入光功率。根据式（7.12）可以看出，反射端口最小值达到 0，即光开关完全关闭，预示了该端口将具有较强的功率振荡特性。图 7.2 给出了一组典型的透射和反射功率转移曲线（PTF），计算中耦合比 $\beta = 0.9$。以对数光功率表示的 PTF 曲线能够直观反映出其振荡特性。可以看出反射端口比透射端口振荡强度更大，这限制了各个电平的噪声抑制范围，因此全光再生将选择 NOLM 的透射端口。

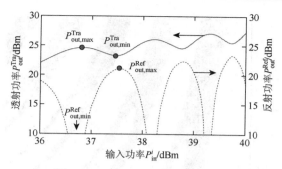

图 7.2 透射和反射功率转移曲线

图 7.2 展示的功率转移曲线可用于支持多电平的幅度再生。在局部最大值处，其曲线斜率降到最低，意味着该处具有良好的噪声抑制能力，而多重振荡效果表明该器件可以完成多个电平的同时再生。因此 PTF 曲线斜率将展现该器件的再生能力，有助于确定工作区间。由式（7.11）计算反射端 PTF 斜率，并保留斜率的绝对值小于 1 的区间，结果如图 7.3 所示。PTF 斜率的绝对值小于 1 对应于其输出幅度噪声小于输入幅度噪声，即再生工作区间。从该仿真结果可以看出：①使用非对传耦合器可以大幅降低开关功率；②仅在第一个工作区间内获得较大的噪声抑制范围；③由于剧烈的振荡特性，在高阶工作区间内，只有在局部最值附近可以抑制幅度噪声。

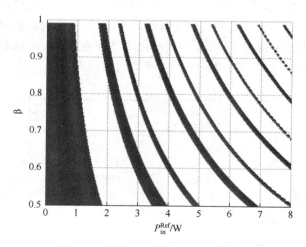

图 7.3 反射 PTF 斜率小于 1 的区间

采用相同的计算方法可以获得透射端口的 PTF 斜率，如图 7.4 所示。图中蓝色区域对应斜率绝对值小于 1 的区间。相较于反射端口，透射端的 PTF 曲线振荡强度弱，这为获得良好的噪声抑制范围打下基础。从仿真结果可以看出，在耦合比接近 0.5 的区间内，透射 PTF 曲线振荡强度较大，使其与反射端情况相似，仅在局部最值附近才能抑制噪声，使其工作区域分叉；而当耦合比大于 0.9 时，各个电平的噪声抑制能力基本相同，可以满足高阶幅度调制信号的再生需求。因此在确定工作点的讨论中分析 $\beta = 0.9$ 的透射响应曲线。

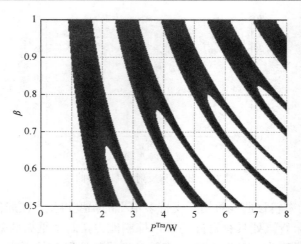

图 7.4　透射 PTF 斜率小于 1 的区间

　　NOLM 再生器的工作点位于该器件的幅度噪声抑制区间之内，即上面讨论的 PTF 斜率小于 1 的区间。为获得最大的噪声抑制能力，工作点通常处于该区间的中间位置，它也是输入信号电平的最佳位置。同样地根据 NOLM 透射关系计算出幅度转移函数（ATF），并对该曲线进行归一化处理。在归一化的过程中需要选取拟合关系曲线，该曲线要穿越各个工作区间的中心位置，以增加各电平的噪声抑制能力。归一化的 ATF 结果如图 7.5 所示。图中同时给出了 $y=x$ 的对称关系曲线，选择这两条曲线的交点作为 NOLM 工作点可以实现再生前后信号幅度比值保持不变。图中还给出了 ATF 的斜率，可以看出通过优化 NOLM 参数能给获得多个再生区域，实现多电平幅度的同时再生。

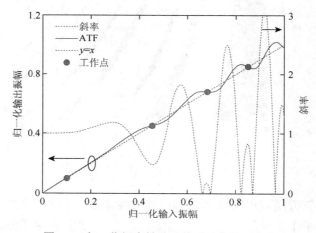

图 7.5　归一化幅度转移函数以及信号工作点

7.1.3　幅度再生性能分析

　　本节利用 NOLM 再生器的多电平幅度再生能力，展示其对 4 阶脉冲振幅调制（PAM4）信号的全光幅度再生，实验结构如图 7.6 所示。该系统包括两个部分：归零码 PAM4

（RZ-PAM4）发生器和 NOLM 再生器。在 RZ-PAM4 发生器中，首先利用码型发生器（PPG）产生 10 Gb/s 非归零码（NRZ）信号，电学处理后获得 PAM4 电信号，然后对该信号进行线性放大并驱动光调制器。光纤锁模激光器（MLL）产生的窄脉冲 10 G 光时钟输入到调制器的光学端口，从而获得光 RZ-PAM4 信号。实验中还利用 TODL 调节光时钟位置，以获得具有不同幅度噪声的劣化 RZ-PAM4 信号。该劣化信号通过 3 dB 分光器后分成两路，一路用于监控输入信号质量，另一路注入 HP-EDFA 中进行功率调节，满足再生器光功率需求。隔离器防止干涉仪的反射光对上游器件产生影响。NOLM 多电平幅度再生器由 90∶10 光耦合器、偏振控制器、可调衰减器、高非线性光纤以及 1∶99 光分路器构成。其中输入信号光功率由 1∶99 光分路器中的 1% 支路监控获得，环内 PC 用于调节 NOLM 的双折射偏置。为获得最佳的再生效果，实验中通过调节 PC 使得初始反射光功率达到最大。在 NOLM 透射端使用 30 G 光电探测器将光信号转换为电信号，并使用示波器对其进行采样处理。

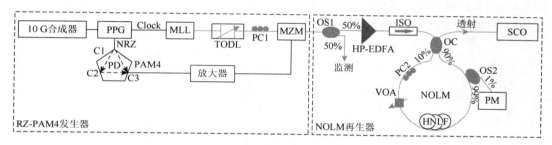

图 7.6　基于 NOLM 的多电平幅度再生实验系统框图

　　实验首先测量该 NOLM 再生器的非线性功率转移函数。为此输入信号为 MLL 激光器发出的光时钟，并通过 HP-EDFA 进行功率控制，在透射端测量其输出信号功率，如图 7.7 所示。在该透射 PTF 曲线中共获得 4 个功率饱和区间，可以支持 4 电平信号的幅度再生。图中利用实验数据计算出斜率关系曲线，并通过斜率值小于 1 来确定了各个电平的噪声抑制范围。图中同时给出了利用理论公式（7.11）获得的仿真曲线，该仿真过程同样考虑了

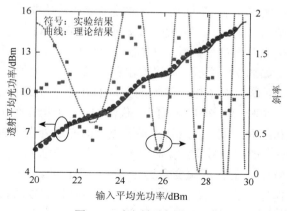

图 7.7　功率转移函数结果

脉冲平均功率。通过比较理论和实验结果可以发现，在前两个饱和区间中，理论结果和实验数据吻合较好，而在高阶饱和区间中偏差较大。该偏差来自高功率注入情况下，脉冲内相移不一致降低了开关效率[4]，而上述效应并未考虑到理论模型之中。因此在高阶饱和区间中，其噪声抑制能力将低于低阶情况。该效应同样也带来了额外的优点，即高阶饱和区间的间隔变得模糊，使其噪声处理范围增大。

在上述 PTF 曲线的测量中仅考虑了信号的平均光功率，而忽视了信号波形的变化。为进一步确定 NOLM 再生器的工作点，实验测量了幅度噪声随注入光功率的变化特性，如图 7.8 所示。实验中，注入 NOLM 的劣化信号是通过对光时钟加载幅度噪声而产生的，调节 HP-EDFA 可改变注入光功率。为使得测量结果具有可比性，输入到探测器的光信号功率需保持不变。由实测结果可以看出，该 NOLM 在三个功率区间 A 到 C 内提供了幅度噪声的抑制功能。前两个工作区间对应于 PTF 曲线的低阶功率饱和区域，而最后一个工作区间则是由两个高阶功率饱和区域融合而成。该融合效应来自高功率注入情况下 NOLM 引入的脉冲畸变大幅减少，为信号的高阶电平提供了一个更大的噪声处理范围。上述两个曲线所确定的工作点存在约 0.5 dB 的差异，其来自后者的噪声加载过程。

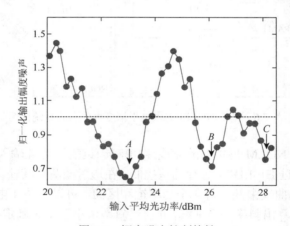

图 7.8　幅度噪声抑制特性

在上述三个工作区间确定后，下面通过测量幅度噪声转移曲线来最终确定各电平处的噪声处理能力。实验中信号的光功率保持不变，通过调节 PPG 中噪声信号的强度获得具有不同幅度噪声的劣化光时钟信号，并与 NOLM 再生后信号进行对比，获得不同工作点对应的噪声转移曲线，如图 7.9 所示。可以看出：①第一个工作电平（对应于区间 A）具有最大的噪声处理能力；②三个工作电平均能支持的噪声是 0.28~0.62。上述噪声范围下限和上限分别是在第三个和第二个工作区间中获得的。对于第三个工作电平，其工作点设置在两个高阶功率饱和区间之间，虽然其提供了更大的噪声处理范围，但在低噪声信号情况下，将引入幅度畸变，影响信号质量；而对于第二个工作电平，当输入信号的噪声超出其处理能力时，NOLM 引入的幅度畸变会迅速破坏再生性能。

确定上述三个工作电平的位置后，优化注入的 PAM4 信号以获得最佳再生效果。信号质量 Q^2 通过其与误差向量幅度（EVM）的关系计算得到[5]：

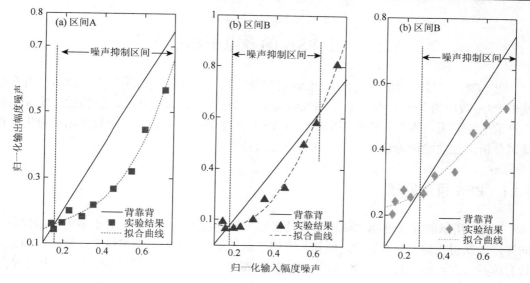

图 7.9　不同工作区间的噪声转移特性

$$Q^2 = 10\lg(1/\text{EVM}^2) \tag{7.14}$$

实验中首先调节注入光功率以获得最佳再生效果，结果如图 7.10（a）所示。优化后的入射光功率为 24.08 dBm，此时信号各电平进入到再生工作区域实现幅度噪声抑制。进一步通过调节 TODL 可以获得不同幅度噪声的劣化信号，进而完成噪声性能测试，如图 7.10（b）所示。当输入信号的 Q^2=20.5 dB 时，实验获得 Q^2 增益为 0.92 dB。图中同时给出了再生前后信号的功率分布对比图，进一步印证了上述多电平幅度再生结论。实验测量了信号眼图的线性度，NOLM 再生器仅引起该参数劣化 3.7%，即再生后仍然能够保持信号电平之间的比例关系，符合级联再生的要求[6]。

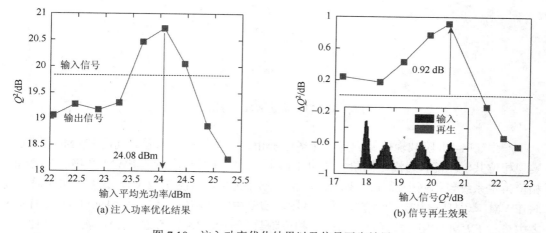

图 7.10　注入功率优化结果以及信号再生效果

7.2　基于 PSA 的多电平相位再生

上一节中主要探讨如何优化 NOLM 再生器实现多电平幅度再生功能，而本节将介绍基于 PSA 效应的多电平相位再生。PSA 效应是通过参量增益的相位敏感特性，实现相位噪声的压缩效果。本节首先介绍如何设计 PSA 再生器使其支持任意阶数的相位再生，再通过分析再生性能讨论该器件的工作条件以及特性。

7.2.1　PSA 再生原理

图 7.2 所示的非线性功率转移函数是多电平幅度再生的关键，而对于多电平相位再生同样需要获得相似的转移特性，但其研究的参数则是信号相位。理想情况下的转移函数应具有阶跃特性，图 7.11 示意如何由一条直线和锯齿函数组合形成阶跃函数，其表达式为

$$y_s(x) = y(x) + \frac{1}{\pi M}\sum_{k=1}^{\infty}\frac{(-1)^{k+1}}{k}\sin[-2\pi Mk \cdot y(x)] \tag{7.15}$$

由该式可以看出获得阶跃型转移曲线需要产生周期性的变化关系。上一节 NOLM 结构即是通过干涉效应使得输出功率与输入功率呈现周期依赖特性，具体参见式（7.11）。而针对相位转移特性可将其进一步表示为[7]

$$|A_s| \cdot \exp(i\varphi_s) = \exp(i\varphi) + \frac{1}{M-1}\exp[-i\varphi \cdot (M-1)] \tag{7.16}$$

式中，φ_s 是 M 阶量化输出相位，$|A_s|$ 是其幅度响应函数。根据上式可知只要获得原始输入相位的（$M-1$）阶共轭信号，就可以通过信号叠加实现 M 阶相位再生。

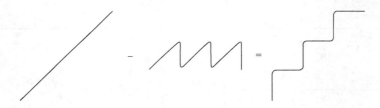

图 7.11　阶跃函数示意图

产生（M-1）阶共轭信号成为全光多电平相位再生的核心问题。利用 FWM 过程可以实现相位共轭功能，为满足高阶相位再生需求，需要获得更高阶的 FWM 产物，因此高阶相位再生系统包括两个部分：谐波发生器和 PSA 再生器。图 7.12（a）给出了如何通过级联 FWM 产生高次共轭谐波的频谱示意图。实验中需要将输入信号与泵浦 1 注入 HNLF 之中进行 FWM 作用，根据再生所需的相位阶数，选择（$M-1$）阶的共轭产物。图 7.12（b）给出了相敏再生频谱示意图。在 PSA 过程中除了需要上述泵浦 1、信号光和谐波信号以外，还要注入泵浦 2，用于产生非简并 FWM 效应，最终在原始波长处获得相位再生信号。

由于两路泵浦之间需要稳定的相位关系,因此泵浦 2 可通过如下方式产生:①首先由光梳发生器产生两路泵浦,其中一路用于级联 FWM 过程产生谐波信号,而另外一路泵浦则用于后续 PSA 过程;②在级联 FWM 过程中获得 M 阶共轭产物,通过注入锁定技术去除该信号的调制信息,再经过功率放大后作为泵浦 2 输入到后续 PSA 再生器之中[8]。PSA 相位再生过程中由于受到温度扰动等因素的干扰,泵浦和信号光之间的相位关系会随着工作时长的变化发生偏移,因此还需要反馈系统对泵浦光相位进行实时动态补偿[9]。虽然可以通过上述非简并 FWM 过程实现任意阶的相位再生,但随着信号阶数的逐渐提高(例如 QAM256),可以预期需要通过级联 FWM 产生极高阶的共轭谐波分量。受限于 FWM 转换效率和带宽的实际问题,还需要进一步优化该方案以满足未来大容量光纤通信系统。

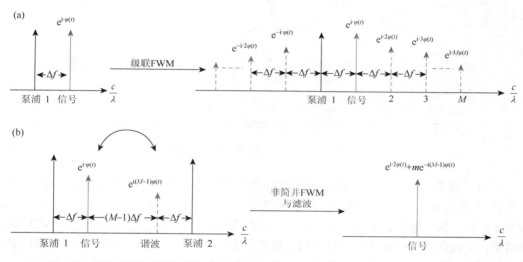

图 7.12 多电平相位再生频谱示意图,(a)高次谐波的产生,(b)任意阶相敏再生

7.2.2 相位再生性能分析

上一节主要探讨通过设计 PSA 过程产生任意阶的相位再生功能,在该过程中需要利用非简并 FWM 效应获得再生信号。当再生信号相位阶数 $M=2$ 时,即对二进制相移键控(BPSK)信号进行相位再生,可以对上述过程进行简化。简化方案将谐波产生与 PSA 过程有机结合,通过单一非线性效应完成两个功能,大幅简化再生系统。图 7.13 给出了基于简并 FWM 效应实现的 BPSK 信号相位再生实验系统框图。该实验结构包括两个部分:载波恢复与相位锁定单元、PSA 再生单元。在载波恢复单元中,信号与本地泵浦 1 通过 FWM 作用产生闲频光,再将该闲频光输入到注入锁定激光器中,使其消除调制信息而获得泵浦 2。该泵浦的产生也可以采用上一节提到的光频梳方案,在信号源部分使用光梳发生器直接获得后续处理单元所需的载波信号。第二种方案虽然可简化实验系统,但在实际通信网络中再生所需的多路泵浦无法与信号并行传输,因此由本地激光器产生泵浦信号的方案更加符合"黑盒"再生系统的需求。对泵浦的相位跟踪锁定则通过反馈控制支路实

现，用于稳定相位再生性能。获得的两路泵浦与输入的信号共同注入 HNLF2，利用简并
FWM 过程实现相位再生。在简并 FWM 过程中，泵浦与信号之间产生的闲频光，即相位
再生所需的共轭信号，与输入信号波长一致，因此通过单一简并 FWM 效应，就可以实现
谐波产生与 PSA 再生两个功能。再生后的信号通过滤波器滤除其他波长处的信号，然后
进行质量评估或系统传输。

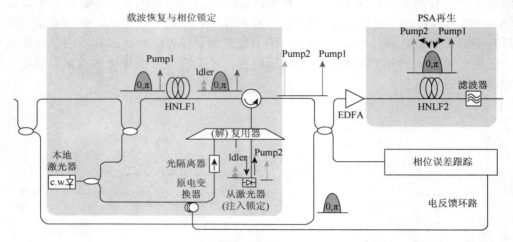

图 7.13　基于 PSA 的 BPSK 信号再生

为演示该 PSA 再生器的相位噪声压缩功能，实验中利用相位调制器加载噪声，再通
过该 PSA 再生器实现相噪压缩，实验结果如图 7.14 所示。可以看出，在仅有相位噪声的
情况下，再生器表现出良好的噪声抑制能力，再生后信号眼图也更加清晰，通过比较误码
率结果，实验获得 10 dB 以上的接收机灵敏度提升效果。需要指出的是，该再生器仅能提
供相位再生功能，而无法压缩幅度噪声。通过分析可以发现，PSA 过程同样伴随着信号幅
度的变化，即相位再生的过程中会引入一定量的幅度噪声。如果想在单一 PSA 再生器中
获得幅度和相位的同时再生效果，这需对信号的工作电平和加载的噪声强度都有精确要
求。此外，额外的幅度预处理过程也有助于提升再生性能[11]。

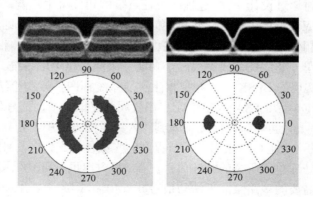

图 7.14　再生前后眼图和相位结果

7.3　幅度和相位信息的同时再生

通过对 NOLM 和 PSA 再生器的系统分析, 分别实现了多电平的幅度和相位再生功能。随着商用调制信号向更高阶星座图演变, 全光再生器必须同时具有上述两种再生能力。本节首先从具有相位保持功能的多电平幅度再生器出发, 介绍如何优化目前的 NOLM 再生器以满足新型调制信号的再生需求, 然后探讨 PSA 和 NOLM 融合方案实现多电平幅度和相位的同时再生。

7.3.1　具有相位保持功能的多电平幅度再生

当考虑相位信息时, 由式 (7.10) 可以看出, NOLM 透射信号中包括了 SPM 引入的非线性扰动, 因此使用 7.1 节所示的单一 NOLM 再生方案无法实现具有相位保持功能的多电平幅度再生。T. Roethlingshoefer 等人提出了功率再平衡方案来解决上述问题: 将 NOLM 再生器中的 VOA 转移到耦合器高功率输出一端, 并增加极大的功率损耗, 利用相对较弱的一方来控制干涉仪的开关功能, 进而避免引入额外的相位噪声[12]。该方案虽然避免了非线性相差引入的相位噪声, 但增加了再生所需的开关光功率, 使其难以获得高阶幅度再生能力。图 7.15 给出了一种基于共轭 NOLM 开关对实现的相位保持幅度再生方案。该方案通过在两个完全相同的 NOLM 之间置入基于 FWM 的共轭变换器, 利用相反的非线性相位旋转获得相位保持特性, 而多阶幅度再生能力维持不变。

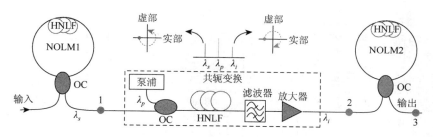

图 7.15　基于共轭 NOLM 开关对的相位保持幅度再生

利用式 (7.10) NOLM 的透射光结论, 并结合上述再生方案可获得最终的透射光场 E_{out}^{tra} 为

$$E_{out}^{tra} = G \cdot \eta \cdot \exp(-\alpha L)[1 - 2\rho(1-\rho)(1+\cos\theta)](E_{in})^* \tag{7.17}$$

式中, G 是共轭变换单元中放大器增益; η 是共轭变换转换系数, 它与共轭变换中使用的 HNLF 参数相关; α 和 L 是 NOLM 中 HNLF 的损耗和长度; ρ 为 NOLM 耦合器的耦合比; $\theta = \gamma\rho P_{in}L_{eff}$; γ 是 NOLM 内 HNLF 的非线性系数; L_{eff} 是其等效长度; P_{in} 为输入光功率; E_{in} 为入射光的电场。

根据式 (7.17) 可以看出, 通过共轭 NOLM 开关对之后, 所有 SPM 导致的相位旋转已被消除, 避免了非线性相位噪声, 因此可以实现相位保持的信号再生。再生信号与输入信号的相位呈现共轭关系, 并且波长也发生了变化, 这来自共轭变换过程中使用的 FWM

转换，如 7.15 插图所示。需要指出的是，要获得上述转换关系，共轭变换单元中放大器增益 G 需要满足如下关系：

$$G^2 = \frac{1}{\eta^2 \exp(-\alpha L)[1 - 2\rho(1-\rho)(1+\cos\theta)]}$$
(7.18)

该放大器除了进行功率补偿以外，还需要完成功率的重新映射，使得放大后信号光功率转换回其输入情况。

根据上述最佳情况下获得的透射光场可以分析整个再生系统的相位和功率转换过程，如图 7.16 所示。首先逐步增加注入光功率，可以在 NOLM1 的透射端获得具有多个功率饱和区间的功率转移曲线，但 SPM 效应导致的相位扰动令其透射信号相位随光功率的增加而逆时针旋转，结果如图 7.16（a）和（d）所示。然后 NOLM1 的透射信号（波长 λ_s）进一步注入到共轭变换单元中，与本地泵浦信号（波长 λ_p）进行 FWM 作用，产生的共轭闲频光信号（波长 λ_i）经光放大器的功率补偿，完成信息的重新映射。在共轭单元的输出端，所获得的共轭变换信号的相位变化如图 7.16（b）所示，可以看出，随着入射光功率的增加，其相位顺时针旋转，这与 NOLM1 的输出结果刚好相反，正是这种反向旋转关系，才使得整个再生器保持相位稳定。图 7.16（e）给出了放大器增益 G 随系统初始入射光功率 P_{in} 的变化关系，该振荡型的依赖特性用于功率重新映射，以满足式（7.18）要求。最后将重新映射的共轭信号输入到 NOLM2，输出信号的相位依赖如图 7.16（c）所示。随着光功率的增加，系统输出信号的相位保持不变，即实现了相位保持功能。图 7.16（f）为整个再生系统的功率转移关系，可以看出，当满足功率映射关系后，系统 PTF 曲线与单一 NOLM 结构的 PTF 曲线相同，从而实现了相位保持的多电平幅度再生。

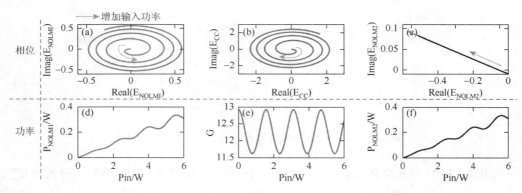

图 7.16　信号特性转换关系，（a）和（d）NOLM1，（b）和（e）共轭变换单元以及（c）和（f）NOLM2 的相位和功率转移过程

上述相位和功率转移过程表明该共轭 NOLM 开关对满足相位保持幅度再生要求，下面在此基础上进一步分析信号再生效果。图 7.17（a）为该再生系统的归一化幅度转移曲线，通过其斜率小于 1 界定出三个幅度再生区间。下面利用这三个再生区域实现 QAM16 信号的幅度再生。同样利用该归一化 ATF 定义 QAM16 各个电平所在位置，以获得最佳的再生效果。图 7.17（b）～7.17（d）分别给出了输入的劣化信号、NOLM1 输出信号以及再生信

号的星座图。仿真系统采用加载高斯白噪声的方式劣化输入信号，模拟长距离光纤传输过程中的 ASE 噪声积累问题。可以看出使用单一 NOLM 的幅度再生器，会引起明显的相位扰动，使其无法获得再生效果。而本节给出的共轭 NOLM 开关对则能够获得多电平幅度再生的同时，保持其相位的稳定性。图 7.17（e）计算了该 QAM16 信号的幅度分布结果，再次印证了上述再生结论。通过调节输入信号信噪比（SNR）可以获得信号 Q^2 的改善曲线，其最大提升效果为 2.42 dB。仿真同时获得了该再生器允许的输入信号质量范围为 SNR＞15.5 dB。通过引入共轭变换实现的再生方案还可以进一步扩展为光相位共轭（OPC）信号处理系统，该新型再生系统将同时具有非线性噪声和 ASE 噪声的抑制功能。

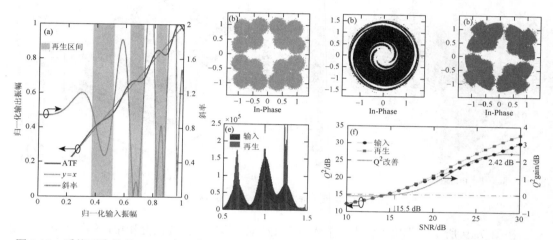

图 7.17　系统再生效果，（a）归一化 ATF 和再生区间，（b）～（d）为输入信号、NOLM1 输出信号以及再生信号星座图，（e）再生前后信号幅度分布对比，（f）Q^2 改善结果

7.3.2　相位和幅度的同时再生

为进一步支持高阶 QAM 信号的全光再生，需要同时提供多电平的幅度和相位再生能力，本节将介绍如何把 NOLM 和 PSA 两个系统有机结合实现上述再生功能，该再生系统如图 7.18 所示[13]。信号从 NOLM 输入端注入后，通过非对称耦合器分为顺时针和逆时针传输的两个部分。顺时针信号与双泵浦、谐波信号共同耦合进入到 HNLF 之中，利用非简并 FWM 过程实现任意阶的相位再生。而逆时针传输的信号通过放大器进行功率再平衡后也耦合进入 HNLF，利用 SPM 获得非线性相移，并与相位再生后的顺时针传输信号在耦合器重新进行干涉，实现多电平幅度再生，因此在 NOLM 系统的透射端获得幅度和相位同时获得再生的输出信号。在该再生器中，利用解复用器滤除了注入的泵浦和谐波信号，避免在干涉输出过程中引入其他噪声。

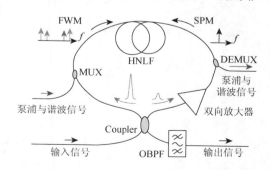

图 7.18　多阶幅度和相位同时再生

　　上述再生器巧妙利用了 NOLM 双向传输特性，将 PSA 相位再生引入到顺时针传输过程，而逆时针的非线性相移保证了幅度再生特性，因此通过复用腔内 HNLF 实现了多电平的幅度和相位同时再生。实现全光再生的关键是考察该系统的功率和相位转移函数，计算结果如图 7.19 所示。通过分别计算不同相位情况下的幅度转移特性和不同功率下的相位转移特性，分别确定输入信号的幅度、相位工作点，以获得最佳的再生效果。从仿真结果可以看出，不论幅度还是相位转移函数，均能获得多个饱和工作区间，在该区间内实现噪声压缩功能。

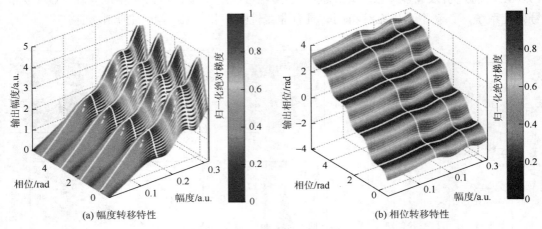

(a) 幅度转移特性　　　　　　　　　　　　　　(b) 相位转移特性

图 7.19　幅度（a）和相位（b）的转换关系

　　在图 7.19 所示的优化工作点，输入星形 QAM8 信号可实现幅度和相位的同时再生，该星形 QAM8 信号具有 2 个幅度和 4 个相位。分别对低阶和高阶幅度进行噪声压缩比较，获得 5 dB 和 4 dB 的 EVM 提升效果，证明了上述非线性转移特性预示的再生能力。仿真中同时比较了将 NOLM 和 PSA 采用级联方式获得的再生结果，如图 7.20 所示。可以看出本节探讨的复用方案与级联方案具有相同的再生能力，即表现出良好的再生性能。同时，与级联方案相比，复用方案节省了 HNLF 的使用，降低了再生成本。另外一种实现幅度和相位同时再生的

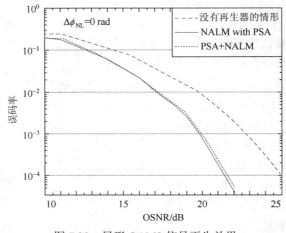

图 7.20　星形 QAM8 信号再生效果

方案是将 NOLM 和 PSA 置于马赫-曾德尔干涉仪之中,通过优化各个耦合系数也可以获得噪声压缩能力,最终仿真演示了 QAM256 信号的再生效果[14]。需要指出的是上述再生方案仅进行了仿真分析,目前还没有相应的实验结论,在一定程度上反映出此类方案实现的难度。

7.4　多波长高阶调制信号再生技术

与传统 OOK 信号相同,为进一步提升高阶调制信号的系统传输容量必将采用波分复用技术,这就要求上述多电平幅度和相位再生方案同样具有多波长工作能力。在基于 NOLM 的幅度再生过程中,为获得较高的峰值开关功率,输入信号采用 RZ 码型以降低非线性散射效应对再生性能的限制,在该方案基础上采用时隙交织技术可实现多波长再生功能。而另一方面,基于 PSA 的相位再生器需要双泵浦信号,这必然导致多波长再生过程中引入泵浦间的干扰,如何有效降低上述干扰是实现多波长相位再生的关键。

7.4.1　偏振辅助 PSA 方案

利用 FWM 的偏振依赖特性可以有效降低 PSA 再生过程中泵浦间的干扰问题,偏振辅助的 PSA 实验原理示意图如 7.21 所示[15]。当两束正交泵浦注入 HNLF 之后,由于其偏振正交性,使得泵浦间作用降到最低,因此减少了非线性干扰。同时该“正交泵浦对”还等效为一个波长位于输入信号的 45°线偏振泵浦,与输入的信号光进行 FWM 作用,在相同波长处产生一个与信号光偏振正交的闲频光,在系统输出端利用 45°检偏器将输入信号和闲频信号进行矢量叠加,最终获得相敏再生效果。该方案与第 6 章所介绍的偏振复用串扰抑制方法相似,都是利用正交偏振空间减少强功率泵浦对再生效果的影响。

图 7.22 为双泵浦的 FWM 光谱结果,实验中对比了相同偏振态和正交偏振态泵浦所引起的串扰噪声。实测结果表明,偏振辅助泵浦 PSA 方案可使得泵浦间 FWM 产物降低 30 dB,这为基于 PSA 的多波长相位再生创造了条件。与多波长 OOK 再生情况相似,为进一步避免非线性串扰噪声,优化信号波长分布也可以有效提升再生效果。

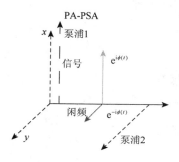

图 7.21　偏振辅助 PSA 方案

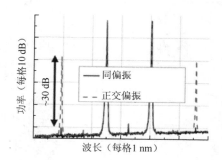

图 7.22　泵浦间作用对比

7.4.2　多波长再生性能分析

基于简并 FWM 过程实现的多波长 BPSK 信号再生实验系统如图 7.23 所示,该再生

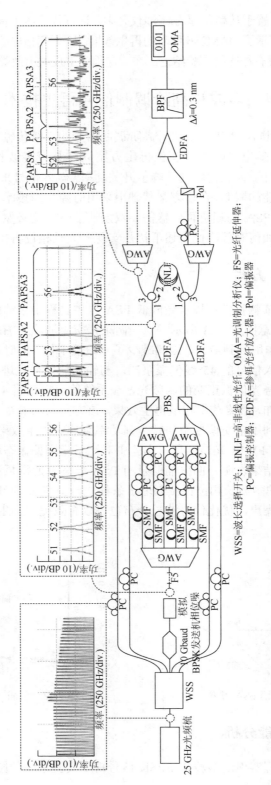

WSS=波长选择开关；HNLF=高非线性光纤；OMA=光调制分析仪；FS=光纤延伸器；
EDFA=掺铒光纤光放大器；PC=偏振控制器；Pol=偏振器

图 7.23　多波长 BPSK 再生系统结构

过程中利用了双向对传、偏振辅助 PSA 和波长分布优化方案以消除非线性串扰噪声，获得最佳的再生效果。首先利用 25 G 光梳发生器产生后续再生过程所需的各路光载波，再由波长选择开关将上述光梳分为两个部分：一部分为泵浦信号，用于注入后续偏振辅助 PSA 系统；部分则作为信号光注入调制系统，通过 I/Q 调制后获得 BPSK 信号。一共 6 路 BPSK 信号进入到再生系统，再生前通过不同长度的光纤传输消除信号之间的相关性。通过功率优化控制后，将输入的 1、4 和 5 路信号与 4 个正交泵浦正向输入到 HNLF 之中，并将余下的信号与泵浦反向输入，利用双向对传技术减少噪声干扰。

　　观察同向传输的 4 泵浦光，由于正交偏振态数量的限制，仅相邻两个泵浦光采用了偏振辅助 PSA 方案，有效抑制泵浦间串扰，而具有相同偏振态的泵浦光必然存在较强的 FWM 作用，此时该方案的波长优化避免了上述串扰噪声落入信号波长范围内，使得同向传输信道可以支持 3 路 BPSK 信号的相位再生。实验中的光谱结果标注于图 7.23，其 FWM 结果也印证了上述方案的有效性。图 7.24 为再生前后星座图的对比，通过相位调制器引入相位噪声使得输入信号 EVM 增大，而经过该多波长再生器后，6 路信号的相位扰动均获得有效抑制，实现了基于 PSA 的多波长相位再生过程。需要指出的是，该方案虽然获得了较好的再生效果，但波长优化分配使得该系统难以有效提升再生通道数量。与此同时，面对高阶相位调制信号，如何获得再生所需的谐振信号也成为难题之一。

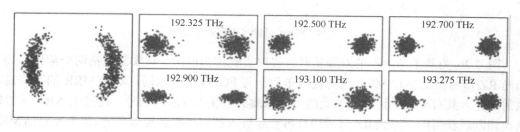

图 7.24　劣化信号与 6 路再生信号的星座图结果比较

7.5　集成光学器件中的全光再生

　　依靠成熟的光纤拉制工艺，可以制备出色散和非线性满足再生需求的特种 HNLF，因此目前主要的再生方案均采用该器件作为非线性平台。为进一步提高非线性效应，基于特殊材料的光纤，例如硫化物光纤[16]、铋酸盐光纤[17]成为研究的热点。特殊材料光纤虽然大幅提升了非线性系数，但其传输损耗以及与通信光纤的耦合损耗均较大，不利于商业化应用。但无论何种光纤材料，为获得足够的非线性效应，其有效作用长度均为数米，无法实现器件的集成化。近年来，硅基光子芯片中的非线性光学技术获得快速发展，这为探索集成化的全光信号处理器件提供了基础。硅光子集成芯片具有对通信波段透明、制备技术成熟、非线性效应高等特点，已在光孤子[18]、光频梳[19]、光调制[20]和开关[21]等方面获得广泛应用。下面主要介绍两个与全光信号再生密切相关的技术：基于微环谐振器（MRR）的时钟提取和硅基波导中的相敏再生。

7.5.1 基于 MRR 的时钟提取

在全光时钟提取的多种技术方案中，基于法布里-珀罗滤波器的方案利用其在频域具有的梳状滤波特性，可以直接获得多个时钟分量，进而实现全光时钟提取。基于 MRR 的时钟提取过程也是利用了相似的特性，其原理示意图如 7.25 所示[22]。MRR 是在硅基波导中实现的环形腔结构，光信号注入该腔后通过多次循环传输，在其输出端获得等速率光时钟。因此实现上述时钟提取的同步条件为

$$R_b = m \cdot \text{FSR} \tag{7.19}$$

式中，R_b 为输入信号速率；FSR 为 MRR 的自由频谱范围；m 为正整数。

但由于缺乏 FOPO 时钟提取方案中的增益饱和条件，无法对提取的时钟信号功率进行补偿和均衡，因此需要采用极高 Q 值的 MRR 才能获得高质量的光时钟。这需要精确控制环形腔与条形波导之间的耦合距离等参数，增加了器件的制备难度。在实验过程中，通常需要后置功率均衡单元，进一步整形优化 MRR 提取的光时钟。

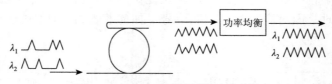

图 7.25　MRR 时钟提取原理示意图

图 7.26 为基于 MRR 的双波长时钟提取实验结构框图。该实验包括两个部分：40 G 的光 RZ 信号发生器和 MRR 时钟提取单元。与 FOPO 情况相同，基于 MRR 的时钟提取也需要输入具有较强时钟分量的光信号，因此必须注入 RZ 码信号。通过电 NRZ 和时钟两次调制后获得的两路光 RZ 信号耦合再一起进入到后续时钟提取单元。该单元包括 MRR 芯片和半导体光放大器（SOA）构成的功率整形部分。为优化时钟提取效果，必须调节输入信号的载波频率使其与 MRR 的透射谱线对准，并微调调制频率，以满足式（7.19）的同步条件。在 MRR 透射端将获得两路光时钟信号，由于该器件的 Q 值不高，因此提取的时钟信号具有较大的峰值抖动，必须通过 SOA 整形单元抑制时钟的幅度噪声。再生后的时钟信号通过后续解复用器输出，并测试其波形和频谱结果。

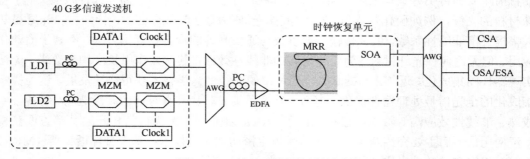

图 7.26　双波长时钟提取系统框图

通过上述时钟提取过程，实测获得的输入信号、MRR 输出时钟和整形后时钟光谱与眼图结果如图 7.27 所示。输入的光 RZ 信号具有分离的时钟分量，便于后续梳状滤波器通过滤波的方式获得时钟信号。MRR 输出信号的光谱结果显示出明显的滤波效果，时钟分量获得保留，而部分调制信息得到抑制。受限于该器件的 Q 值，提取的时钟信号具有较强的幅度噪声，详见其眼图结果。利用 SOA 的增益饱和特性抑制该时钟的峰值抖动，从整形后的光时钟可以看出，调制信息得到有效抑制，幅度抖动问题也随之改善。

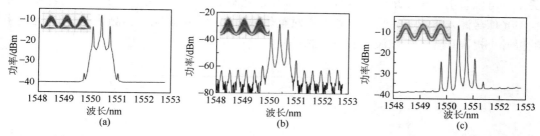

图 7.27　（a）输入的 RZ 信号，（b）MRR 提取的时钟以及（c）整形后的时钟结果

上述 MRR 时钟提取方案仍然采用传统无源梳状滤波器的概念，时钟质量依赖于器件的 Q 值，并伴随着极大的光功率损耗。如进一步将参量振荡器的工作原理引入上述 MRR 器件，利用硅线波导实现参量放大，可解决无源滤波时钟提取技术的峰值抖动问题。

7.5.2　基于硅线波导的相敏再生

PSA 再生方案可以有效抑制信号的相位噪声，提高信号质量。利用硅线波导的高非线性效应，可以在厘米量级的集成器件中实现 PSA 效应，并进一步展现相位再生功能。图 7.28 为该再生实验系统的结构框图，其包括谐波的产生与处理，PSA 再生单元三个部分[23]。在谐波产生部分，将输入信号与本地泵浦光耦合进入 HNLF 之中，利用级联 FWM 过程获得后续所需的高阶产物。谐波处理单元采用解复用器滤得 PSA 所需的各路信号，包括两个泵浦、一个谐波以及输入的信号。其中一路泵浦是将高阶 FWM 产物输入到注入锁定激光器，消除其调制信息后获得的；另外一路泵浦连接反馈控制支路，用于动态调节相位信息实现锁定功能。在基于硅线波导的 PSA 单元之中，通过 EDFA 对注入光功率进行整体放大控制，再耦合进入 4.43 cm 的波导之中发生非简并 FWM 效应。再生信号通过输出端的滤波器获得，并进行信号质量监控与测量。

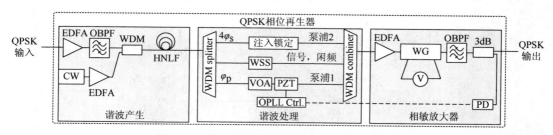

图 7.28　基于硅线波导的 QPSK 再生系统结构

上述 PSA 单元的核心是硅线波导，但受到双光子吸收（TPA）和自由载流子吸收（FCA）的影响，波导损耗会随着注入光功率的增加而逐渐加大，限制了器件的有效入射功率。FCA 损耗对电子和空穴的依赖可以表示为[24]

$$\alpha_{FCA} = 8.5 \times 10^{-18} \cdot \Delta N_e + 6 \times 10^{-18} \cdot \Delta N_h \tag{7.20}$$

研究表明通过消除 TPA 产生的自由载流子可以有效降低 FCA[25]，因此实验中采用对波导施加反向偏压的方法来降低非线性损耗。图 7.29 给出了波导损耗对反向偏置电压的依赖关系，可以看出当电压增强到 40V 时，波导损耗降低了一半以上。实验中同时测量了高功率光信号注入情况下，反向偏置电压对整体输出光功率的影响，实测获得 9 dB 光功率的提升，提高了注入硅线波导的有效光功率。

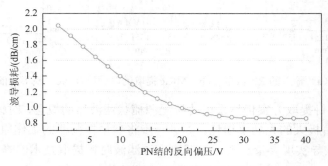

图 7.29 反向偏压对硅线波导损耗的影响

经过谐波的产生和处理单元后获得了 PSA 效应所需的所有信号，通过优化泵浦和信号光功率比值，可以获得最佳的相位再生效果，图 7.30 给出了该非简并 FWM 效应的光谱结果。4 路信号的整体光功率为 26.6 dBm，而波导的反向偏置电压为 40V。通过 PSA 作用后，在原始信号波长处获得再生信号。图 7.31 给出了不同噪声情况下，信号在相位再生前后的星座图结果。当噪声较小的时候，由于再生器的 EDFA 引入 ASE 噪声，其输出信号质量低于输入信号。但随着噪声强度的增加，基于硅基波导的 PSA 再生器表现出良好的相位噪声抑制能力。需要指出的是，目前硅基光子芯片与通信光纤的耦合损耗仍然很大，这限制了非线性处理器件的系统化应用。进一步解决耦合损耗、芯片封装与控制等现实问题，有助于推动芯片级全光再生器的产业化发展。

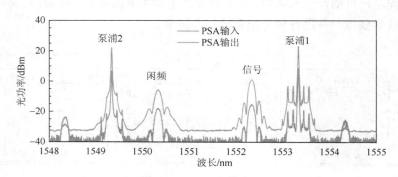

图 7.30 PSA 光谱结果

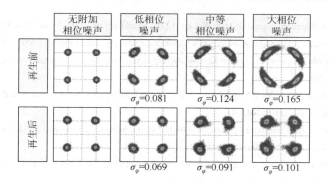

图 7.31　QPSK 再生前后星座图结果

参 考 文 献

[1]　Doran N J, Wood D. Nonlinear-optical loop mirror[J]. Optics Letters, 1988, 13(1): 56-8.

[2]　Bogoni A, Ghelfi P, Scaffardi M, et al. All-optical regeneration and demultiplexing for 160-gb/s transmission systems using a NOLM-based three-stage scheme[J]. IEEE Journal of Selected Topics in Quantum Electronics, 2004, 10(1): 192-196.

[3]　Huang G, Miyoshi Y, Maruta A, et al. All-Optical OOK to 16-QAM Modulation Format Conversion Employing Nonlinear Optical Loop Mirror[J]. Journal of Lightwave Technology, 2012, 30(9): 1342-1350.

[4]　Islam M N, Sunderman E R, Stolen R H, et al. Soliton switching in a fiber nonlinear loop mirror[J]. Optics Letters, 1989, 14(15): 811.

[5]　Schmogrow R, Nebendahl B, Winter M, et al. Error Vector Magnitude as a Performance Measure for Advanced Modulation Formats[J]. IEEE Photonics Technology Letters, 2011, 24(1): 61-63.

[6]　Sorokina M. Design of multilevel amplitude regenerative system[J]. Optics Letters, 2014, 39(8): 2499.

[7]　Kakande J, Slavík R, Parmigiani F, et al. Multilevel quantization of optical phase in a novel coherent parametric mixer architecture[J]. Nature Photonics, 2011, 5(12): 748-752.

[8]　Ellis A D, O'Gorman J, Grünernielsen L, et al. A practical phase sensitive amplification scheme for two channel phase regeneration[J]. Optics Express, 2011, 19(26): 938-45.

[9]　Sygletos S, Weerasuriya R, Ibrahim S K, et al. Phase locking and carrier extraction schemes for phase sensitive amplification[C]// International Conference on Transparent Optical Networks. IEEE, 2010: 1-4.

[10]　Slavík R, Parmigiani F, Kakande J, et al. All-optical phase and amplitude regenerator for next-generation telecommunications systems[J]. Nature Photonics, 2015, 4(10): 690-695.

[11]　Richardson D J, Parmigiani F, Bottrill K R, et al. FWM-based Amplitude Limiter Realizing Phase Preservation through Cancellation of SPM Distortions[C]//Optical Fiber Communication Conference. 2016: W4D.6.

[12]　Roethlingshoefer T, Richter T, Schubert C, et al. All-optical phase-preserving multilevel amplitude regeneration[J]. Optics Express, 2014, 22(22): 27077-85.

[13]　Roethlingshoefer T, Onishchukov G, Schmauss B, et al. All-Optical Simultaneous Multilevel Amplitude and Phase Regeneration[J]. IEEE Photonics Technology Letters, 2014, 26(6): 556-559.

[14]　Sorokina M, Sygletos S, Ellis A, et al. Regenerative Fourier transformation for dual-quadrature regeneration of multilevel rectangular QAM[J]. Optics Letters, 2015, 40(13): 3117-20.

[15]　Parmigiani F, Bottrill K R H, Slavík R, et al. PSA-based all-optical multi-channel phase regenerator[C]//European Conference on Optical Communication. IEEE, 2015: 1-3.

[16]　Fu L, Rochette M, Ta'Eed V, et al. Investigation of self-phase modulation based optical regeneration in single mode As2Se3 chalcogenide glass fiber.[J]. Optics Express, 2005, 13(19): 7637.

[17]　Ju H L, Kikuchi K, Nagashima T, et al. All-fiber 80-Gbit/s wavelength converter using 1-m-long Bismuth Oxide-based nonlinear

optical fiber with a nonlinearity gamma of 1100 W-1 km-1.[J]. Optics Express, 2005, 13(8): 3144-3149.

[18]   Zhang J, Lin Q, Piredda G, et al. Optical solitons in a silicon waveguide[J]. Optics Express, 2007, 15(12): 7682-8.

[19]   Wang W, Chu S T, Little B E, et al. Dual-pump Kerr Micro-cavity Optical Frequency Comb with varying FSR spacing[J]. Scientific Reports, 2016, 6: 28501.

[20]   Reed G T, Mashanovich G, Gardes F Y, et al. Silicon optical modulators[C]//Communications and Photonics Conference and Exhibition, 2011. ACP. Asia. IEEE, 2011: 1-7.

[21]   Lu L, Zhou L, Li Z, et al. Broadband 4, $\times$ 4 Nonblocking Silicon Electrooptic Switches Based on Mach-Zehnder Interferometers[J]. IEEE Photonics Journal, 2015, 7(1): 1-8.

[22]   Yang W, Yu Y, Ye M, et al. Wide Locking Range and Multi-Channel Clock Recovery Using a Silicon Microring Resonator[J]. IEEE Photonics Technology Letters, 2014, 26(3): 293-296.

[23]   Liebig E, Sackey I, Richter T, et al. Performance Evaluation of a Silicon Waveguide for Phase-Regeneration of a QPSK Signal[J]. Journal of Lightwave Technology, 2017, PP(99): 1-1.

[24]   Soref R, Bennett B. Electrooptical effects in silicon[J]. IEEE Journal of Quantum Electronics, 2003, 23(1): 123-129.

[25]   Gajda A, Tillack B, Bruns J, et al. Design rules for p-i-n diode carriers sweeping in nano-rib waveguides on SOI[J]. Optics Express, 2011, 19(10): 9915.